HERBERT GERSTNER

DIE CHEMIE DER APPLIKATION VON KOMPLEXFARBSTOFFEN

VERÖFFENTLICHUNGEN AUF DEM GEBIETE DER FASERSTOFF-FORSCHUNG UND TEXTILTECHNIK

NR. 10

HERAUSGEGEBEN
VON DEN INSTITUTEN FÜR FASERSTOFF-FORSCHUNG
UND FÜR TECHNOLOGIE DER FASERN
DER DEUTSCHEN AKADEMIE DER WISSENSCHAFTEN
ZU BERLIN

HERAUSGEBER
PROF. DR. ERICH CORRENS UND PROF. DR.-ING. WALTER FRENZEL

AKADEMIE-VERLAG · BERLIN
1959

DR. HERBERT GERSTNER

DIE CHEMIE DER APPLIKATION VON KOMPLEXFARBSTOFFEN

Mit 21 Abbildungen und 26 Tabellen

AKADEMIE-VERLAG · BERLIN
1959

Erschienen im Akademie-Verlag GmbH, Berlin W 8, Mohrenstraße 39
Lizenz-Nr. 202 · 100/661/59
Gesamtherstellung: Druckhaus „Maxim Gorki", Altenburg
Bestell- und Verlagsnummer: 2049/10
Printed in Germany
ES 20 O 2

VORWORT

In seiner im Jahre 1957 erschienenen Beschreibung des Verhaltens der direktziehenden Farbstoffe konnte der Verfasser die Eigenschaften der Beizenfarbstoffe und die Arbeitsweisen beim Färben und Drucken mit Beizenfarbstoffen nicht berücksichtigen. Deren Applikationsweisen sind zwar, soweit sie die Naturfarbstoffe und das Alizarin betreffen, schon öfter beschrieben worden. Infolge des Erscheinens der neueren Komplexfarbstoffe erschien jedoch eine Beschreibung angebracht, welche zeigt, wie es durch jahrzehntelange zielstrebige Bemühungen gelungen ist, die bei der Lackbildung von Beizenfarbstoffen sich abspielenden chemischen Vorgänge so weit aufzuklären, daß der Textiltechniker die vielseitigen Reaktionsweisen im Gegensatz zu früheren Zeiten verstehen und beherrschen kann.

Um einen Überblick über den jetzigen Stand des Wissens zu geben, war es erforderlich, nicht nur die in textilchemischen Zeitschriften des In- und Auslandes erschienenen sich ergänzenden Originalarbeiten zu sammeln, sondern auch die zur Aufklärung der Lackbildung durchgeführten Untersuchungen zu berücksichtigen.

Mit dem Ziel, den Inhalt dieser Originalarbeiten auch den in der Praxis arbeitenden Textilchemikern zugänglich zu machen, wurde ihr Inhalt in der Weise wiedergegeben, daß daraus zu ersehen ist, wie die Lackbildung nach dem einheitlichen chemischen Prinzip der Komplexbildung von Metallatomen erfolgt. Andererseits sollte gezeigt werden, wie die chemischen Unterschiede der Metalle zu berücksichtigen sind und in welcher Weise die Applikation der Komplexfarbstoffe den Unterschieden der Textilfasern angepaßt werden muß.

Berlin, 1958 Der Verfasser

INHALTSVERZEICHNIS

I. Die geschichtlichen Wandlungen der Türkischrotfärberei

Abgesehen vom Berberin, das ein in der Natur vorkommender basischer Farbstoff ist, und vom Purpur und Indigo, welche Küpenfarbstoffe sind, waren bekanntlich die seit den frühesten Zeiten zum Färben von Textilien angewendeten Naturfarbstoffe ausnahmslos Beizenfarbstoffe. Wie ihr Name sagt, werden diese Farbstoffe mittels einer Beize auf der Faser festgehalten, und mitunter wird der Farbstoff aus Bestandteilen erzeugt, welche nur eine geringe Eigenfärbung besitzen. In solchen Fällen entsteht der Farbstofflack aus der Beize und dem „Farbstoff", der für sich allein noch keinen Farbstoffcharakter besitzt. Die Bezeichnung Farblack geht dabei auf einen der Malerei entnommenen Ausdruck zurück, insbesondere der Ölmalerei, weil beim Altrotfärbeverfahren Öl als Hilfsmittel zum Beizen verwendet wurde.

REINKING und ATAYOLU[1]) sind der Entstehung und Frühgeschichte des Türkischrots nachgegangen und haben beim Studium der darüber vorhandenen Quellen festgestellt, daß das Türkischrot mit dem in Indien ausgeübten Verfahren der Rotfärberei deswegen nicht identisch ist, weil in Indien andere, nicht zur Familie der Rubiaceen gehörende Pflanzen zum Färben verwendet werden, während zur Erzeugung von Türkischrot Aluminiumverbindungen als Beizen und Rubiaceen oder Alizarin zum Färben unerläßlich sind. Die Herstellung dieses sogenannten Altrots auf Baumwolle ist sehr verwickelt und langwierig. Die 20 oder mehr Operationen nehmen mehrere Wochen in Anspruch. Während die Türken und Turkmenen vermutlich bereits im 15. Jahrhundert Alaun zum Beizen verwendet haben, sind in Indien noch lange Zeit später an Stelle von Alaun solche Baumrinden, welche schwefelsaures Aluminium enthalten, und auf Java eine Droge, welche weinsaures Aluminium enthält, zum Beizen benutzt worden[2]). REINKING[3]) hat angenommen, daß auch anderen Ortes in Europa aluminiumhaltige Pflanzenabkochungen als Beizen schon in den frühesten Zeiten angewendet worden sind, und hat alte Färberrezepte gefunden, die diese Meinung bestätigen.

---

1) K. REINKING u. SABRI ATAYOLU, Melliand Textilber. **18**, 382—384, 459—460 (1937).

SABRI ATAYOLU, Melliand Textilber. **17**, 74—75 (1936).

2) F. DRIESSEN, Bull. Soc. Ind. Mulhouse 18ff. (1902).

3) K. REINKING, Melliand Textilber. **19**, 519—20 (1938).

Die Übertragung des Türkischrotverfahrens aus der Levante nach Westeuropa fällt erst in das 18. Jahrhundert, nachdem die Inhaber der Firma Fesquet, Goudard und d'Haristoy griechische Färber nach Frankreich geholt hatten, um das Verfahren dort einzuführen. So entstand im Darnetal bei Rouen die erste Färberei des wahren Türkischrots auf europäischem Boden außerhalb der Türkei.

Dabei wurde zunächst nach dem Altrotverfahren unter Verwendung von Alaun als Beize gearbeitet, was durch die Auffindung von Alaunlagern im Kirchenstaate durch Giov. di Castro im Jahre 1462 ermöglicht worden war. Aus den seit der Einführung der Türkischrotfärberei in Europa reichlicher vorliegenden Dokumenten geht hervor, daß später anstelle von Alaun essigsaure Tonerde zum Beizen verwendet wurde[4]). Nach der Erfindung der Türkischrotölherstellung durch Einwirkung von Schwefelsäure auf Ricinusöl wurde sodann die Entwicklung des Neurotverfahrens ermöglicht. Beim Altrot wurde die Ware mit Tournantöl, einem Olivenöl 3. Pressung, in alkalischer Flüssigkeit geölt, während beim Neurotverfahren statt dessen Türkischrotöl verwendet wird.

Andererseits hatte Schlieper[5]) gefunden, daß man auch vollständig verseiftes Ricinusöl zum Ölen verwenden kann. Das von ihm ausgearbeitete Verfahren beruht darauf, daß Ricinusöl durch einen geringen Überschuß an Natronlauge zunächst vollständig verseift und dann zur heißen Seife so viel Salzsäure zugesetzt wird, daß der Überschuß an Alkali abgesättigt und die Hälfte des in der Seife enthaltenen Alkalis gebunden wird.

Als Beize für das Türkischrot benutzte er vom Jahre 1874 ab ausschließlich Natriumaluminat. Die Ware wird in die Aluminatlösung gebracht und darauf derart abgequetscht, daß die Faser ihr eigenes Gewicht an Beizlösung aufnimmt, danach wird die Ware verhängt bzw. getrocknet.

Wenn beim Imprägnieren der Grad der notwendigen Alkalität nicht überschritten worden ist und vollkommen genug getrocknet wurde, erhält man durch diese Behandlung ein auf der Faser gut haftendes Natriumaluminat, dem man nur noch die nötige Menge Kalkverbindung zuzufügen braucht, um eine vollkommene Beize für Türkischrot zu erhalten.

Zu diesem Zwecke wird die Baumwolle eine halbe Stunde lang in einem mit Kreide versetzten lauwarmen Bade bewegt, dem man gegebenenfalls lösliche Kalksalze zugesetzt hat. Nach dem Verhängen und einer nochmaligen Kreidepassage kann man die so gebeizte Ware unmittelbar mit einer Lösung von Alizarin in Kalkwasser färben. Nachdem die Stücke gefärbt und ausgequetscht sind, werden sie mit der vor-

---

[4]) F. Erban, Österr. Wollen- und Leinenind. **19**, 716 (1909).

[5]) A. Schlieper, Färber-Ztg. **15**, 33—35 (1904).

beschriebenen Fettbeize aus saurem ricinolsauren Natron, Säure und Wasser behandelt und durch Dämpfen entwickelt.

Obwohl diese Arbeitsweise erkennen läßt, daß eine Oxyölsäure bei der Farbstoffbildung aus Beize und Alizarin nicht vorhanden zu sein braucht, hat KORNFELD[6]) die Ölsäure zwar nicht als direktes Bindemittel für Alizarin angesehen, jedoch angenommen, daß Türkischrot durch die Verbindung des oxyölsauren Aluminiums mit Kalk und Alizarin entsteht, wenn diese längere Zeit bei Gegenwart von Wasser einer höheren Temperatur ausgesetzt werden. Nachdem er festgestellt hatte, daß Stearinsäure, Ölsäure und Propionsäure Beizen in viel geringerem Maße fixieren als Oxyfettsäuren und sogar Milchsäure nicht ganz wirkungslos ist, obwohl Oxyfettsäuren beim Dämpfen ein feurigeres Alizarinrot geben, hat er die Mitwirkung der Oxyfettsäuren zumindest bei der Erzeugung von Altrot für unerläßlich gehalten. KORNFELD[7]) ist der Ansicht, daß zur Erzeugung eines satten, echten Türkischrotlacks Oxyfettsäuren oder Oxyölsäuren erforderlich sind. Nach ihm ist jedoch die aus dem Tonerdeoleat und dem Alizarinkalk entstandene Verbindung deswegen nicht identisch mit dem Türkischrotlack, weil dieser erst dann entsteht, wenn die Färbung in Gegenwart von Wasser einem Überdruck von mindestens einer Atmosphäre, also einer Temperatur von ca. 110°C längere Zeit ausgesetzt wird.

Demgegenüber hat HALLER[8]) darauf hingewiesen, daß Aluminiumsalze um so leichter zersetzlich sind, je basischer die Beize eingestellt worden war, und daß die basisch eingestellten Beizen viel mehr Tonerde an die Baumwolle abgeben als die normalen Salze. Weil es ihm gelang, eine Vereinigung von kolloidem Aluminiumoxydhydrat mit Alizarin im Reagenzglas sogar bei gewöhnlicher Temperatur zu erreichen, hat er daraus geschlossen, daß nur dann eine Vereinigung zwischen Alizarin und Tonerde bei gewöhnlicher Temperatur erfolgen kann, wenn die Tonerde in kolloider Form vorliegt. Eine weitere Vorbedingung für die Vereinigung von Aluminiumoxyhydrat und Alizarin besteht nach ihm darin, daß die basischen Sulfacetate keine Schwefelsäure mehr im Molekül enthalten.

Zu der von KORNFELD geäußerten Meinung ist zu sagen, daß bei der ursprünglichen Türkischrotfärberei nach dem Altrotverfahren die Ware mit Öl vorgebeizt und mehrmals verhängt, nicht aber gedämpft wurde und daß HORACE KOECHLIN der erste war, der seit dem Jahre 1875 die in Alizarin ausgefärbten Tonerdebeizen nach dem Trocknen mit Türkischrotöl präparierte, trocknete und dämpfte, wodurch dem Rot größere Echtheiten und Lebhaftigkeit verliehen wurde.

---

[6]) F. KORNFELD, Chemiker-Ztg. **36**, 29—30, 42—44 (1912); Österr. Chemiker-Ztg. **15**, 44—45 (1912).

[7]) F. KORNFELD, Färber-Ztg. **21**, 217—220 (1910).

[8]) R. HALLER, Färber-Ztg. **23**, 489—493, 523—528 (1912).

HALLER[9]) hat die Entwicklung der Herstellung von Türkischrot nach dem Altrotverfahren zum Neurotverfahren ausführlich beschrieben und darauf hingewiesen, daß beim Altrotverfahren in seiner ursprünglichen Form das Dämpfen nicht bekannt war und daß man nach diesem Verfahren einen Lack erhält, welcher sogar die alkalische Beuche unter Druck aushält. Wie auch JUSTIN-MUELLER[10]) war HALLER[11]) der Ansicht, daß Glycerin weder beim Altrotverfahren beteiligt ist, da es beim Tournantöl schon teilweise abgespalten wurde, noch beim Neurotverfahren, weil aus freier Ricinolsäure hergestellte Türkischrotöle zu den gleichen Türkischrotlacken führen wie die aus unverseiftem Ricinusöl hergestellten Türkischrotöle. Nach ihm fungiert die Fettbeize keineswegs als Konstitutionselement des Alizarinlackes, sondern hat die Aufgabe, während des zweistündigen Dämpfprozesses bei $^1/_2$ atü das Calcium-Aluminium-alizarat in eine höhere Dispersion überzuführen, während die mitverwendete Gerbsäure die Aufgabe einer Hilfsbeize hat.

Wie stark die bei der Erzeugung von Türkischrot angewendeten Hilfsmittel die Herstellungsweise zu beeinflussen vermögen, ist von HALLER[12]) ausführlich geschildert worden. So hat sich durch die Einführung des Türkischrotöls an Stelle von Tournantöl die Anzahl der einzelnen Operationen von 20 auf 6 vermindern lassen. Bei Verwendung von Aluminiumacetat an Stelle von Alaun oder anderer anorganischer Aluminiumsalze erübrigt sich auch das sonst nach dem Beizen eingeschaltete Kreiden, weil die Abspaltung von Essigsäure bereits beim Trocknen, vollständiger allerdings durch nachfolgendes Dämpfen erfolgt. HALLER war der Ansicht, daß die Ölsäuren den Zweck haben, die Hydroxyde der Beizen in kolloide Aluminiumseifen bzw. Calciumseifen überzuführen, die dann ihrerseits mit dem Alizarin in der Weise reagieren, daß einerseits Aluminium- bzw. Calciumalizarate entstehen und andererseits Ölsäure frei wird. Daß diejenigen Alizarinlacke, welche nur ein Metallhydroxyd enthalten, mit dem Türkischrotlack nicht übereinstimmen, konnte HALLER[13]) durch Lösungs- und Farbreaktionen feststellen. Nach ihm bildet sich der echte Türkischrotlack nicht beim Färben, sondern erst beim Dämpfen. FIERZ-DAVID[14]) hält es ebenfalls für unwahrscheinlich, daß schon beim Färben der echte Türkischrotlack entsteht. Nach ihm entstehen auf der Faser die Seifen des Aluminiums und Calciums. Daß dabei die beiden Komponenten in stöchiometrischen Verhältnissen vorhanden sind, erscheint ihm völlig ausgeschlossen. Infolgedessen dürfte die beim Färben entstehende un-

---

9) R. HALLER, Melliand Textilber. **19**, 448–452, 504–506, 595–596, 731–734, 796–799 (1938).

10) JUSTIN-MUELLER, Melliand Textilber. **30**, 26–29 (1949).

11) R. HALLER, Melliand Textilber. **30**, 410–411 (1949).

12) R. HALLER, Helv. chim. Acta **21**, 302–308 (1938).

13) R. HALLER, Helv. chim. Acta **21**, 844–853 (1938).

14) H. E. FIERZ-DAVID, Helv. chim. Acta **21**, 432 (1938).

ansehnliche Färbung sich deswegen vom Türkischrotlack unterscheiden, weil sie die beiden Salze (Aluminiumsalz und Calciumsalz) des Alizarins in wechselnden Verhältnissen auf der Faser enthält. Er nahm nun an, daß das Calciumion durch einen genau bestimmten Betrag an Aluminiumion beim Dämpfen verdrängt wird, weil Aluminium der bessere Komplexbildner ist.

Durch Imprägnieren von Baumwolle mit einer Lösung von Aluminiumalizarat und Calciumalizarat in Diäthylenglykol und Türkischrotöl im Einbadverfahren gelang es HALLER[15]), zur Stützung seiner Ansicht über die Bildung von Türkischrot, einen Lack durch zweistündiges Dämpfen herzustellen, der ein durchaus seifenechtes Rot ergab. Eine technische Bedeutung kommt diesem Verfahren jedoch nicht zu.

Daß der Einfluß der Anionen von Beizen auf die Nuance des Alizarinrotlackes sich im Textildruck auswirkt, ist von VICTOROW[16]) festgestellt worden. Dieser Einfluß ist deshalb sehr verwickelt, weil sich die reduzierenden Eigenschaften der aus den Verdickungsmitteln in Gegenwart von Beizen gebildeten Verbindungen neben der Wirkung der Anionen der Beizen beim Dämpfen auswirken. Rhodanide sind jedoch nur dann befähigt, die Farbe vor der Einwirkung von Fe^{III}-Salzen zu schützen, wenn Eisensalze nicht von vornherein vorhanden waren.

Auch über die Art und Weise, wie man im Altertum mit Krapp Wolle färbte, sind wir heute genau unterrichtet. Im Papyrus Graecus Holmiensis, der einen Auszug aus der etwa 200 Jahre v. u. Z. verfaßten technischen Enzyklopädie des BOLOS DEMOKRITOS aus Mendes im Nildelta darstellt, beschreiben zwei Vorschriften das Färben mit Krapp. Sie sind von REINKING[17]) zusammengefaßt worden, weil sie sich zum größeren Teil decken, zum anderen ergänzen. Man erfährt daraus, daß bereits damals Alaun zum Beizen der Wolle verwendet und anschließend mit Krapp im essigsauren Bade gefärbt wurde.

Dagegen ist einer Reisebeschreibung des Arztes und Naturforschers IWAN LEPESCHIN zu entnehmen, daß noch im 18. Jahrhundert jenseits der Wolga bei den am Tscheremschan lebenden Völkern Wolle mit einem Extrakt von gepulvertem Bärlapp (Lycopodium complanatum) gebeizt wurde. Dieses Beizen dauerte 12—14 Tage, dann wurde die so mit Aluminium gebeizte Wolle gespült, getrocknet und anschließend mit wilder Färberröte (das ist Krapp) gefärbt.

---

[15]) R. HALLER, Helv. chim. Acta **23**, 466—468 (1940).

[16]) P. VICTOROW, Rev. gén. Matières colorantes, Blanchiment, Teinture, Impress. Apprêts 253—259 (1928); J. angew. Chem. [Moskau] **1**, 21—27 (1928).

[17]) K. REINKING, Melliand Textilber. **20**, 445—448 (1939).

II. Die Beizen

a) Die Chemie der beizenden Salze

Wenn an Stelle der ursprünglich zum Beizen verwendeten Drogen auch in Europa die Salze des Aluminiums und Eisens besonders in der Form ihrer Alaune schon frühzeitig zum Beizen von Textilgut verwendet wurden, beherrschte man zwar die Verfahrenstechnik handwerksmäßig, war über die sich dabei abspielenden Vorgänge aber vielfach im unklaren. So ist z. B. die Meinung geäußert worden, daß die Oxyde der dreiwertigen Metalle: Aluminium, Eisen und Chrom in Form ihrer Verbindungen mit den Oxyden der zweiwertigen Metalle Calcium und Magnesium die Beizwirkung verursachten. Durch die wissenschaftlichen Untersuchungen der Eigenschaften der Aluminium-, Eisen- und Chromverbindungen ist jedoch sichergestellt, daß diese Verbindungen unter den beim Beizen üblichen Bedingungen hydrolysieren, wobei nicht die Metalloxyde, sondern die Hydroxyde aus den als Zwischengliedern auftretenden Verbindungen entstehen. Weil Aluminium und Chrom sowohl als Kationen auftreten, als auch in Form ihrer Hydroxyde mit Kationen reagieren können, ist es in chemischer Hinsicht belanglos, ob man beim Beizen von einem Aluminat oder Chromat ausgegangen ist oder von einem Alaun oder einem anderen Aluminium- oder Chromsalz. Wesentlich ist allein, daß das Beizen unter Bedingungen erfolgt, bei denen die Faser möglichst nicht geschädigt wird und daß unter solchen Bedingungen gearbeitet wird, bei denen eine Ablagerung der beizenden Hydroxyde im Inneren der Faser erfolgen kann.

Als welche chemischen Verbindungen die Hydroxyde beim Beizen in den Fasern abgelagert werden, ist im einzelnen noch nicht erforscht und dürfte von der Art der gewählten Beizmethode abhängig sein. So läßt sich bereits beim Studium des Verhaltens der Lösungen von Salzen dreiwertiger Metalle erkennen, daß die auftretenden Veränderungen und Endhydrolysate je nach den gewählten Ausgangsstoffen und den Zusätzen ganz verschieden sein können. Dies trifft nicht nur für das Aluminium, sondern auch für das Eisen und Chrom zu.

Bekanntlich kommt das Aluminiumhydroxyd nicht nur in der Natur in definierter kristallisierter Form als Mono- und Trihydrat vor, sondern kann auch durch Fällung aus seinen Salzlösungen mit verschieden hohem Wassergehalt erhalten werden. So kann nach FRICKE[1]) bereits die

[1]) R. FRICKE u. G. F. HÜTTIG, Hydroxyde und Oxyde, Leipzig, 67 (1937).

Einwirkung von CO_2 aus der Luft auf Alkalialuminatlösungen zur Abscheidung von Al $(OH)_3$ führen, wobei es jedoch nicht gleichgültig ist, ob man vom Kaliumaluminat oder vom Natriumaluminat ausgeht, weil dieses nach JUCAITES[2]) unter Bildung eines Hydroxokomplexes reagiert. Ebenso bilden sich aus solchen Salzen, die Aluminium als Kation enthalten, durch Zusatz von Alkalien zunächst unlösliche basische Aluminiumverbindungen, welche durch weitere Hydrolyse in die Hydroxyde umgewandelt werden können. So fanden TREADWELL und ZÜRCHER[3]), daß basisches Aluminiumchlorid der Formel $HO\text{—}Al\langle{}^{O}_{O}\rangle Al^{+}\text{—}Cl^{-}$ ausfällt, wenn zu einer Lösung von $Al(OH)_3 \cdot AlCl_3$ die der Hälfte des Cl entsprechende Laugenmenge gegeben wird. Bei Zugabe von weiterer Lauge, dem Rest des Cl entsprechend, entsteht ein Cl-freies Hydroxyd, welches in Lauge etwa viermal schwerer löslich ist als frisch in der Kälte gefälltes Hydroxyd.

Weil das aus dem dimeren basischen Salz frisch entstandene Hydroxyd eine soviel geringere Löslichkeit besitzt als frisch in der Kälte aus normalem Al-Salz hergestelltes α-Hydroxyd, erscheint FRICKE[4]) der Schluß gerechtfertigt, daß das letztere aus monomeren $Al(OH_3)$-Molekülen besteht.

Bei den Chloriden des Chroms hat WERNER[5]) festgestellt, daß zwei Hydrate der allgemeinen Formel $CrCl_3 + 6$ aq, ein grünes und ein graublaues, außerdem ein Hydrat $CrCl_3 + 10$ aq und endlich ein der Formel $CrCl_3 + 4$ aq entsprechendes existieren. Die beiden Chloride mit gleichem Wassergehalt unterscheiden sich dadurch, daß im grünen zwei Chloratome fester als das dritte an das Metallatom gekettet sind, während im graublauen, das violette Lösungen von der Farbe des Chromalauns gibt, alle drei Chloratome locker gebunden sind und abdissoziieren können. Ferner sind im grünen vier Wassermoleküle, im violetten aber sechs ziemlich fest mit dem Metallatom verbunden, entsprechend den Formeln:

$$\left[Cr\ \substack{Cl_2\\(H_2O)_4}\right]\substack{Cl\\(H_2O)_2} \qquad\qquad [Cr\,(H_2O)_6\,Cl_3]$$

grün — violett

Diejenigen Bestandteile, die in eckige Klammern gesetzt sind, zeigen besonders enge Zusammengehörigkeit, wandern z. B. bei der Elektrolyse gemeinsam und bilden also zusammen ein Ion. Der weitere Beweis für diese Formulierung stützt sich auf die Tatsache, daß durch Zusatz von Silbernitrat aus der violetten Lösung sämtliches Chlor als AgCl aus-

[2]) P. JUCAITES, Z. anorg. allg. Chem. **220**, 257—267 (1934).
[3]) W. D. TREADWELL u. M. ZÜRCHER, Helv. chim. Acta **15**, 980—995 (1932).
[4]) R. FRICKE u. G. F. HÜTTIG, Hydroxyde und Oxyde, Leipzig, 102 (1937).
[5]) A. WERNER u. A. GUBSER, Ber. dtsch. chem. Ges. **34**, 1579—1604 (1901).

gefällt wird, aus dem grünen Salz jedoch nur ein Drittel. Außerdem verliert das graublaue Chlorid im Exsikkator über Schwefelsäure kein Wasser, das grüne hingegen verliert zwei Moleküle Wasser.

In wäßriger Lösung stellt sich ein Gleichgewicht zwischen den beiden Formen ein. Dieses wurde von OLIE[6]) untersucht mit der Feststellung, daß höhere Temperatur die Existenz des grünen Salzes begünstigt, indem die violetten Lösungen beim Erhitzen sichtbar grüner werden. Ferner wird die grüne Form durch Konzentrationserhöhung gefördert, während bei niederen Temperaturen in großer Verdünnung die violette Form praktisch allein besteht. Außerdem wirkt die Gegenwart von H·-Ionen verzögernd auf die Bildung der violetten Form aus der grünen, während umgekehrt die grüne Lösung sofort violett wird, wenn ihr genügend H·-Ionen entzogen werden.

WEINLAND und SCHUMANN[7]) fanden, daß die Umwandlung des grünen Chromchloridhydrats in das violette über Monochlorochromchlorid erfolgt:

$$\left[\mathrm{Cr}\begin{array}{c}\mathrm{Cl_2}\\ \\ \mathrm{4\,H_2O}\end{array}\right]\begin{array}{l}\mathrm{Cl}\\ \mathrm{(H_2O)_2}\end{array} \rightarrow \left[\mathrm{Cr}\begin{array}{c}\mathrm{Cl}\\ \\ \mathrm{5\,H_2O}\end{array}\right]\begin{array}{l}\mathrm{Cl_2}\\ \mathrm{H_2O}\end{array} \rightarrow [\mathrm{Cr\,6\,H_2O}]\,\mathrm{Cl_3}$$

viol. Chromchloridhexahydrat

Ebenso verhalten sich die Chrombromide, welche nach WERNER und GUBSER[8]) ebenfalls teils blaue, teils grüne Hydrate bilden.

Sämtliche Hexaquochromsalze neigen als die Salze einer schwachen Base dazu, in wäßriger Lösung zu hydrolysieren. Dabei wirkt sich das Anion in der Weise aus, daß die Salze schwacher Säuren noch leichter hydrolysieren als die Chromsalze starker Mineralsäuren, obwohl auch bei diesen eine Hydrolyse eintritt. Diese erfolgt in der Weise, daß die Wassermoleküle der ersten Sphäre durch Hydroxylionen verdrängt werden:

$$\left[\begin{array}{ccc}\mathrm{H_2O} & & \mathrm{H_2O}\\ \mathrm{H_2O} & \mathrm{Cr} & \mathrm{H_2O}\\ \mathrm{H_2O} & & \mathrm{H_2O}\end{array}\right]^{+++} + 3\,\mathrm{Cl^-} \rightarrow \left[\begin{array}{ccc}\mathrm{H_2O} & & \mathrm{OH}\\ \mathrm{H_2O} & \mathrm{Cr} & \mathrm{H_2O}\\ \mathrm{H_2O} & & \mathrm{H_2O}\end{array}\right]^{++} + 3\,\mathrm{Cl^-} + \mathrm{H^+}.$$

Wenn an die Stelle des ungeladenen Wassermoleküls in der ersten Sphäre ein negativ geladenes Hydroxylion tritt, muß dadurch die Ladung des komplexen Kations um 1 vermindert werden. Wenn dieser Vorgang sich wiederholt, entsteht ein einwertiges Komplexion mit zwei Hydroxylgruppen im Kern und bei weiterer Wiederholung schließlich ein ungeladenes Komplexion mit zwei Hydroxylgruppen. Wenn die Existenz solcher Verbindungen zwar nicht in allen Fällen in Form kristallisierter Verbindungen nachgewiesen werden konnte, ist ihr Vorhan-

---

[6]) J. OLIE jr., Z. anorg. Chem. **51**, 29–70 (1906).

[7]) R. F. WEINLAND u. TH. SCHUMANN, Ber. dtsch. chem. Ges. **40**, 3091–3095 (1907).

[8]) A. WERNER u. A. GUBSER, Liebigs Ann. Chem. **322**, 337–344 (1902).

densein als Zwischenstufen zwischen den Neutralsalzen und den Hydroxyden deswegen nicht anzuzweifeln, weil die Untersuchung des Wassergehaltes ergeben hat, daß definierte, wenn auch amorphe Verbindungen zwischen Chromhydroxyd und Wasser bestehen.

Bei einer systematischen Untersuchung der Chromsalze von Fettsäuren fand WERNER[9]), daß sich die von ihm untersuchten Formiate und Acetate des Chroms in zwei Gruppen einteilen lassen, nämlich a) normale Salze und b) komplexe Salze.

Als normale Salze wurden von ihm die Verbindungen der Hexaquochrom-Reihe bezeichnet. Von ihnen konnte er die folgenden herstellen:

$$[Cr(OH_2)_6](O \cdot COH)_3,\ [Cr(OH_2)_6]\cdot(O \cdot COCH_3)_3,\ [Cr(OH_2)_6]\ (O \cdot CO \cdot C_2H_5)_3$$
$$\text{und } [Cr(OH_2)_6]\ (O{\cdot}CO{\cdot}C_3H_7)_3.$$

Bemerkenswert ist, daß diese Hexaquochromsalze je nach dem organischen Säurerest ganz verschiedene Farben zeigen. Das Formiat ist graugrün, das Acetat blauviolett, das Propionat zart türkisblau, das Butyrat silbergrau. Ihre Beständigkeit nimmt mit zunehmender Größe des Fettsäurerestes ab; das Butyrat ist schon so unbeständig, daß es sich nach einigen Tagen spontan zersetzt.

Außer diesen fettsauren Chromsalzen bestehen noch solche, in denen sich die Fettsäurereste durch die gewöhnlichen analytischen Reaktionen nicht nachweisen lassen. Erhitzt man nämlich feuchtes Chromhydroxyd mit Ameisensäure vom spez. Gew. 1,15—1,20 so lange, bis alles gelöst ist, so kristallisieren beim Erkalten dunkelgrüne mattglänzende Nadeln aus von der Zusammensetzung: $Cr_3\,(O \cdot COH)_7\,(OH)_2 + 5\,H_2O$. In dieser Verbindung ist von den 7 Formiatresten nur einer in ionogener Bindung vorhanden.

Sämtliche fettsauren Hexaquochromsalze lösen sich in viel Wasser mit blaugrüner Farbe auf, weil sie in wäßriger Lösung hydrolytisch gespalten sind. Infolge ihrer leichten Hydrolysierbarkeit und wegen des niederen Siedepunktes der Essigsäure und ihrer Flüchtigkeit beim Dämpfen haben die Chromacetate im Zeugdruck bei der Herstellung von Chrombeizendrucken eine große Bedeutung erlangt.

Ähnlich wie die Chromsalze verhalten sich auch die Eisenverbindungen, was vor allem beim Vergleich der Alaune deutlich wird. Diese Verbindungen sind bekanntlich nach der allgemeinen Formel

$$[Me^{III}(SO_4)_2]Me^{I}\ 12H_2O$$

in der Weise zusammengesetzt, daß das Me^{III} entweder Aluminium, Chrom oder Eisen sein kann. Während der Kaliumaluminiumalaun sich aus der Lösung seiner Komponenten sehr leicht bildet, zeigt der Chromalaun ein ähnliches Verhalten wie Chromsulfat, von dem es ebenfalls violette und grüne Salze gibt. Chromalaun löst sich in kaltem Wasser

---

[9]) A. WERNER, Ber. dtsch. chem. Ges. **41**, 3447—3465 (1908).

mit violetter Farbe, beim Erwärmen der Lösung jedoch mit grüner Farbe. Auch Ferrialaun erleidet schon bei viel tieferen Temperaturen eine Spaltung, als dies beim Aluminiumalaun der Fall ist, der von allen Alaunen als der stabilste zu bezeichnen ist. SIMON und SCHMIDT[10]) fanden, daß die durch Einwirkung von Alkalien auf Eisensulfat und Eisenalaun erzeugten Gele von Eisenhydroxyd stets noch SO_4-Ionen enthalten, so daß sich auch das Eisenhydroxyd in dieser Hinsicht ähnlich wie das Aluminium und das Chromhydroxyd verhält.

Infolgedessen kann man nicht annehmen, daß die gebeizten Textilfasern die reinen Hydroxyde der zum Beizen verwendeten Salze enthalten, wenn man mit Alaun gebeizt hat, weil auch Spuren der einwertigen Metalle von den Hydroxyden sehr hartnäckig festgehalten werden. Das gleiche tritt ein, wenn man aus essigsaurem Eisen durch Hydrolyse bzw. Alkalieinwirkung Eisenhydroxyd abgeschieden hat, besonders wenn die Fällung durch Soda erfolgt ist. Es darf auch nicht übersehen werden, daß sich für die Türkischrotfärbereien ein Betriebswasser mit hoher temporärer Härte als günstig erwiesen hat und daß das darin enthaltene Calciumbicarbonat hydrolysierend wirkt. Bei langanhaltender Einwirkung können so die Hydroxyde des Aluminiums, Chroms, Eisens und Zinns aus ihren Salzen entstehen und die Beizung der Faser verursachen, obwohl hier nicht ausgeschlossen werden soll, daß die Beizwirkung auch durch unlösliche basische Salze mitverursacht sein kann, vor allem dann, wenn mit Salzen des Alizarins gefärbt wird. An sich besteht kein Zweifel darüber, daß diejenige Beizung, welche bis zur Abscheidung von Hydroxyden führt, derjenigen, welche die Bildung basischer Salze verursacht, vorzuziehen ist. Aus der Druckereipraxis sind jedoch Verfahren bekannt, bei welchen eine Lackbildung erfolgt, ohne daß vorher die Bildung von Hydroxyden eingetreten sein kann. Dies ist vor allem dann der Fall, wenn der Farbstoff zusammen mit der Beize in Form von Chromacetat oder einem anderen Metallsalz auf die Ware aufgedruckt wird. Erfolgt dagegen die Beizung der Ware vor dem Färben, dann dürfte es in den meisten Fällen zur Ablagerung von Metalloxydhydraten in der Faser kommen. Von den Chromhydroxydhydraten ist durch die Untersuchungen von HANTZSCH u. TORKE[11]) bekannt, daß bei ihnen zwei chemisch und physikalisch verschiedene Körper der Zusammensetzung $Cr_2O_3 \cdot 9H_2O$ existieren, die sich auch durch die Festigkeit der Wasserbindung unterscheiden lassen und die infolgedessen die folgenden Strukturformeln besitzen:

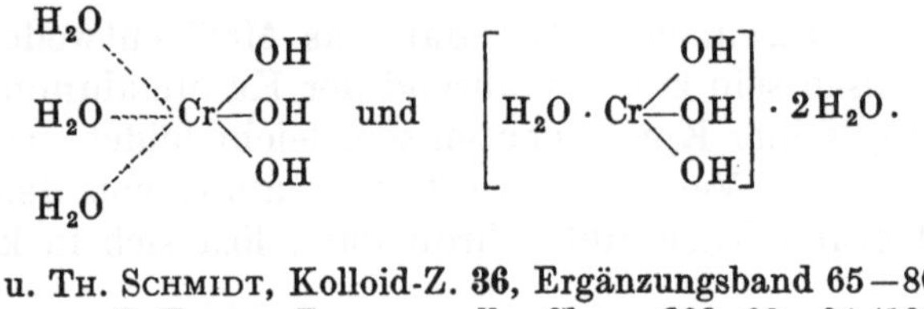

[10]) A. SIMON u. TH. SCHMIDT, Kolloid-Z. **36**, Ergänzungsband 65–80 (1925).
[11]) A. HANTZSCH u. E. TORKE, Z. anorg. allg. Chem. **209**, 60–94 (1932).

Diese in der Kälte ausgefällten Trihydrotriaquochromverbindungen unterscheiden sich in der Weise, daß das hellblaugrüne Trihydrat, welches in Säuren blauviolett löslich ist, drei Moleküle Wasser fester bindet als das dunkelblaugrüne Trihydrat, welches sich in Säuren mit grüner Farbe löst. Faßt man mit BJERRUM[12]) die Chromihydroxyd-Trihydrate auf als Endprodukte der hydrolytischen Spaltung des graublauen und grünen Chromichlorids, so ist der Verlauf der Hydrolyse folgendermaßen zu formulieren:

$$[Cr(OH_2)_6]\,Cl_3 \xrightarrow{-HCl} [Cr(OH_2)_5OH]\,Cl_2 \xrightarrow{-HCl} [Cr(OH_2)_4(OH)_2]\,Cl \xrightarrow{-HCl} Cr(OH_2)_3(OH)_3 .$$

Das Endprodukt ist ein Chromihydroxyd-Trihydrat, dessen Hydroxylgruppen nach BJERRUM direkt an das Chromatom gebunden sind.

Bei der Untersuchung dieser Hydrolysevorgänge hat sich außerdem ergeben, daß die Lösungen der basischen Salze des Aluminiums, Chroms und Eisens kein gleichbleibendes Verhalten zeigen, sondern Alterungserscheinungen unterworfen sind. Die so entstehenden höhermolekularen basischen Salze sind offenbar identisch mit den latent basischen Verbindungen BJERRUMS. STIASNY[13]) formuliert diese höhermolekularen Salze bzw. Chromhydroxydhydrate in Anlehnung an die Wernerschen Vorstellungen folgendermaßen:

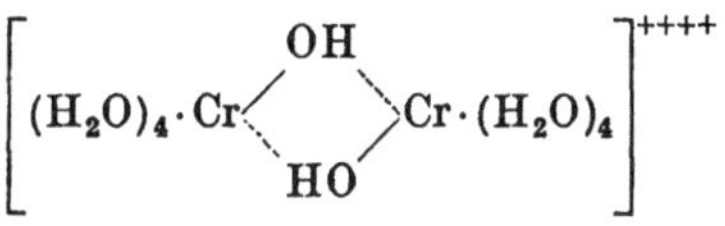

„Verolung"

In dieser Formel sind die Chromatome zum Unterschiede von der Formulierung TREADWELLS nicht durch Sauerstoffbrücken, sondern durch Nebenvalenzkräfte miteinander verbunden und werden als Träger der Verbindung zwischen Chrom und Proteinsubstanz angesehen. Weil nach STIASNY das Zustandekommen einer technisch brauchbaren Gerbewirkung an eine in das Gebiet semikolloider Lösungen hineinreichende Molekülgröße der basischen Chromsalzlösungen gebunden ist, besteht eine Ähnlichkeit zwischen der Gerbwirkung und der Beizwirkung von Verbindungen dreiwertiger Metalle.

Weil sich die Hydrolyse- und Aggregationsvorgänge in wäßrigen Chromisalzlösungen nach den von JANDER und JAHR[14]) erhaltenen Untersuchungsergebnissen prinzipiell mit den gleichartigen Endergebnissen abspielen wie in Ferri- und Aluminiumsalzlösungen, muß daraus geschlossen werden, daß die primären monomolekularen Hydrolyseprodukte

[12]) N. BJERRUM, Z. physik. Chem., Abt. A **73**, 724—759 (1910).
[13]) E. STIASNY, Gerbereichemie Dresden 1931; Chromgerbung, 347ff., 534.
[14]) G. JANDER u. K. F. JAHR, Kolloidchem. Beih. **43**, 295—362 (1936).

miteinander eine Molekülreaktion eingehen und Kondensationsprodukte ergeben. KÜNTZEL, RIESS und KÖNIGSFELD[15]) sehen die dabei sich abspielenden Vorgänge so an, daß die *Aggregation* nach der Art der Verolung erfolgt, während sie die *Alterung* (deren Ausdruck das Unempfindlichwerden der Hydroxyde gegen Säuren ist) als eine unter Wasserabspaltung erfolgende Umlagerung einer Diolverbindung in eine Oxoverbindung im Sinne folgender Formulierung auffassen:

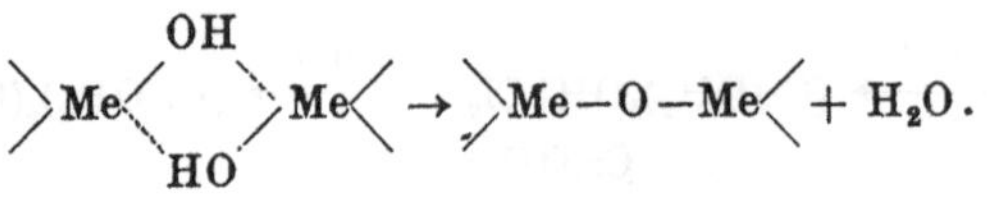

Bei Aluminium muß man annehmen, daß beide Vorgänge so schnell aufeinanderfolgen, daß sie nicht voneinander getrennt werden können; bei Chrom hingegen finden beide Vorgänge nacheinander statt.

Aus den Untersuchungen von BRITTON[16]) über das Verhalten des zweiwertigen Kupfers geht hervor, daß beim Versetzen von Kupfersulfatlösungen mit Natronlauge je nach den Fällungsbedingungen mehr oder weniger basische Salze entstehen. Bei langsamem Zugeben von Natronlauge und starkem Rühren fällt basisches Kupfersulfat als blaßblauer, äußerlich amorpher Niederschlag aus, während sich bei rascher Zugabe und bei ungenügendem Rühren ein stärker basischer, gelatinöser grüner Niederschlag von sehr geringer Beständigkeit bildet. Wenn der Alkalizusatz nicht groß genug ist, um die Lösung alkalisch zu machen, dann geht der gelatinöse grüne Niederschlag allmählich in den weniger basischen blauen über.

Wenn Stannichloridlösungen in analoger Weise mit Natronlauge versetzt werden, kommt es ganz auf die Menge der zugesetzten Natronlauge an, ob ein basisches Stannichlorid ausfällt oder nicht. Zinn IV-oxyhydrat kann sowohl durch Hydrolyse von Stannisalzen als auch von Alkalistannaten erhalten werden. Weil das Oxyhydrat des vierwertigen Zinns amphoteren Charakter besitzt, lösen sich die frischgefällten Zinnsäuren gut in verdünnten Mineralsäuren, in Alkalien, Alkalikarbonaten und Ammoniak zu echten Lösungen[17]). Daraus und aus den von COLLINS und WOOD[18]) erhaltenen Untersuchungsergebnissen ist ersichtlich, daß das Zinnoxydhydrat erheblich mehr sauren als basischen Charakter hat. Infolgedessen wird Zinn außer zur Avivage von Türkischrot nur selten als Beize für Naturfarbstoffe verwendet, weil diese vorwiegend phenolische

[15]) A. KÜNTZEL, C. RIESS u. G. KÖNIGSFELD, Collegium [Darmstadt] Nr. 782 VI, 270 (1935).

[16]) H. TH. ST. BRITTON, J. chem. Soc. [London] **127**, 2148—2159 (1925).

[17]) R. WILLSTÄTTER, H. KRAUT u. W. FREMERY, Ber. dtsch. chem. Ges. **57**, 1491 bis 1501 (1924).

[18]) G. E. COLLINS u. J. K. WOOD, J. chem. Soc. [London] **121**, 441—449 (1922).

Eigenschaften besitzen, und ist besser geeignet als Beize für basische Farbstoffe.

b) Die Chemie des Beizens

1. Das Beizen von Baumwolle

Bei der Schilderung der geschichtlichen Wandlungen in der Erzeugung von Türkischrot ist die Technik des Beizens der Baumwolle mit Aluminiumverbindungen bereits beschrieben worden. Wenn Baumwolle mit anderen Metalloxyhydraten gebeizt werden soll, dann ist dabei auf die vorstehend besprochenen Unterschiede der Metallsalzlösungen zu achten, während das Ziel, die Metalloxyhydrate in den Intermicellarräumen der Cellulosefasern abzulagern, das gleiche ist. Dieses Ziel ist bei den Cellulosefasern ungleich schwieriger zu erreichen als bei den Proteinfasern, weil diese leichter gebeizt werden können. Der Grund für diese unbestreitbaren Unterschiede dürfte darin zu suchen sein, daß die Baumwollfaser, wie aus ihrem Verhalten gegen substantive Farbstoffe im Vergleich zu Proteinfasern geschlossen werden kann, Intermicellarräume von größerem Durchmesser besitzen muß als das Seidenfibroin oder die Cutis der Schuppenschicht von Wolle. Infolgedessen müssen die in die Fasern eingedrungenen löslichen neutralen oder basischen Metallverbindungen beim nachfolgenden Spülen bei den Proteinfasern schwerer diffundieren, als dies bei den Cellulosefasern der Baumwolle der Fall ist. Außerdem besitzen die Cellulosefasern im Gegensatz zu den Proteinfasern keine aktiven Gruppen, die die Hydrolyse unterstützen können. Weil darum das Beizen der Cellulosefasern langwieriger und in der Ausübung schwieriger durchzuführen ist als das Beizen von Proteinfasern, wird es heute in Europa, außer zur Türkischrotherstellung auf Garn, kaum mehr durchgeführt, zumal durch die Herstellung von Schwefelfarbstoffen, Küpenfarbstoffen und Kupplungsfarbstoffen genügend einfacherere Färbeverfahren für die Echtfärberei zur Verfügung stehen. Eine weitere Beschreibung der Beiztechnik von Cellulosefasern kann auch deshalb unterbleiben, weil sie sowohl im Ratgeber der IG-Farbenindustrie[19]) als auch in anderen Färbereihand- und -lehrbüchern[20]) bereits beschrieben worden ist und HENKEL[21]) über die Unterschiede in der Fähigkeit der vegetabilischen Fasern, die Metallsalze des Chroms und Aluminiums sowie Ferrisulfat aufzunehmen, berichtet hat.

---

[19]) Ratgeber für das Färben von Baumwolle 1933, IG-Farbenindustrie A. G., 270, 275 und 301.

[20]) H. E. FIERZ-DAVID, Künstliche organische Farbstoffe, 524ff. (1926).
R. MÖHLAU u. H. BUCHERER, Farbenchem. Praktikum 1. Aufl., 323ff. (1908).
E. ZÜHLKE, Leitfaden zum Färben von Textilfasern, 81ff. (1930).
LE PILEUR D'APLIGNY, L'art de la teinture des fils et étoffes de coton (1776).

[21]) K. HENKEL, Melliand Textilber. 8, 955—958, 1039 (1927), 9, 66—68, 149—151 (1928).

2. Das Beizen von Seide

Mit Recht hat HEERMANN[22]) darauf hingewiesen, daß die Einordnung der Beizen in ein allgemeingültiges chemisches System deswegen sehr schwierig ist, weil die chemische Bezeichnungsweise die Zwischenstufen nicht genügend präzisiert. Eine Ordnung der Beizen nach einheitlichen Grundsätzen ist keineswegs immer vorgenommen worden, weil die Berechnung der Beizlösung beim Zinn und beim Eisen vielfach nach ihrem Gehalt an Base als freies Metall und der Säure als freie Säure erfolgt ist. Dagegen ist bei den Chrombeizen und Aluminiumbeizen die Berechnung kaum auf metallisches Chrom oder Aluminium, sondern fast immer auf Tonerde und Chromoxyd erfolgt. Demgegenüber hat HEERMANN zur einheitlichen Definierung einer Beize die Basizitätszahl als den Quotienten aus dem absoluten Säuregehalt und dem absoluten Metallgehalt vorgeschlagen, oder, was dasselbe ist, den relativen Säuregehalt der Beize bezogen auf die Einheit des Metallgehaltes, die Base als freies Metall, die Säure als freie Säure (Hydrat) gerechnet.

Mit so definierten Beizen der wichtigsten Beizmetalle: Zinn, Eisen, Aluminium und Chrom hat HEERMANN[23]) die Beizenaufnahme von Rohseide untersucht. Er verwendete Beizen bis zur erreichbaren Höchstbasizität, indem er von einer Grundlösung ausging und die basischen Beizen in der Weise herstellte, daß einem, zwei usw. Prozent Salzsäure entsprechende Mengen Natronhydrat in die Grundbeize hineingerührt wurden. Im Falle der Chlorzinnbeize ergaben sich so Beizen mit 25,7, 24,7, 23,7% Salzsäure bei gleichem Zinngehalt. Dabei stellte sich heraus, daß die neutrale Grundbeize bei einem 5% Salzsäure entsprechendem Natronzusatz das Ende ihrer Basizität erreicht hatte. Die negative Basifizierung oder die Azidifizierung wurde umgekehrt durch Zusatz von 1%, 2—5% absoluter Salzsäure erreicht, so daß sich auf diese Weise Zinnchloridlösungen mit 27,7, 28,7, 29,7, 30,7 und 31,7% Salzsäure (bei nur 21,7% Zinn) ergaben. Der Kochsalzzusatz wurde so geregelt, daß die basischste Beize keinen Zusatz erhielt; die nächste Beize einen Kochsalzzusatz, der 1% Salzsäure entsprach, die weiteren Beizen einen 2%, 3% bzw. 4% Salzsäure entsprechenden Zusatz von Chlornatrium. Die neutrale Lösung und die sauren Beizen erhielten alle einen 5% Salzsäure entsprechenden Kochsalzzusatz. Nach Erledigung dieser Zusätze von Ätznatron, Salzsäure und Kochsalz wurden alle Bäder auf gleiches Volumen aufgefüllt und damit in einwandfreier Weise, da vom gleichen Quantum Grundbeize ausgegangen wurde, ein überall gleicher Volumen-Zinngehalt erreicht.

Mit diesen Beizlösungen wurde sowohl Rohseide als auch Cuite-Seide gebeizt und die Beizenaufnahme durch die Bestimmung der Gewichtszunahme und des Aschengehaltes ermittelt.

---

[22]) P. HEERMANN, Färber-Ztg. 15, 76—78 (1904).
[23]) P. HEERMANN, Färber-Ztg. 15, 85—91 (1904).

Tabelle 1

Beizenaufnahme durch Rohseide aus Zinnbeizen

Versuchs-Nr.	Normalbeize 50° Bé + oder — % Salzsäure	Basizitätszahl	Grade Bé	Mittlere Gewichtszunahme in %	Aschengehalt in %	Quotient aus Erschwerung und Metalloxyd
1	— 5	1,00	32,3	36,35	22,94	1,62
2	— 4	1,05	32,45	32,04	21,95	1,42
3	— 3	1,09	32,6	24,15	17,1	1,45
4	— 2	1,14	32,8	17,83	13,35	1,38
5	— 1	1,18	32,95	16,2	12,33	1,37
6	± 0	1,23	33,1	14,45	10,81	1,40
7	+ 1	1,28	33,3	14,21	10,58	1,42
8	+ 2	1,32	33,45	14,36	10,64	1,40
9	+ 3	1,37	33,65	14,26	10,5	1,42
10	+ 4	1,41	33,8	14,27	10,68	1,40
11	+ 5	1,46	34,0	14,22	10,57	1,41

Aus diesen Zahlen folgt, daß die Basizität eine ganz eminente Rolle in der Beizenaufnahme durch Rohseide spielt und daß bei positiver Basizität nahezu das doppelte Quantum einer Beize aufgenommen werden kann gegenüber einer Beize von normaler oder negativer Basizität. Bei Cuite-Seide zeigen sich dagegen keine so großen Unterschiede in der Beizenaufnahme in Abhängigkeit von der Basizität, obwohl auch hier ein Ansteigen der Beizwirkung in den basischen Beizen festzustellen ist. Überhaupt ist die Beizenaufnahme der Cuite-Seide nicht so hoch wie die von Rohseide.

Daraufhin untersuchte HEERMANN die Beizwirkung einer Eisenbeize, die sich im Laufe der Jahre als die geeignetste zum Beizen von Seide herausgestellt hatte. Eine 50grädige Beize dieser Zusammensetzung enthielt rund 30% Schwefelsäure (H_2SO_4) und 15% Eisen (Fe met.). Die Abstufungen dieser im Großbetrieb erprobten Beize betrugen jedesmal 1% Schwefelsäurehydrat mehr bzw. weniger bei immer dem gleichen Glaubersalzgehalt und Eisengehalt in der Volumeneinheit (Tab. 2).

Die Zahlen der Tab. 2 zeigen sowohl in den Gewichtszunahmen als auch in den Aschengehalten und Quotienten einen ziemlich regelmäßigen Verlauf. Die Beize der Zahl 1,87 läßt das Maximum an Beize nicht nur bei Rohseide, sondern auch bei Cuite-Seide fixieren. Bei der Zahl 2,0 beginnt ein Sinken der Beizenzahl bei Rohseide und bei abgekochter Seide, welche an sich stets geringere Mengen Eisenbeize aufnimmt als Rohseide.

Um festzustellen, wie die Beizenaufnahme von Seide bei Chrombeizen verschiedener Basizität ist, hat HEERMANN[24]) aus Chromchlorid als Grund-

[24]) P. HEERMANN, Färber-Ztg. 15, 108—112 (1904).

Tabelle 2

Beizenaufnahme durch Rohseide aus Eisenbeizen

Versuchs-Nr.	Normalbeize 50° Bé + oder − % H_2SO_4	Basizitätszahl	Grade Bé	Mittlere Gewichtszunahme in %	Aschengehalt in %	Quotient aus Erschwerung und Metalloxyd
1	− 2	1,87	30	10,09	8,29	1,15
2	− 1	1,93	30,5	8,85	7,39	1,13
3	± 0	2,00	31	6,58	5,4	1,13
4	+ 1	2,07	31,4	5,95	4,92	1,10
5	+ 2	2,13	31,8	5,05	4,38	1,04
6	+ 3	2,20	32,2	3,86	3,34	1,01
7	+ 4	2,27	32,6	3,55	2,94	1,04
8	+ 5	2,33	33,0	3,13	2,79	0,94

beize eine Chrombeize der Zusammensetzung $Cr_2Cl_3(OH)_3$ verwendet, in der nur die Hälfte der vom Chrom aufnehmbaren Menge Salzsäure enthalten war. Diese Beize von 30° Bé enthielt 9,5% metallisches Chrom und rund 10% Salzsäure. Die Basizitätsgrade wurden, wie vordem beschrieben, hergestellt. Die Zusammensetzung dieser Beizen und ihre Wirkung ist in Tabelle 3 enthalten.

Tabelle 3

Beizenaufnahme durch Rohseide aus Chrombeizen

Versuchs-Nr.	Normalbeize 30° Bé + oder − % Salzsäure	Basizitätszahl	Grade Bé	Mittlere Gewichtszunahme in %	Aschengehalt in %	Quotient aus Erschwerung und Metalloxyd
1	− 2	0,84	18,5	8,75	5,23	1,85
2	− 1	0,95	18,9	8,14	4,83	1,88
3	± 0	1,05	19,2	5,91	3,66	1,87
4	+ 1	1,16	19,5	2,55	1,92	1,80
5	+ 2	1,26	19,8	2,39	1,83	1,80
6	+ 3	1,37	20,1	2,2	1,74	1,77
7	+ 4	1,47	20,4	2,0	1,65	1,75
8	+ 5	1,58	20,7	1,7	1,56	1,60

Bei diesen Untersuchungen zeigte sich wiederum, daß Rohseide im allgemeinen mehr Beize aufnimmt, als dies bei abgekochter Seide der Fall ist und daß die basischen Beizlösungen besser wirksam sind als die Grundbeizen und die sauren Beizen. Besonders deutlich ist in diesen Reihen, daß ein über die normale Basizität hinausgehender Säurezusatz die mittlere Gewichtszunahme außerordentlich stark reduziert, was sich auch im Aschengehalt zeigt.

Nach den Forschungen von KOECHLIN, SCHLUMBERGER[25]), CRUM[26]) und LIECHTI[27]) geben die basischen Sulfacetate die zweckmäßigsten Aluminiumbeizen ab. Diese Zusammensetzungen eignen sich jedoch deswegen nicht für die Fortsetzung des von HEERMANN eingeschlagenen Weges, weil bei einem Säurezusatz die Frage auftauchen würde, ob und wieviel von jeder einzelnen Säure zuzugeben sei. Deshalb wurde von ihm als Grundbeize ein reines normales Tonerdeacetat der Zusammensetzung $Al_2(C_2H_3O_2)_3$ gewählt, obwohl diese Verbindung in der Praxis wegen ihrer allzugroßen Zersetzlichkeit ohne Wert ist und deshalb kaum je angewendet wird. Dementsprechend konnte die Basizität kaum gesteigert werden. Weil bei der geringen Aufnahme von Tonerde durch die Faser Unterschiede in der Aufnahme von nur 1% Säure schwer festzustellen sein dürften, wurden in diesem Falle die sauren Beizbäder in Intervallen von 2% Säure eingestellt. Die damit erzielten Wirkungen sind aus Tabelle 4 ersichtlich.

Tabelle 4

Beizenaufnahme durch Rohseide aus essigsauren Tonerdebeizen

Versuchs-Nr.	Grundbeize 10° Bé + oder − % Essigsäure	Basizitätszahl	Grade Bé	Mittlere Gewichtszunahme in %	Aschengehalt in %	Quotient
1	− 1	6,0	7,1	− 1,75	1,58	—
2	+ 1	7,33	7,4	− 1,81	1,52	—
3	+ 3	8,67	7,7	− 1,82	1,42	—
4	+ 5	10,0	8,0	− 1,87	1,34	—

In die Tabelle 5 wurden die mit den gleichen Beizlösungen bei Cuite-Seide erhaltenen Werte aufgenommen.

Im Gegensatz zu den bei den Chromchloriden gemachten Erfahrungen erweist sich die Basizität bei den essigsauren Tonerdebeizen fast als ganz belanglos. Die Unterschiede in den absoluten Zahlen sind gering, und nur durch die Aschenbestimmungen läßt sich hier mit Sicherheit feststellen, daß sich die Basizität auf die Beizenaufnahme auswirkt.

Weil beim Beizen von Rohseide mit essigsauren Tonerdebeizen Gewichtsabnahmen festgestellt wurden, beweisen die Aschenbestimmungen,

[25]) SCHLUMBERGER, Mitt. techn. Gewerbemus. [Wien], 425 (1894).
[26]) W. CRUM, Liebigs Ann. Chem. 89, 158—181 (1854).
[27]) L. P. LIECHTI u. W. SUIDA, Mitt. techn. Gewerbemus. [Wien] II 1 (1885).

Tabelle 5

Beizenaufnahme von Cuite-Seide aus essigsauren Tonerdebeizen

Versuchs-Nr.	Grundbeize 10° Bé + oder − % Essigsäure	Basizitätszahl	Grade Bé	Mittlere Gewichtszunahme in %	Aschengehalt in %	Quotient
1	− 1	6	7,1	1,46	1,72	1,19
2	+ 1	7,33	7,4	1,39	1,61	1,25
3	+ 3	8,67	7,7	1,32	1,50	1,32
4	+ 5	10,0	8,0	1,29	1,41	1,41

daß sowohl bei Rohseide als auch bei Cuite-Seide eine Aufnahme der Beizen erfolgt ist, weil der Aschengehalt der unbehandelten Seide etwa 0,5% beträgt.

Als Gesamtergebnis der von HEERMANN durchgeführten Untersuchungen hat sich gezeigt, daß die Basizität der Beizen sich verschieden auswirkt. Während bei den einen Beizen (Zinnbeize und Tonerdebeize) die sauersten Beizen annähernd so viel Beize an die Fasern abgeben wie die Grundbeizen mit normaler Basizitätszahl, findet bei Eisenbeize ein gleichmäßiges Sinken der Beizenzahl mit dem Steigen der Basizitätszahl statt. Bei der Chrombeize erscheint die Beizenaufnahme mit dem Überschreiten des Null- oder Normalpunktes wie abgeschnitten. Beim Sinken der Basizitätszahl wird dagegen fast überall ein fortschreitendes Zunehmen der Beizenaufnahme auf beiden Faserarten wahrgenommen.

Während SILBERMANN[28]) angenommen hatte, daß beim Beizen von Seide eine Veränderung der Basizität der Beize in der Weise eintritt, daß die Faser dem Beizbade die Basen entzieht, wodurch eine Säureanreicherung eintreten würde, hat HEERMANN[29]) darauf hingewiesen, daß beim Beizen Base und Säure von der Faser in gleichen Äquivalentbeträgen aufgenommen werden. Beim nachfolgenden Spülen wird jedoch die Säure zum größten Teil aus der Faser herausgespült, während die Base als basisches Salz oder als Metalloxyhydrat in der Faser zurückbleibt und den Beizeffekt bildet. Nach ihm tritt dieser Vorgang deswegen ein, weil beide Ionenarten verschiedene Wanderungsgeschwindigkeiten haben und die Fasern größere Elektroaffinität zur Base besitzen (weil sie in neutralen Stadien negativ geladen sind).

Daß die mit den gebräuchlichen Beizen gebeizte Seide sowohl als Rohseide als auch als Cuite-Seide die Beizen als Metalloxydhydrate und nicht als basische Salze enthält, wenn sie nach dem üblichen kalten Beizen

[28]) H. SILBERMANN, Färber-Ztg. 8, 51, 68 (1897).
[29]) P. HEERMANN, Färber-Ztg. 15, 214—219 (1904).

gut ausgewunden und anschließend in fließendem Wasser gründlich gespült wurde, konnte HEERMANN[30]) folgendermaßen beweisen. Er beizte Seide eine Stunde lang kalt in Parallelversuchen mit den üblichen Zinn-, Eisen-, Chrom- und Tonerdebeizen, spülte nach dem Auswinden einmal gut in fließendem Wasser, danach je fünfmal 5 Minuten kalt in stehenden Wasserbädern und legte die gebeizten und gespülten Stränge anschließend 12—15 Stunden in kaltes Wasser ein. Am nächsten Morgen wurde ihr Säuregehalt analytisch bestimmt, wobei sich zeigte, daß die Beizen sich als Metalloxyhydrate in der Seide befinden und daß nur minimale Mengen von Säuren in der Seide zurückgeblieben sind. Wie hoch die Hydratstufe dieser Metallhydroxyde ist, läßt sich freilich weder beurteilen noch bestimmen. Obwohl beim Beizen von Seide im Großbetrieb nicht so gründlich und andauernd nachgespült werden kann, darf man mit HEERMANN trotzdem annehmen, daß die Beizwirkung auf der Bildung von Metalloxydhydraten in den Intermicellarräumen der Seide beruht.

3. Das Beizen von Wolle

Obwohl Wolle mit den gleichen Salzen wie Seide gebeizt werden kann, zeigen beide Fasern erhebliche Unterschiede in der Art, daß Seide schon bei gewöhnlicher Temperatur die Beizen in hinreichender Menge aufnimmt, Wolle dagegen erst bei hohen Temperaturen. Weil andere Beizen als Chrombeizen für Wolle heute kaum mehr Verwendung finden, soll anschließend nur das Beizen von Wolle mit Chromverbindungen behandelt werden. An sich läßt sich Wolle sowohl unter Anwendung von Chromsalzen wie Chromalaun oder Chromfluorid beizen. Man erhält jedoch im allgemeinen mit chromsauren Salzen aus den folgenden Gründen bessere Beizungen als mit Chromisalzen. Wenn Wolle in einem Bade von Chromfluorid oder Chromalaun gekocht wird, so zersetzt sich das Salz in Chromhydroxyd und Flußsäure bzw. Kaliumsulfat und basisches Chromisulfat. Diese Hydrolyse findet nun nicht nur innerhalb der Faser, sondern auch im Beizbade statt, was am Trübwerden des Beizbades zu erkennen ist. Zwar läßt sich dieses durch die Hydrolyse außerhalb der Faser eintretende Trübwerden durch Zusatz von Oxalsäure oder Weinsäure bzw. Weinstein beim Beizen von Wolle mit Chrom-, Aluminium-, Zinn- oder Eisensalzen verhindern, doch neigen die in solcher Weise gebeizten Wollen nach dem Färben mehr zum Abrußen als die mit Chromatverbindungen gebeizten Wollen. Deswegen wird Chromfluorid fast nur dann zum Vorbeizen von Wolle verwendet, wenn die chromsauren Salze wegen ihrer oxydierenden Wirkung nicht gut anwendbar sind. Diese Unterschiede sind vor allem dann zu beachten, wenn im Einbadverfahren gebeizt und gefärbt werden soll, weil einige

[30]) P. HEERMANN, Färber-Ztg. 15, 325—327, 345—347 (1904).

Farbstoffe oxydationsempfindlich sind, andere, wie z. B. Chromogen, dagegen beim Einbadverfahren jedoch mit Chromsäure bessere Färbungen ergeben.

Die beim Beizen von Wolle mit Bichromat sich abspielenden Vorgänge hat KNECHT[31]) folgendermaßen beschrieben: „Kocht man Wolle in einer Lösung von Kalium- oder Natriumbichromat, so zieht dieselbe bekanntlich eine gewisse Menge Chrom an und erhält dabei eine gelbliche Färbung. Diese Erscheinung beruht nicht, wie einige angenommen haben, auf einer einfachen Absorption des unveränderten Bichromats, sondern stets auf einer Spaltung des Bichromats in neutrales Chromat und Chromsäure. Das Chromat bleibt in Lösung, während die Chromsäure sich mit einem Bestandteil der Faser zu einem unlöslichen oder wenigstens schwerlöslichen Chromat verbindet.

Dieser Schluß läßt sich aus folgenden Umständen mit ziemlicher Sicherheit ziehen:

1. Wird gereinigte Wolle in einer schwachen Lösung von Kaliumbichromat gekocht, so verwandelt sich die Farbe der Lösung von Orange zu Gelb. Dieselbe enthält unbestreitbar neutrales Chromat.

2. Versetzt man eine Lösung von Wolle in starker Salzsäure, nachdem dieselbe mit Wasser verdünnt worden ist, mit Natriumbichromat, so erhält man einen chromsäurehaltigen Niederschlag.“

Die Ansicht NIETZKIS[32]), daß das Chrom als chromsaures Chromoxyd von der Wolle fixiert werde, hält KNECHT für unbewiesen. Er war der Ansicht, daß die Reduktionswirkung der Wolle nicht ausreichend ist, um die Reaktion:

$$5K_2Cr_2O_7 + 5H_2O = Cr_2(CrO_4)_3 + 10KOH + 9O_2$$

zu bewirken. Demgegenüber hat NIETZKI[33]) darauf hingewiesen, daß beim Beizen von Wolle mit Bichromat ein Teil der Chromsäure reduziert wird, was notwendigerweise auf Kosten gewisser Anteile der Wollfaser geschieht, und daß diese Reaktion nicht in allen Fällen zur Bildung einer definierten Verbindung von chromsaurem Chromoxyd führen muß.

Die ersten quantitativen Untersuchungen der Aufnahme von Chromsäure durch Wolle sind von ILJINSKY und KODNER[34]) durchgeführt worden. Sie fanden, daß die Wollfaser befähigt ist, Chromsäure aus wäßrigen, selbst eiskalten Lösungen an sich zu ziehen unter Bildung von gelben Komplexen bestimmter Zusammensetzung, welche, einmal gebildet, die aufgenommene Chromsäure an Wasser nur sehr langsam abgeben, d. h. praktisch gegen Wasser beständig sind. Dieselben gelben Chromsäure-Wollkomplexe bilden sich auch, wenn Wolle mit Chromsäurelösung in

---

[31]) E. KNECHT, Färber-Ztg. 1, 115—118 (1890).
[32]) R. NIETZKI, Färber-Ztg. 1, 8 (1889).
[33]) R. NIETZKI, Färber-Ztg. 1, 205—208 (1889/90).
[34]) M. ILJINSKI u. D. KODNER, Z. angew. Chem. 41, 283—285 (1928).

Gegenwart von Mineralsäuren behandelt wird. Setzt man mit MEYER und FIKENTSCHER[35]) in Rechnung, daß 1200 g ein Äquivalent Säure binden, entspricht die Zusammensetzung der mit Chromsäure gesättigten Wolle dem Ausdruck: $(WNH_2)_2 \cdot H_2Cr_2O_7$. Bildet man erst das Sulfat oder Chlorid der Wolle und läßt darauf Chromsäurelösung einwirken, so bilden sich dieselben Chromsäure-Wollverbindungen unter Freiwerden äquivalenter Mengen Mineralsäure:

$$(WNH_2)_2 \cdot H_2SO_4 + 2\,H_2CrO_4 \longrightarrow (WNH_2)_2 \cdot H_2Cr_2O_7 + H_2SO_4 + H_2O \ldots$$

„Demnach verhält sich der amphotere typisch kolloidale Wollfaserkern primär Chromsäure gegenüber wie eine Base und ist imstande, salzartig rund 10% $H_2Cr_2O_7$ zu binden."

Später haben die Untersuchungen von SYOZO BITO[36]) und FINK[37]) ergeben, daß die zeitliche Aufnahme der Chromsäure durch die Gesetze der Diffusion bestimmt wird, im Anfang des Vorganges, d. h. bei kleinen Zeiten, ist das aufgezogene Bichromat der Wurzel aus der Zeit proportional. Ist das Bad dagegen schon ziemlich erschöpft, dann verläuft die weitere Absorption linear mit der Zeit.

Die Untersuchungen von STEVENS, ROWE und SPEAKMAN[38]) haben ergeben, daß bei der Erzeugung von Beizenfärbungen auf Wolle, zunächst Chromsäure-Ionen absorbiert werden und daß danach durch Oxydation des Cystins der Wollsubstanz das sechswertige Chrom zum dreiwertigen Chrom reduziert wird, welches dann befähigt ist, durch Chelation mit den reaktionsfähigen Gruppen des Farbstoffmoleküls den Chromkomplex zu bilden.

Wie bereits erwähnt wurde, erfolgt primär die Aufnahme der Chromsäure. Der zweite Vorgang ist die Reduktion des sechswertigen Chroms zum dreiwertigen Chrom. Die allgemein übliche Methode, „grüngebeizte" Wolle zu erhalten, besteht bekanntlich darin, daß man zusammen mit Bichromat entweder Oxalsäure, Weinsäure, Weinstein, Lactolin, Milchsäure oder andere Reduktionsmittel anwendet. Da die gewöhnlich angewandten Mengen von $2^1/_2$% Weinstein oder 3% Oxalsäure auf 3% Chrom aber nicht genügen, um diese Reaktion bis zur völligen Reduktion der von der Faser aufgenommenen Chromsäuremengen zur Chromistufe zu bewirken, müssen die schwefelhaltigen Gruppen der Wollsubstanz notwendigerweise dabei oxydiert werden.

Die günstige Wirkung eines Reduktionsmittelzusatzes beruht nicht allein darauf, daß das sechswertige Chrom vollständiger und unter größerer Schonung der Wolle reduziert wird, sondern auch in einer

[35]) K. H. MEYER u. H. FIKENTSCHER, Melliand Textilber. 7, 607 (1926).
[36]) SYOZO BITO, Bull. Sericult. Silk.-Ind. [Sanshi-Gaku Zasshi], 11, 149 (1939).
[37]) P. FINK, Textil-Rdsch. [St. Gallen] 8, 298—300 (1953).
[38]) C. B. STEVENS, F. M. ROWE u. J. B. SPEAKMAN, J. Soc. Dyers Colourists 59, 165—171 (1943).

größeren Chromaufnahme. BICHSEL[39]) hat die Chromgehalte zweier Wollen bestimmt, von denen die eine mit 1,5% Bichromat und Schwefelsäure, die andere unter Zusatz von 3% Milchsäure unter sonst gleichen Bedingungen chromiert worden war (Tabelle 6).

Tabelle 6

% Kalium-bichromat	% zugesetztes Chrom	% aufgezogenes Chrom	
		ohne Reduktions-mittel	mit Reduktions-mittel
1,5	0,530	0,320	0,427

Die Bestimmung des Chromgehaltes der chromierten Wolle wurde nach der VESLIC-Vorschrift durchgeführt, die eine Modifikation der Bestimmung nach SMITH und SULLIVAN[40]) ist. Das Chrom wird durch Oxydation mit Perchlorsäure in die sechswertige Form übergeführt und die Chromsäure anschließend jodometrisch bestimmt. SMITH und SULLIVAN haben eine nasse Verbrennung mit Perchlorsäure beschrieben, die aber wegen der bestehenden Explosionsgefahr sehr gefährlich ist. Nach der VESLIC-Vorschrift wird deshalb die Probe zuerst verascht und das Chromoxyd der Asche anschließend mit Perchlorsäure oxydiert.

Die Menge des auf Wolle aufziehenden Chroms hängt stark vom p_H-Wert ab; mit sinkenden p_H-Werten steigt die Bichromataufnahme bis zu einem asymptotischen Grenzwert. Den Mechanismus der Chromsäureabsorption hat BICHSEL[41]) folgendermaßen beschrieben: „Primär diffundieren H-Ionen der Säure dank ihrer leichten Beweglichkeit sofort in das Innere der Wollfaser und spalten dort reversibel die Salzbrücken. Das freigesetzte Ammoniumion erteilt der Faser eine positive Ladung, welche ihrerseits das negative Chromsäureanion anzieht. Das Anion nähert sich so gut wie möglich der ionisierten Aminogruppe. Im amorphen Teil der Faser ist die Möglichkeit einer Salzbindung gegeben. Wegen ihrer Größe können die Anionen jedoch nicht in die orientierten Bezirke der Faser eindringen und belegen je nach Anzahl der positiven Ladungen im Innern mehr oder weniger stark gebunden die äußeren Flächen der Kristallite."

Wenn nun beim Chromieren von Wolle mit Chromsäure zusätzlich noch ein Reduktionsmittel angewendet wird, dann erfolgt innerhalb der Faser eine Reduktion der Chromsäure, welche bewirkt, daß vom Chromierungsbade aus ständig Chromsäure nachdiffundieren kann. Betrachtet man die

[39]) H. F. BICHSEL, Textil-Rdsch. [St. Gallen] **10**, 473–474 (1955).

[40]) G. F. SMITH u. V. R. SULLIVAN, J. Amer. Leather Chemists Assoc. **30**, 442–453 (1935).

[41]) H. F. BICHSEL, Textil-Rdsch. [St. Gallen] **10**, 471–479 (1955).

Menge des auf der Faser fixierten Chroms als das Maß der Leistungsfähigkeit einer Beize, dann ist die unter Mitverwendung eines Oxydationsmittels angewendete Chromsäure als weitaus beste Beize für Wolle anzusehen. Ihr zunächst im Wert folgt Chromsäure für sich allein angewendet, Kaliumbichromat zusammen mit Schwefelsäure, dann Kaliumbichromat allein und zuletzt Kaliumchromat.

Eine genaue Untersuchung über den zeitlichen Ablauf des Reduktionsvorganges, die Zusammensetzung des Chromierungsbades und den valenzmäßigen Zustand des Chroms auf der Faser ist von STEVENS, ROWE und SPEAKMAN[42]) vorgenommen worden. Die Analyse der Chromverbindungen beruhte darauf, daß die noch nicht reduzierte Chromsäure mit einem Phosphatpuffer vom p_H-Wert = 8 quantitativ aus der Wolle entfernt wurde. Ihre Untersuchung ergab, daß beim Metachromverfahren nach vier Stunden praktisch alles Chrom auf der Wolle reduziert ist. Die Reduktion des Chroms erfolgt bei höheren Temperaturen und wird durch die Einwirkung von Licht gefördert. Die Ursache dieses Effektes ist in der Beobachtung von SVENSSON[43]) zu sehen, daß beim Bestrahlen von Chromsäure ihr Oxydationspotential steigt.

Um festzustellen, in welchem Maße der Cystingehalt der Wolle durch die Chromierung verändert wird, hat BICHSEL den Disulfidgehalt chromierter Wolle folgendermaßen bestimmt. Er löste die Wolle in einem Zersetzungskolben in konzentrierter Natronlauge, säuerte dann mit Schwefelsäure an und destillierte den freigesetzten Schwefelwasserstoff in eine vorgelegte Jodlösung über. Mit $n/_{10}$ Thiosulfat wird dann der Jodverbrauch gemessen, wobei 1 cm^3 Thiosulfat $n/_{10}$ = 1,70 mg H_2S bzw. 12,0 mg Cystin entspricht. Die Ergebnisse der Analysen sind in Tabelle 7 angegeben.

Man sieht daraus, daß die chromierten Proben gegenüber den nichtchromierten ein Cystindefizit aufweisen. Dieses steht mit dem Chromgehalt in einem linearen Zusammenhang. Der Anteil des durch die Chro-

Tabelle 7

	% Chrom	Cystingehalt %	Cystindefizit %
Serie 1	—	11,86	—
	0,232	11,48	0,38
	0,435	11,07	0,79
	0,824	10,46	1,40
Serie 2	—	11,62	—
	0,084	11,45	0,17
	0,179	11,11	0,51
	0,462	10,74	0,88

[42]) C. B. STEVENS, F. M. ROWE u. J. B. SPEAKMAN, J. Soc. Dyers Colourists **59**, 165—171 (1943).

[43]) T. SVENSSON, Z. physik. Chem. **91**, 624—636 (1916).

mierung zerstörten Cystins ist aber relativ klein. Es handelt sich um Mengen, die weniger als 10% des Gesamtcystingehaltes der Wolle betragen. Dieses Ergebnis steht im Einklang mit dem von ELÖD, NOVOTNY und ZAHN[44]) erhaltenen Befund, nach welchem das Cystin der Wolle in verschiedenen, ungleich stark angreifbaren Formen vorliegt[45]). Das Versuchsmaterial für die beiden Serien stammte aus zwei verschiedenen Kammzügen. Als weitere Aminosäuren mit reaktionsfähigen Gruppen kommen neben Cystin auch Arginin und Tyrosin in Betracht. Diese Aminosäuren reduzierten jedoch im Modellversuch das sechswertige Chrom nicht, während Cystin unter den gleichen Bedingungen zu Cysteinsäure oxydiert wird.

Weil Löslichkeitsuntersuchungen über die Art der Bindungen des Chroms in der Wolle Aufschluß erteilen können, hat BICHSEL[46]) chromierte Wolle teils mit Schwefelsäure, teils mit Ammonoxalat extrahiert. In einem Falle wurden 4 g Wolle unter Rückfluß in 500 cm³ m/25 Schwefelsäure gekocht. Von Zeit zu Zeit wurden aus dem Kolben Proben entnommen, gespült, getrocknet und auf ihren Chromgehalt untersucht. Bei der Extraktion mit Ammonoxalat wurden 40 g Wolle in einem geschlossenen Gefäß mit einem Liter n/2 Ammonoxalatlösung, die durch Ammoniakzusatz auf den p_H-Wert 8 eingestellt worden war, im Thermostat bei 50° C stehen gelassen. Von Zeit zu Zeit wurden Proben entnommen, gespült, getrocknet und wie oben auf Chrom analysiert. Die Lösung wurde im Anfang alle 12 Stunden, später alle 24 Stunden erneuert, so daß eine annähernd kontinuierliche Extraktion durchgeführt wurde. Es wurden folgende Ergebnisse erhalten:

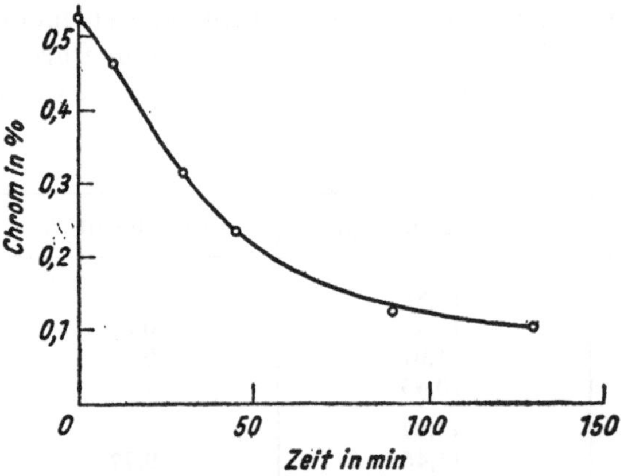

Abb. 1. Extraktion der chromierten Wolle mit m/25 Schwefelsäure bei Siedehitze

Tabelle 8a

Extraktion mit Schwefelsäure	
Zeit in Minuten	% Chrom
0	0,525
10	0,460
30	0,314
45	0,232
60	0,201
90	0,125
130	0,099

[44]) E. ELÖD, H. NOVOTNY u. H. ZAHN, Melliand-Textilber. **23**, 58–61 (1942).
[45]) GARTER, MIDDLEBROOCKS u. PHILLIPS, J. Soc. Dyers Colourists, **62**, 203 (1946).
[46]) H. F. BICHSEL, Textil-Rdsch. [St. Gallen] **10**, 541–554 (1955).

Die in Tabelle 8 enthaltenen Zahlen des Chromgehaltes geben, in ein Koordinatensystem eingetragen, die Kurven der Abbildung 1 und 2. Wie aus dem Verlauf der beiden Kurven zu ersehen ist, wird bei der Extraktion ein Endwert angestrebt, der in beiden Fällen bei der Chromierungsstärke von etwa 0,1 % Chrom liegt. Dieser gleiche Endwert und der Verlauf der Kurven deutet darauf hin, daß ein Teil des Chroms fest gebunden ist, während ein größerer Hauptteil einfach lose in die Wolle eingelagert ist. Man hat hier eine Analogie zu den von ELÖD und Mitarbeitern[47]) erhaltenen Ergebnissen.

Tabelle 8b

Extraktion mit Ammonoxalat	
Zeit in Tagen	% Chrom
0,00	0,424
0,29	0,412
1,00	0,324
2,00	0,234
3,38	0,175
6,04	0,128
8,04	0,111

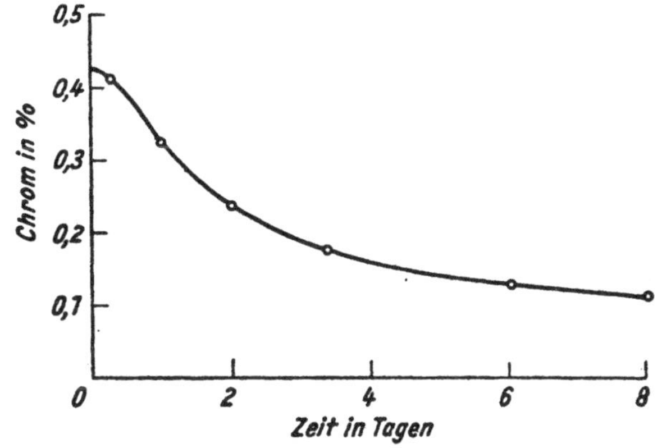

Abb. 2. Extraktion der chromierten Wolle mit n/2 Ammonoxalat p_H 8 bei 50° C

Bis zu einem Chromgehalt von 0,1 % ist das gebundene Chrom an einer Veränderung der Faser direkt mitbeteiligt. Ändern sich gewisse Eigenschaften der Faser dagegen bei höherem Chromgehalt, so ist dies — mit Ausnahme der biologischen Eigenschaften — nicht auf eine direkte Wirkung des Chroms zurückzuführen, weil dieses nur eingelagert ist.

Mit Recht hat BICHSEL[48]) darauf hingewiesen, daß die Chromierung der Wolle deswegen möglichst schonend erfolgen sollte, weil dabei ein Angriff auf die Wollsubstanz nicht restlos zu umgehen ist. Bekanntlich tritt der hydrolytische Abbau der Wolle im schwach sauren Gebiet weniger stark auf als im neutralen. Da sich während der Behandlung mit Chromaten der p_H-Wert stets nach der alkalischen Seite hin bewegt, hat man dies vor der Chromierung durch eine Säurezugabe auszugleichen. Dieser Schwefelsäurezusatz hat außerdem die Aufgabe, das Aufziehen der Chromsäure zu begünstigen. In Übereinstimmung mit den früher von LOEWENTHAL[49]) gemachten Angaben sieht BICHSEL einen Zusatz von 2—3 % Schwefelsäure als durchaus genügend an.

[47]) E. ELÖD, H. NOVOTNY u. H. ZAHN, Melliand Textilber. 23, 58—61 (1942).
[48]) H. F. BICHSEL, Textil-Rdsch. 10, 603—611 (1955).
[49]) N. LOEWENTHAL, Färber-Ztg. 1, 301—303, 317—321 (1899).

Die von BICHSEL durchgeführten Bestimmungen des Wassergehaltes haben gezeigt, daß der aktive Chromgehalt der Wolle hydrophile Gruppen des Keratins blockiert. Das Wasseraufnahmevermögen der Wolle wird deshalb vermindert. Der inaktive Chromanteil hat dagegen nur einen geringen Einfluß auf die Faserstruktur und das Wasseraufnahmevermögen. Durch elektronenmikroskopische Untersuchungen konnte außerdem festgestellt werden, daß das inaktive Chrom in der Wolle nicht in Aggregationen vorliegt, sondern in Teilchen, die kleiner als 50 Å sind. Die Reißfestigkeit von Einzelfasern wird durch die Chromierung nicht erniedrigt, dagegen sinkt die Bruchdehnung um einen kleinen Betrag. Durch die Chromierung werden das Eingehen und die Neigung zum Filzen der Wolle stark erniedrigt. Das in der Wolle enthaltene Chrom erteilt Schutz gegenüber dem Angriff von Bakterien und keratinfressenden Insekten.

III. Die Alizarine und ihre Lackbildung

Krapp ist die Wurzel von perennierenden Pflanzen aus der Familie Rubiaccac: Rubia tinctorum, die in Holland, Frankreich, der Türkei, in Deutschland, Italien und Belgien früher in großem Maße angebaut wurden. Als erste haben COLLIN und ROBIQUET[1]) aus Krapp das Alizarin isoliert, das in der Wurzel als das Glucosid Ruberythrinsäure ($C_{26}H_{28}O_{14}$) zusammen mit Purpurin und anderen Glucosiden enthalten ist. Von GRAEBE und LIEBERMANN[2]) sowie von PERKIN[2a]) ist das Alizarin im Jahre 1868 erstmalig synthetisch hergestellt und im Jahre 1869 durch die Badische Anilin-Soda-Fabrik in den Handel gebracht worden. Sodann konnten LIEBERMANN und v. KOSTANECKI[3]) zeigen, daß bei der Reaktion von Oxybenzoesäuren wie der Gallussäure und m-Oxybenzoesäure mit konzentrierter Schwefelsäure Rufiverbindungen entstehen, welche Oxyanthrachinone sind. Von diesen Oxyanthrachinonen färbt ein Teil die Beizen an und wird dadurch zu technisch sehr wertvollen Farbstoffen, ein anderer Teil färbt die Beizen nicht. Daß diese Eigenschaft einerseits von der Zahl der Hydroxyle abhängt, war schon vorbekannt. LIEBERMANN und v. KOSTANECKI konnten jedoch zeigen, daß die Eigenschaft, Beizen anzufärben, an die Alizarinstellung gebunden ist, wie sie bei einer eingehenden Bearbeitung des Verhaltens der Oxyanthrachinonverbindungen gegenüber Beizen bewiesen haben.

Außerdem haben LIEBERMANN und v. KOSTANECKI[4]) festgestellt, daß die färbenden Oxyanthrachinone den gleichen Beizen gegenüber eine so große Gleichartigkeit der Färbungen besitzen, daß nach ihnen ein sehr geübtes Auge zur Unterscheidung der einzelnen Farbstoffe auf diesem Wege gehört. Nur Rufigallussäure und Anthragallol sowie die näheren Abkömmlinge des letzteren rufen beträchtlich abweichende, aber wiederum unter sich gleiche Farbentöne hervor. Beide konnten zeigen, daß alle diese färberischen Eigenschaften von der Stellung der Hydroxyle in den Oxyanthrachinonen abhängig sind. Um ihre grundlegenden Erkenntnisse in ihrer ursprünglichen Form wirken zu lassen und zum ehrenden Ge-

---

[1]) COLIN u. E. ROBIQUET, J. Pharmac. Chim. **12**, 407 (1826).
[2]) C. GRAEBE u. C. LIEBERMANN, Ber. dtsch. Ges. **1**, 49, 104, 186 (1868).
[2a]) W. H. PERKIN, Ber. dtsch. Chem. Ges. **3**, 365 (1870).
[3]) C. LIEBERMANN u. ST. v. KOSTANECKI, Ber. dtsch. chem. Ges. **18**, 2142–2149 (1885).
[4]) C. LIEBERMANN u. ST. v. KOSTANECKI, Liebigs Ann. Chem. **240**, 245–304 (1887).

denken dieser Forscher ist der folgende Auszug wörtlich von ihnen übernommen:

„Daß ein einziges Hydroxyl nicht ausreicht, dem Anthrachinon beizenfärbende Eigenschaften zu verleihen, ergibt sich daraus, daß den beiden theoretisch möglichen und auch bekannten Monooxyanthrachinonen diese Eigenschaft fehlt. Von den bekannten 9 isomeren Dioxyanthrachinonen ist nur das Alizarin ein beizenfärbender Farbstoff. Hieraus geht zunächst hervor, daß zwei Hydroxyle unter Umständen die Färbefähigkeit zu verleihen vermögen, sie aber nicht zu erteilen brauchen, dann aber läßt sich aus dem Umstande, daß die Isomerie in dieser Verbindungsklasse lediglich auf der Stellungsverschiedenheit der Hydroxyle beruht, ohne weiteres folgern, daß zur Hervorrufung der Färbeeigenschaften eine bestimmte Stellung der Hydroxyle unter sich oder zum Gesamtkomplex erforderlich ist. Die Tatsache, daß diejenigen Dioxyanthrachinone, bei denen beide Hydroxyle nachweislich auf beide Benzolreste verteilt sind, nicht färben, zeigt, daß eine solche Verteilung zum Färben nicht genügt, und erklärt sich einfach damit, daß diese Verbindungen bezüglich jedes einzelnen Benzolkernes als Monooxyanthrachinone erscheinen und diesen auch bezüglich der färbenden Eigenschaften gleichgesetzt werden müssen. Die Existenz der nichtfärbenden Dioxyanthrachinone Chinizarin und Xanthopurpurin zeigt endlich, daß auch die Anwesenheit beider Hydroxyle in demselben Kern zum Eintritt der beizenziehenden Eigenschaft nicht genügt, daß diese vielmehr auch hier noch von der gegenseitigen Stellung der beiden Hydroxyle abhängig bleiben.

Nach Ausschluß der beiden letztgenannten Verbindungen bleiben von den vier theoretisch möglichen Stellungen zweier Hydroxyle in demselben Kern nur noch zwei Stellungen übrig, von denen die eine die bekannte Alizarinstellung ist, welche wir im folgenden durch das abgekürzte Schema:

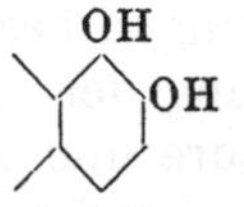

wiedergeben wollen und deren beizfärbende Wirkung bekannt ist, während die letzte:

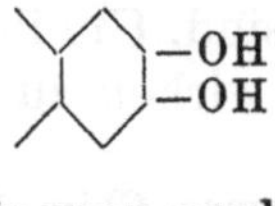

bisher bei den Dioxyanthrachinonen noch unbekannt und daher bezüglich der fraglichen Eigenschaft nicht kontrollierbar ist und daher vorläufig aus den Betrachtungen ausscheiden muß. Nur nebenbei wollen wir bemerken, daß es, wenn auch bisher keineswegs bewiesen, so doch nicht ausgeschlossen ist, daß auch dieser Stellung Färbeeigenschaften beiwohnen könnten. Hierfür könnten die vom Alizarin abweichenden Farbentöne sprechen, mit welchen die Anthragalle:

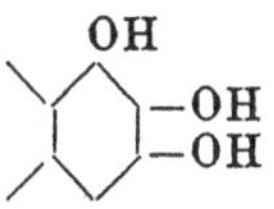

welche neben der Alizarinstellung zugleich die in Rede stehende haben, Beizen anfärben, sowie theoretisch die in ihr wie in der Alizarinstellung vorhandene o-Stellung der Hydroxyle.

Da die Eigenschaft, oxydische Beizen zu färben, auf Salzbildung, mithin auf der Säurenatur des betreffenden Farbstoffs beruht, so ist es klar, daß und warum die neutralen Äther des Alizarins $C_{14} \cdot H_6 \cdot O_2(OR)_2$, wie wir uns durch besondere Versuche überzeugt haben, die Beizen zu färben nicht fähig sind. Dasselbe ist der Fall für das Diacetylalizarin $C_{14}H_6O_2$ $(OC_2H_3O)_2$, soweit es sich nicht im kochenden Färbebade zersetzt. Daß aber auch der saure Methyläther des Alizarins $C_{14}H_6O_2 \cdot (OH)(OCH_3)$, welcher sich in Alkalien mit schön roter Farbe löst und also Säurenatur besitzt, wie wir besonders festgestellt haben, die Beizen nicht färbt, zeigt nochmals deutlich, daß für das Beizfärben ein Hydroxyl, auch das des Alizarins, nicht genügt, sondern hierfür beide Hydroxyle des Alizarins frei vorhanden sein müssen.

In der Ruberythrinsäure, dem ursprünglichen glucosidischen Farbstoff des Krapps, muß mindestens ein Hydroxyl des Alizarins durch die Zuckergruppe gebunden sein*). Dementsprechend färbt Ruberythrinsäure die Beizen nicht. Dies haben wir an reiner Ruberythrinsäure festgestellt, weil die darüber vorhandenen richtigen Angaben von ROCHLEDER und von SCHENK in der Literatur meist nicht die genügende Beachtung gefunden haben. Allerdings ist es allgemein bekannt und wurde in der Krappfärberei stets berücksichtigt, daß der frische, die Glucoside enthaltende Krapp ein sehr viel schlechteres Färbematerial als der gealterte ist, in dem die Glucoside zerstört sind; indessen scheint man diese Tatsache mehr auf ein mangelhaftes als auf überhaupt fehlendes Färbevermögen der Ruberythrinsäure zurückgeführt zu haben.

Bei den Tri- und Tetraoxyanthrachinonen ist die Zahl der theoretisch möglichen Isomeren beträchtlich größer, die Zahl der bekannten Isomeren dagegen kleiner als bei den Dioxyanthrachinonen. Unter den bekannten Tri- und Tetraoxyanthrachinonen bilden aber die beizen-

*) Daß der Zucker hier wahrscheinlich nur an ein Hydroxyl des Alizarins, nicht an beide gebunden ist, scheint sich daraus folgern zu lassen, daß Ruberythrinsäure in kaltem Alkali zu einem roten Salz löslich ist, welches die Zusammensetzung $C_{26}H_{27}O_{14}K$ besitzt. Auf die wichtigen Folgerungen, welche aus dieser Betrachtung bezüglich der in der Ruberythrinsäure enthaltenen Zuckerart gezogen werden können, denke ich demnächst gelegentlich einer mit Herrn O. BERGAMI in Angriff genommenen Untersuchung zurückzukommen. LIEBERMANN

färbenden die überwiegende Mehrzahl. Von den 14 theoretisch möglichen Trioxyanthrachinonen sind beispielsweise 6 bekannt, unter denen sich 5 beizenfärbende befinden; von den 6 bekannten Tetraoxyanthrachinonen färbt nur das Anthrachryson die Beizen nicht an. Dies läßt sich allgemein wohl unter dem Gesichtspunkt verstehen, daß bei vermehrter Hydroxylzahl die für die Färbeeigenschaft in Betracht kommende Hydroxylstellung öfter erreicht werden muß.

Von den 6 bekannten Trioxyanthrachinonen ist leider gerade das nichtfärbende von DIEHL[5]) aus Tetrabromanthrachinon hergestellte sehr wenig untersucht und namentlich seiner Hydroxylstellung nach gänzlich unbekannt, so daß es für die vorliegende Diskussion ausscheidet. Für das Purpurin und Anthragallol ist dagegen die Konstitution:

genau erforscht. Wie die Schemate zeigen, enthalten diese beiden färbenden Verbindungen zwei Hydroxyle in der Alizarinstellung und sind daher Monooxyalizarine. In bezug auf die Färbetöne gleicht das Purpurin dem Alizarin so nahe, daß in dieser Hinsicht das hinzugekommene Hydroxyl fast gar keinen Einfluß gehabt hat; offenbar wohl deshalb, weil seine Stellung zu jedem der beiden noch vorhandenen Hydroxyle keine Färbeeigenschaft bedingt. Dagegen wirkt das im Anthragallol hinzugekommene Hydroxyl auf den Farbton beträchtlich modifizierend ein, wofür man die oben gegebene Erklärung zu Hilfe nehmen kann.

Für die drei anderen Trioxyanthrachinone: Flavopurpurin, Anthrapurpurin und Oxychrysazin, kennt man die Hydroxylstellungen nur teilweise. Ihre Entstehung mittels der Kalischmelze aus solchen Dioxyanthrachinonen, welche beide Hydroxyle in getrennten Kernen haben, zeigt indessen, daß ihre drei Hydroxyle auf beide Kerne verteilt sind. Ihre Bildungsweise in der Kalischmelze ergibt ferner durch folgende Betrachtung einen neuen Anhalt für ihre Konstitution.

In der Kalischmelze geht jedes der beiden isomeren Monooxyanthrachinone in Alizarin, d. h.

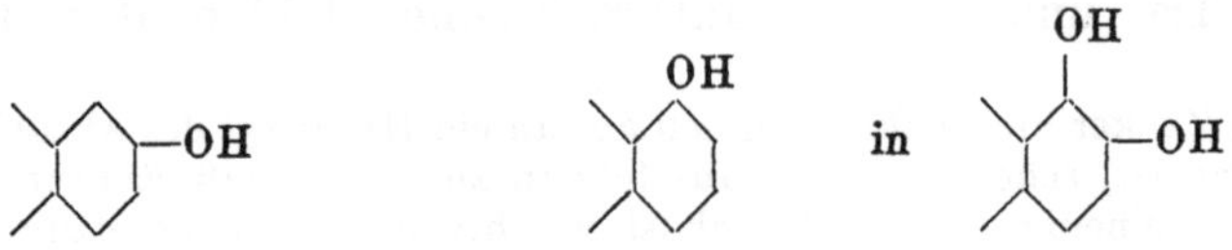

Oxyanthrachinon Eritrooxyanthrachinon Alizarin

[5]) P. DIEHL, Ber. dtsch. chem. Ges. 10, 2034 (1877); 11, 183—187 (1878).

über. Der Vorgang beruht also darauf, daß unter den Bedingungen der Kalischmelze ein vorhandenes Hydroxyl den Wasserstoff eines Nachbarkohlenstoffs — das β-Hydroxyl einen α-Wasserstoff und umgekehrt — zur Oxydation, d. h. Umwandlung in Hydroxyl veranlaßt.

Anthraflavinsäure, Benzdioxyanthrachinon und Anthrarufin besitzen nun ihrer gemeinsamen Bildung aus m-Oxybenzoesäure zufolge je eine der drei Formeln[6]):

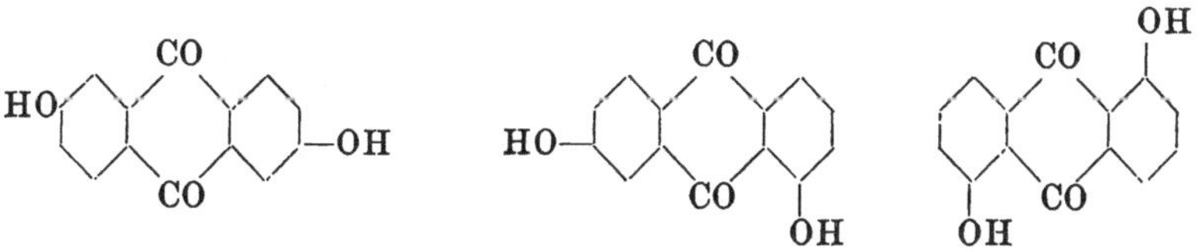

von welchen die letztere höchstwahrscheinlich dem Anthrarufin zukommt. Diese drei nichtfärbenden Dioxyanthrachinone nehmen nun in der Kalischmelze ein Sauerstoffatom auf, wobei sie in die resp. Trioxyanthrachinone: Flavopurpurin, Anthrapurpurin und Oxyanthrarufin (identisch mit Oxychrysazin) übergehen, welche fast genau wie Alizarin färben. Offenbar liegt hier die gleiche Ursache der Umwandlung wie bei den Monooxyanthrachinonen vor, da die benutzten Dioxyanthrachinone mit Bezug auf die einzelnen Kerne Monooxyanthrachinone sind; folglich wird es auch hier jedesmal ein zum Hydroxyl benachbartes CH sein, welches zu C(OH) oxydiert wird, hierbei entsteht aber jedesmal je eine Alizarinstellung, und die genannten drei Oxyanthrachinone sind demnach isomere Monooxyalizarine. Das dritte nicht in demselben Kern befindliche Hydroxyl ist entsprechend dem Verhalten der Monooxyanthrachinone für die Färberei unwirksam.

Ganz allgemein nehmen beide Monooxyanthrachinone sowie die sämtlichen Dioxyanthrachinone mit Ausnahme des Alizarins in der Kalischmelze ein Atom Sauerstoff auf, bis die Alizarinstellung erreicht ist; ein glücklicher Umstand für die Farbstoffindustrie, weil diese Reaktion demnach zu färbenden Substanzen führt; auffällig bleibt indessen die Tatsache, daß, sobald die eine Alizarinstellung im Komplex hergestellt ist, die Fähigkeit zur Aufnahme weiteren Sauerstoffs, auch da, wo durch Anwesenheit eines Hydroxyls im zweiten Benzolkern Gelegenheit hierzu und zur Herbeiführung einer zweiten Alizarinstellung gegeben wäre, aufhört. Wenigstens konnten auf diesem Wege aus den drei vorstehend genannten Trioxyanthrachinonen Tetraoxyanthrachinone bisher nicht erhalten werden.

Die größte Abwechslung der Eigenschaften bieten die jetzt bekannten 6 Tetraoxyanthrachinone dar. Das Anthrachrysen, welches wegen seiner

---

6) C. Liebermann u. J. Dehnst, Ber. dtsch. chem. Ges. 12, 1287—1294 (1879).

Bildungsweise aus 2 Mol symmetrischer Dioxybenzoesäure die Konstitution:

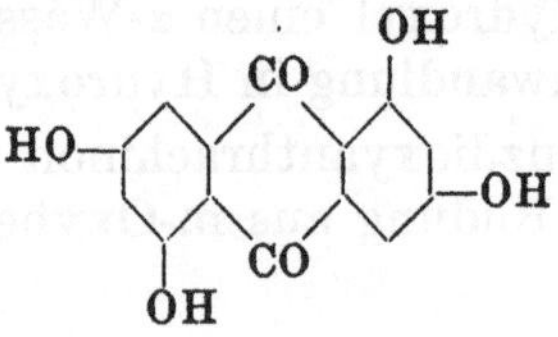

besitzt, färbt, wie BARTH und SENHOFER, die Entdecker desselben, angeben und unsere eigenen Versuche bestätigen, Beizen nicht an. Das Schema zeigt, daß diese Verbindung keine dem Alizarin entsprechende Hydroxylstellung enthält. Auch die zweimalige Anwesenheit einer nicht färbenden Hydroxylstellung führt daher, wie hieraus ersichtlich, nicht zu einer färbenden Verbindung.

Die beiden von NOAH[7]) entdeckten Tetraoxyanthrachinone sind ihrer Synthese aus Oxybenzoesäure und Gallussäure nach Oxyanthragallole:

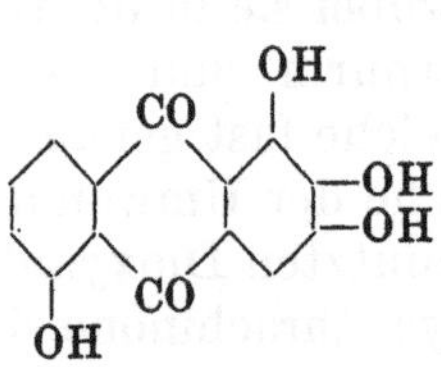

und

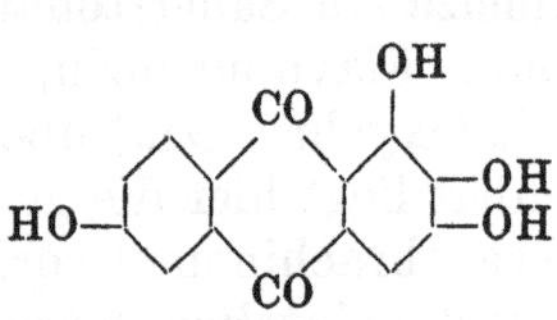

dementsprechend färben sie sehr kräftig, und zwar nicht mit den Tönen des Alizarins, sondern des Anthragallols. Auch hier ist die im zweiten Kern befindliche einzelne Hydroxylgruppe für die Färberei gleichgültig.

Endlich ist auf einem eigentümlichen Weg ein als Chinalizarin bezeichnetes neues Tetraoxyanthrachinon erhalten worden, welches die Konstitution

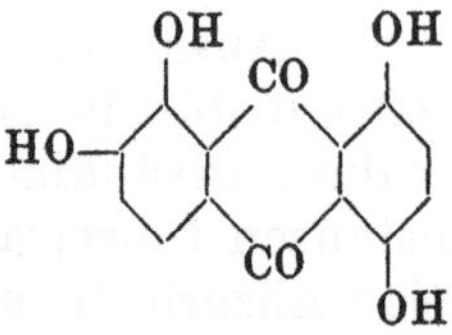

besitzt und daher in dem einen Kern die Alizarin-, im anderen die Chinizarinstellung hat. Dasselbe zeigt in der Färberei die Farbtöne des Alizarins durch einen eigentümlichen Stich nach Blau hin modifiziert[8]).

Von den 8 theoretisch möglichen Pentaoxyanthrachinonen sowie von den Hexaoxyanthrachinonen liegt bis jetzt und im folgenden nur je eine Verbindung vor, so daß hier das experimentelle Material einigermaßen beschränkt ist.

---

[7]) E. NOAH, Liebigs Ann. Chem. 240, 269—276 (1887).

[8]) Eisenbeize graublau, Tonerdebeize carmoisinrot.

Das von NOAH dargestellte Pentaoxyanthrachinon ist seiner Synthese nach ein Dioxyanthragallol:

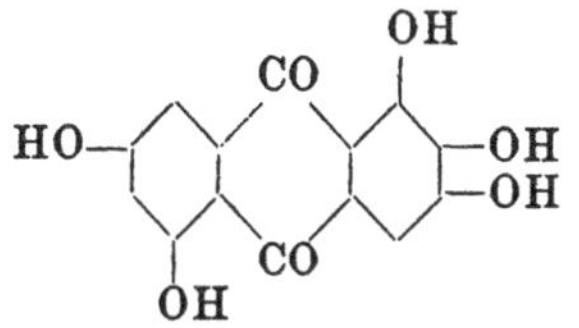

es färbt anthragallolartig. Ähnlich, wenn auch seiner Schwerlöslichkeit wegen schwierig, färbt das einzige bekannte Hexaoxyanthrachinon, die Rufigallussäure, welche ein Dianthragallol ist, indem sie die Anthragallolstellung in jedem Kern einmal enthält.

Der vorstehende sämtliche bekannte Oxanthrachinone, nicht dagegen auch deren Methylhomologe umfassende Nachweis zeigt, daß die färbenden sämtlich die Alizarinstellung besitzen. Eine erhöhte Bedeutung erlangt dieser Nachweis dadurch, daß zu den eigentlichen Oxyanthrachinonen eine große Anzahl von Homologen, namentlich Methylabkömmlinge, teils bekannt sind, teils im folgenden geschildert werden (Methyloxyanthrachinon, Methylerytroanthrachinon, Methyl-alizarin und -chinizarin, -chrysophansäure, -emodin; Dimethyl-antraflavinsäure, -benzdioxyanthrachinon, -anthrarufin; Mono-Di- und Trimethylanthragallol, zwei Dimethyltetraoxyanthrachinone), auf welche sich dieselbe Regel anwenden läßt.“

Während im Falle der Dioxyanthrachinone LIEBERMANN[9]) die Beständigkeit der Alizarinlacke auf eine ringförmige Konstitution derselben zurückgeführt und deshalb den Aluminiumlacken folgende Formel zuerteilt hatte:

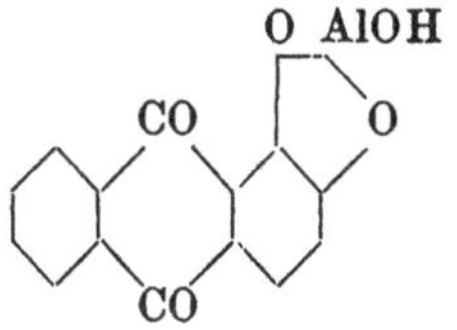

ist von WERNER[10]) mit Recht darauf hingewiesen worden, daß diese Formulierung nach den Untersuchungsergebnissen von v. KOSTANECKI keinen befriedigenden Ausdruck für die experimentellen Ergebnisse liefert, weil sie die seither erkannte Bedeutung der Nachbarstellung des einen Hydroxyls zur Carbonylgruppe unberücksichtigt läßt.

Das Verdienst v. KOSTANECKIS[11]) besteht darin, gezeigt zu haben, daß auch andere Atomgruppen beizenziehende Eigenschaften besitzen. Nachdem sich gezeigt hatte, daß Alizarin (bzw. Oxyalizarine) und Styrogallol

[9]) C. LIEBERMANN, Ber. dtsch. chem. Ges. **26**, 1574—1578 (1893).
[10]) A. WERNER, Ber. dtsch. chem. Ges. **41**, 1063 (1908).
[11]) ST. v. KOSTANECKI, Ber. dtsch. chem. Ges. **20**, 3146—3149 (1887).

die Beizen anfärben, Monooxyanthrachinone hingegen nicht, stellte er die Regel auf:

1. „Phenolartige Farbstoffe ziehen auf oxydische Beizen, wenn sie zwei Hydroxylgruppen in der Orthostellung besitzen."

Weil das α-Nitroso-β-Naphthol und das Dinitrosoresorcin mit Eisenbeizen sehr beständige Färbungen geben, weshalb das letztere den Namen Echtgrün erhalten hatte und das Nitrosoresorcin nach den Untersuchungen von GOLDSCHMIDT und STRAUSS[12]) zwei Orthochinonoximgruppen enthält, stellte v. KOSTANECKI[13]) als weiteren Grundsatz den folgenden auf:

2. „Nitrosophenole sind beizenziehende Farbstoffe, wenn sie Orthochinonoxime sind."

Um diesen Satz auf seine allgemeine Gültigkeit zu prüfen, untersuchte er das Färbevermögen der Oxime des Anthrachinons und des Phenanthrenchinons, welche sich nach GOLDSCHMIDT[14]) durch folgende Konstitutionsformeln unterscheiden:

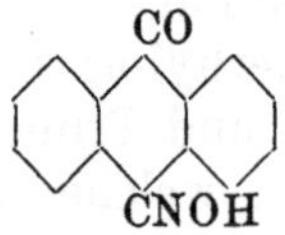

Anthrachinonoxim

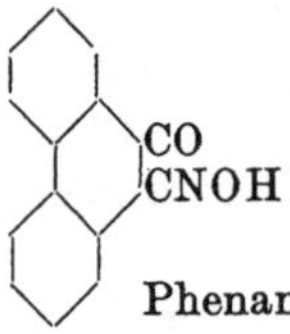

Phenanthrenchinonoxim

Das Anthrachinonoxim kann demnach als ein p-Nitrosophenol, das Phenanthrenchinonoxim als ein o-Nitrosophenol angesehen werden. Der Färbeversuch steht mit dieser Auffassung durchaus im Einklang, denn Anthrachinonoxim färbt die Beizen nicht an, Phenanthrenchinonoxim erzeugt dagegen auf Eisenbeize grüne Färbungen[15]).

Bei den Dioximen und den Oxyoximen fand er die Regeln:

3. „Orthochinondioxime sind beizenziehende Farbstoffe", wie er am o-Naphtochinondioxim im Gegensatz zum p-Naphthochinondioxim zeigen konnte.

4. „Orthooxyoxime sind beizenziehende Farbstoffe."

Die Erkenntnis, daß die Atomgruppierung $\begin{matrix}\mathrm{OH(1)}\\\mathrm{NOH(2)}\end{matrix}$ ebenso wie die Atomgruppen $\begin{matrix}\mathrm{OH(1)}\\\mathrm{OH(2)}\end{matrix}$ und $\begin{matrix}\mathrm{NOH(1)}\\\mathrm{NOH(2)}\end{matrix}$ den Farbstoffen das Färbevermögen erteilt, weist darauf hin, daß in einer tinktogenen Gruppe ein Hydroxyl und

[12]) H. GOLDSCHMIDT u. J. STRAUSS, Ber. dtsch. chem. Ges. 20, 1607—1611 (1887).
[13]) ST. V. KOSTANECKI, Ber. dtsch. chem. Ges. 20, 3146—3149 (1887).
[14]) H. GOLDSCHMIDT, Ber. dtsch. chem. Ges. 20, 2178—2180 (1883).
[15]) ST. V. KOSTANECKI, Ber. dtsch. chem. Ges. 22, 1347—1353 (1889).

eine Isonitrosogruppe sich gegenseitig ersetzen können. Falls dies allgemein gültig ist, müßten auch die Orthochinone $\begin{matrix} O(1) \\ OH(2) \end{matrix}$, analog den Orthonitrosophenolen, gebeizte Baumwolle färben können.

Die experimentelle Untersuchung dieser Frage durch v. Kostanecki hat in der Tat ergeben, daß bei manchen Oxychinonen die Fähigkeit, auf Beizen zu ziehen, wohl zu verfolgen ist; jedoch tritt sie nicht allgemein und sehr schwach auf.

Demgegenüber hat Noelting[16]) darauf hingewiesen, daß durch die Technik eine Anzahl von Tatsachen gefunden worden sind, welche, wenn sie auch mit der Liebermann-v. Kostaneckischen Regel nicht gerade in Widerspruch stehen, doch nicht als notwendige Konsequenzen derselben sich ergeben. Er zeigte, daß Hystazarin (2,3-Dioxyanthrachinon), Chinizarin (1,4 Dioxyanthrachinon), Anthrachryson (1,3,5,7 Tetraoxyanthrachinon), dessen Di- und Tetranitroderivate und die Dinitroanthrachrysondisulfosäure sowie das Tetranitrochrysazin (1,8-Dioxy-2,4,5,7-tetranitroanthrachinon) beizenfärbende Eigenschaften besitzen, während Anthrarufin (1,5-Dioxyanthrachinon), Chrysazin (1,8-Dioxyanthrachinon) und Chrysophansäure (1,8-Dioxy-2-methylanthrachinon) nicht als Beizenfarbstoffe zu betrachten sind.

Unter Berücksichtigung dieser Tatsache hat Bucherer[16a]) später folgende Übersicht über die bekannten Oxyanthrachinone und ihre färbenden Eigenschaften gegeben.

Tabelle 9

Erythrooxy-Antrachinon. . .	1-Oxyanthrachinon (im technischen Sinne kein Beizenfarbstoff)
Alizarin	1,2-Dioxyanthrachinon, Beizenfarbstoff
Purpuroxanthin	1,3-Dioxyanthrachinon, kein Beizenfarbstoff
Chinizarin	1,4- „ „ „
Anthrarufin	1,5- „ „ „
Chrysazin	1,8- „ „ „
Hystazarin.	2,3- „ „ „
Anthraflavinsäure.	2,6- „ „ „
Isoanthraflavinsäure	2,7- „ „ „
Anthragallol	1,2,3-Trioxyanthrachinon, Beizenfarbstoff
Purpurin . , ...	1,2,4- „ „
Anthrarufinbordeaux	1,2,5- „ „
Flavopurpurin	1,2,6- „ „
Isopurpurin	1.2,7- „ „
Alizarinbordeaux	1,2,5,8-Tetraoxyanthrachinon, „
Anthrachryson	1,3,5,7-Tetraoxyanthrachinon, kein Beizenfarbstoff
Alizarincyanin R	1,2,4,5,8-Pentaoxyanthrachinon, Beizenfarbstoff
Rufigallol	1,2,3,5,6,7-Hexaoxyanthrachinon, „
Anthracenblau WR	1,2,4,5,6,8- „ „

[16]) E. Noelting, Ber. dtsch. chem. Ges. 35, 1490—1493 (1902).
[16a]) H. Th. Bucherer, Lehrbuch der Farbenchemie, Leipzig, 334—335 (1914).

Nietzki[17]) hatte sich in einer Veröffentlichung über Beizenfarbstoffe folgendermaßen ausgesprochen: „Eine Anzahl von Farbstoffen zeigen die Eigenschaft, sich mit Oxyden gewisser Metalle zu Lacken zu vereinigen, deren Färbung häufig von derjenigen des Farbkörpers selbst und seiner gewöhnlichen Salze völlig abweicht und je nach der Natur des Metalloxydes eine ganz verschiedene sein kann. Diese Lacke besitzen nun wieder die Eigenschaft, mit der Faser, sowohl der tierischen als auch der vegetabilischen, eine feste Verbindung einzugehen. Sie verhalten sich demnach ihrerseits wie substantielle Farbstoffe, eine Eigenschaft, welche der reinen, ihnen zugrunde liegenden Verbindung meistens nicht zukommt. Die beizenziehenden Farbstoffe, wie diese Körper genannt werden, sind hauptsächlich ihrer großen Echtheit wegen von den Färbern und Zeugdruckern sehr geschätzt, denn sie lassen sich auf der Baumwolle in viel stabilerer Weise fixieren, als dieses bei den basischen Farbstoffen mit Hilfe der Tanninbeize möglich ist, andrerseits sind sie fast die einzigen, mit deren Hilfe man auf der Wolle walkechte Färbungen zu erzeugen imstande ist.“

Nach Liebermann[18]) beruht die Beizfärberei auf der Bildung unlöslicher gefärbter Metallsalze des Farbstoffs auf der Faser, welche so beständig sind, daß sie das Färben, Waschen und Seifen unzersetzt aushalten.

Für solche Verbindungen hat Tschugaeff[19]) in Übereinstimmung mit Werner den Begriff „Komplexverbindungen“ eingeführt.

Der hohe Beständigkeitsgrad der gebildeten Komplexverbindungen ist von Tschugaeff[20]) auf den Einfluß der Ringbindung zurückgeführt worden. Er fand, daß die Isonitrosoketone beizenziehend und sehr beständig sind und erklärte dies mit der Bildung cyklischer salzartiger Verbindungen. In offenbarem Zusammenhang mit dieser Formulierung der Oximidokomplexe z. B.

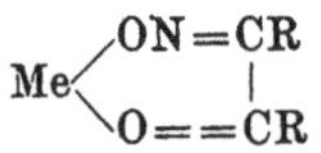

scheint nach ihm die bekannte v. Kostaneckische Regel zu stehen, nach welcher nur diejenigen Nitrosophenole zur Lackbildung befähigt sind, welche die beiden Atomgruppen C=NOH und C=O in Orthostellung enthalten. Überträgt man nach ihm die Beyersche Regel über die Beständigkeit von Ringverbindungen auf die Komplexverbindungen, dann zeigt sich, daß die fünf- und sechsgliedrigen Ringe am beständigsten sind.

---

[17]) R. Nietzki, Färber-Ztg. **1**, 8 (1889—1890).
[18]) C. Liebermann, Ber. dtsch. chem. Ges. **35**, 1490—1498 (1902).
[19]) L. Tschugaeff, Ber. dtsch. chem. Ges. **40**, 1973—1980 (1907).
[20]) L. Tschugaeff, J. prakt. Chem. (2) **75**, 153—168 (1907).

WERNER[21]) hat mit Recht besonders hervorgehoben, daß die charakteristische Konstitution, nämlich die gleichzeitige Bindung der Metallatome durch Haupt- und Nebenvalenzen und die dadurch bedingte cyklische Konstitution dieser Verbindungen folgende Eigenschaften bedingt, durch die sie sich von den meisten einfachen Salzen unterscheiden:

a) die inneren Komplexsalze zeichnen sich durch große Beständigkeit aus;
b) die inneren Komplexsalze zeigen je nach der Natur der koordinativ geketteten Gruppen verschiedene Farbe;
c) die inneren Komplexsalze sind häufig durch Schwerlöslichkeit oder Unlöslichkeit in Wasser ausgezeichnet.

Nachdem TSCHUGAEFF und WERNER die hohen Beständigkeitseigenschaften der Farblacke mit ihrer Konstitution als innere Komplexsalze erklärt hatten, konnte PFEIFFER[22]) zeigen, daß man die Farbe dieser Lacke als Halochromiefarbe aufzufassen berechtigt ist, nachdem es ihm gelungen war, im Reagenzglas Zinnverbindungen der Oxychinone herzustellen, welche den Farblacken in ihrer Konstitution sehr nahestehen. Sie enthalten die ein- bzw. zweiwertigen Radikale

$$-OSnCl_3 \text{ und } \begin{matrix}-O\\-O\end{matrix}\!\!>SnCl_2,$$

deren Zinnatome, entsprechend der TSCHUGAEFF-WERNERschen Theorie, koordinativ an ein Carbonylsauerstoffatom gebunden sind, beim Alizarin entsprechend der Formel:

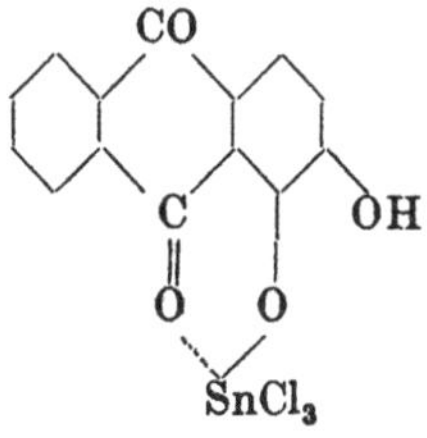

Er konnte fernerhin zeigen, daß sich 2-Oxyanthrachinon indifferent gegen Zinntetrachlorid verhält, während das 1-Oxyanthrachinon und auch das Alizarin sich glatt in ein Zinnderivat verwandeln lassen[23]). Weil die auf der Faser erzeugten Zinnlacke ihrer ganzen Entstehung nach sicher chlorfrei sind, hat PFEIFFER angenommen, daß sie sich von den Zinnverbindungen einfach durch Ersatz der Chloratome durch Sauerstoffatome bzw. Hydroxylgruppen ableiten. Man sollte also die $SnSl_3$-Verbindungen durch vorsichtige Hydrolyse direkt in die eigentlichen Zinnlacke überführen können. Das ist nun in der Tat möglich.

[21]) A. WERNER, Ber. dtsch. chem. Ges. **41**, 1062–1074 (1908).
[22]) P. PFEIFFER, Ber. dtsch. chem. Ges. **44**, 2653–2662 (1911).
[23]) P. PFEIFFER, Liebigs Ann. Chem. 398, 137–196 (1913).

Löst man die Zinnverbindung des Alizarins:

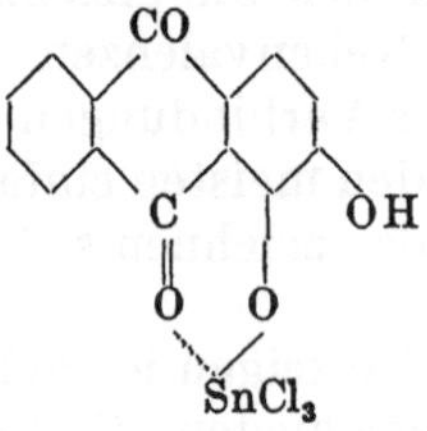

in Pyridin auf und gibt dann zu der tieforangefarbenen Lösung vorsichtig Wasser, so fällt ein orangeroter pulveriger Niederschlag aus, dem nach einmaligem Umfällen aus Pyridinlösung mit Wasser, bei 30—100° getrocknet, die Formel:

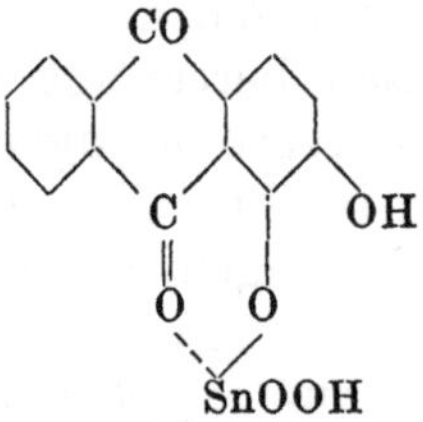

$+ \frac{1}{2}$ Py

zukommt. Dieser Lack, dessen Chlorgehalt nur minimal ist (er beträgt höchstens 0,2%), ist sehr unbeständig gegen Säuren, aber recht stabil gegen wäßriges Ammoniak. Er löst sich in Ammoniak zu einer tief orangeroten Flüssigkeit, die man stundenlang auf dem Wasserbad erwärmen kann, ohne daß ein Farbumschlag eintritt. Seide und Wolle werden durch den Lack orangerot angefärbt; auf Baumwolle geht der Lack nicht.

Die nahe Verwandtschaft der $SnCl_3$-Verbindungen mit den eigentlichen Farblacken kommt nach PFEIFFER auch darin zum Ausdruck, daß die Regel: Nur solche Oxychinone geben Zinnsubstitutionsprodukte, welche eine zum Carbonyl orthoständige Hydroxylgruppe enthalten, sein vollständiges Analogon in der von MÖHLAU und STEIMMIG[24]) ausgesprochenen Beizenregel hat, nach der eine hydroxylierte aromatische Verbindung dann ein Beizenfarbstoff ist, wenn sich eine Hydroxylgruppe in benachbarter (ortho- oder peri-) Stellung zum Chromophor befindet.

PFEIFFER fand, daß für die Theorie der Beizenfarbstoffe noch die Tatsache von Interesse ist, daß eine zum Carbonyl m-ständige Hydroxylgruppe auch dann nicht bei der Bindung von Komplexsalzen beteiligt ist, wenn sie sich in Nachbarstellung zu einem o-Hydroxyl befindet. So lassen sich sowohl in Alizarin wie auch in Purpurin nur die zu den Carbonylen orthoständigen Hydroxyle durch Zinnreste ersetzen. Sollte sich bei weiterer Untersuchung herausstellen, daß dieses Resultat allgemei-

[24]) R. MÖHLAU u. F. STEIMMIG, Z. Farben-Textilind. 3, 358—370 (1904).

nere Bedeutung besitzt, daß also auch für die Bildung innerer Komplexsalze des Aluminiums, Chroms und Eisens nur die zum Carbonyl o-ständigen Hydroxyle in Betracht kommen, so würde sich nach PFEIFFER die Frage erheben, welche Rolle eigentlich die für die technische Brauchbarkeit gewisser Farbstoffe der Anthrachinonreihe so wichtigen m-Hydroxyle spielen.

PFEIFFER hat es für wahrscheinlich gehalten, daß gerade diese Hydroxyle die Existenzfähigkeit der wertvollen gemischten Lacke bedingen, Verbindungen, die außer den Komplexsalzbildnern: Aluminium, Chrom, Eisen usw. auch Erdalkalimetalle enthalten.

Diese gemischten Lacke lassen sich nämlich dann einfach deuten, wenn man mit PFEIFFER annimmt, daß bei ihnen die in den gewöhnlichen Schwermetallacken des Alizarin und verwandter Stoffe vorhandenen freien m-Hydroxyle durch Erdalkalien abgesättigt sind. „Eine solche Auffassung ist deshalb sehr bestechend, weil nach den Tatsachen, die im nächsten Abschnitt mitgeteilt werden, für die Entstehung normaler Salze, zu denen ja auch die Erdalkalisalze gehören, gerade die metaständigen Hydroxyle in erster Linie in Betracht kommen.

Diese m-Hydroxyle sind für die Anthrachinonfarbstoffe sicher auch deshalb von besonderer Wichtigkeit, weil sie in bestimmten Fällen die Farbtiefe der Lacke wesentlich erhöhen.“ So fand PFEIFFER, daß das $SnCl_3$-Derivat des 1-Oxyanthrachinons rot, das entsprechende Derivat des Alizarins aber violettschwarz gefärbt ist.

Im Einklang mit dieser Auffassung der Farblacke hat MÖHLAU[25]) darauf hingewiesen, daß es nicht zulässig sein dürfte, die Beizenfarbstofflacke lediglich als innere Aluminium-, Chrom- bzw. Eisenkomplexsalze der betreffenden Farbstoffe zu kennzeichnen, weil die für die Färberei der Textilfasern praktisch wichtigen Farblacke keinesfalls so einfach gebaut sind. Darauf deutet schon ihre vermehrte Widerstandsfähigkeit und die größere Schönheit und Lebhaftigkeit ihrer Farbe hin. Die auf der Faser erzeugten Lacke enthalten, abgesehen von dem Farbstoff, neben einem Sesquioxyd noch das Oxyd eines zweiwertigen Metalls, gewöhnlich Calciumoxyd, obwohl auch andere Erdalkalien und auch andere Oxyde, wie Zinkoxyd, anwendbar sind.

SCHLUMBERGER und SCHÜTZENBERGER, die den türkischrot zu färbenden Kattun nach jeder einzelnen Behandlung analysierten, vertraten die Meinung, daß die aufgenommene Aluminiumbeize sich dabei in ein Calciumaluminat verwandelt. Auch ROSENSTIEHL[26]) ist in seiner Arbeit über das Alizarinrot zu der Ansicht gelangt, daß die eigentliche Metallbeize für Türkischrot nicht das Aluminiumoxyd, sondern ein Calciumaluminat sei. Dieses kann, wenn auch mit weniger gutem Erfolg, durch

[25]) R. MÖHLAU, Ber. dtsch. chem. Ges. **46**, 443—456 (1913).
[26]) A. ROSENSTIEHL, Bull. Soc. ind. Mulhouse **56** (1875).

die Aluminate von Magnesium, Zink oder Zinn vertreten werden. LIECHTI und SUIDA[27]) wiesen in ihrer Arbeit über die Eisen- und Chromalizarate nach, daß bei den Ausfärbungen von eisengebeizter und chromierter Baumwolle mit Alizarin das Calcium als Bestandteil des entstehenden Lackes eine wesentliche Rolle spielt.

KOECHLIN[28]) zeigte, daß gewisse Farbstoffe sich besser mittels doppelter (zwei Metalle enthaltender) oxydischer Beizen auf Baumwolle fixieren lassen. Dies veranlaßte PRUD'HOMME[29]) zu einer eingehenden Untersuchung, durch die er zu dem Ergebnis gelangte, daß die Baumwollfärberei zur Befestigung der Beizenfarbstoffe überhaupt keine einfachen Beizen verwende und daß alle Metalloxyde als Beizen dienen können, indem sie in geeigneter Weise mit einem anderen Metalloxyd verbunden werden. Als die besten Beizen bezeichnete er die Verbindungen der Sesquioxyde wie Aluminiumoxyd, Chromoxyd, Eisenoxyd mit Protoxyden wie Calciumoxyd, Magnesiumoxyd, Zinkoxyd. Diese Feststellungen sind von MÖHLAU und STEIMMIG[30]) ergänzt und dahin erweitert worden, daß bei der Herstellung einer Beizfärbung auf Baumwolle der Ersatz des Kalks durch andere Oxyde der Erdalkalien zwar zulässig ist, dadurch auf die Farbtiefe und auf die Echtheit aber ein wesentlicher Einfluß ausgeübt wird. Sie fanden außerdem, daß zum Zustandekommen einer Wollfärbung mittels eines Beizenfarbstoffes die Gegenwart einer Doppelbeize aus einem Sesquioxyd und einem Protoxyd notwendig ist.

Dementsprechend hat KOPP[31]) bei der Analysierung des nichtgeschönten Türkischrotlackes für die Oxyde das Verhältnis $Al_2O_3 : 2CaO$, für geschöntes Rot das Verhältnis $5Al_2O_3 : 10CaO : 1SnO$ festgestellt. ROSENSTIEHL[32]) hat das Verhältnis der Menge der Oxyde zum Alizarin auf Grund seiner Untersuchung krapprot gefärbter Stoffe zu $2Al_2O_3 : 3CaO : 1C_{14}H_8O_4$ angegeben. SAGET[33]) glaubte für das Alizarinrot zur Aufstellung der Formel $Al_2O_3(CaO)_2(C_{14}H_6O_3)_5$ berechtigt zu sein. Als erste haben LIECHTI und SUIDA[34]) Alizarinrotlacke außerhalb der Faser hergestellt, nach ihnen kommt dem Alizarinrot die Formel $Al_2O_3 \cdot CaO \cdot (C_{14}H_6O_3)_2 \cdot H_2O$, dem Alizarinviolett die Formel $Fe_2O_3 \cdot CaO \cdot (C_{14}H_6O_3)_2 \cdot H_2O$ zu.

Überblickt man mit MÖHLAU diese Ergebnisse, so bemerkt man, daß nur die Analysen SAGETS und KOPPS im Aschengehalt übereinstimmen,

---

[27]) L. P. LIECHTI u. W. SUIDA, Mitt. technol. Gewerbemus. Wien **III**, 1 (1886).
[28]) H. KOECHLIN, Bull. Soc. ind. Mulhouse 266 (1882).
[29]) M. PRUD'HOMME, Bull. Soc. ind. Mulhouse 39 u. 217 (1891).
[30]) R. MÖHLAU u. F. STEIMMIG, Z. Farben-Textilind. **3**, 358–370 (1904).
[31]) E. KOPP, Ber. dtsch. chem. Ges. **8**, 979–980 (1875).
[32]) A. ROSENSTIEHL, Bull. Soc. ind. Mulhouse 56 (1875).
[33]) G. SAGET, Monit. scientifique 1086 (1883).
[34]) L. P. LIECHTI u. W. SUIDA, Mitt. d. technol. Gew. Museums, Wien, 2. Folge **1**, 26 (1885); 3. Folge **1**, 5 (1886).

alle anderen jedoch verschiedene Ergebnisse gefunden haben, und man gewinnt mit LIEBERMANN und MICHAELIS[34a]) den Eindruck, daß lediglich die Ergebnisse von Einzelfällen mit mehr zufälliger Annäherung an die eine und andere Formel vorliegen.

Die Rolle, welche das Türkischrot bei der Bildung des Alizarin-Türkischrot-Lackes spielt, ist durch die Darstellung eines Aluminiumricinates und durch dessen Fähigkeit, beim allmählichen Erhitzen im Alizarinbade eine lebhaft rote, von kochender Seifenlösung nicht veränderbare Farbe anzunehmen, von FISCHLI[35]) auf die Entstehung eines in Alkohol und Äther löslichen und in diesen Lösungen die Baumwolle türkischrot färbenden Lackes zurückgeführt worden. Dagegen führte die Untersuchung der Lackbildung des Alizarins durch BILTZ[36]) zu keinen eindeutigen Ergebnissen. Nach ihm spielt bei der Lackbildung der kolloidale Zustand von Beize und Farbstoff eine erhebliche Rolle.

Daraufhin hat MÖHLAU[37]) eine Anzahl Verbindungen aus verschiedenen Metallbeizen und hydroxylhaltigen Farbstoffen nach bestimmten Verhältnissen außerhalb der Faser hergestellt, um durch Analyse die genaue Zusammensetzung solcher Lacke sowie deren Verhalten festzustellen. Als wichtigste Vertreter wählte er das Alizarin und das Alizaringelb R, das Natriumsalz der p-Nitroanilindiazosalicylsäure. Zunächst wurden durch doppelte Umsetzung von Schwermetallchloriden mit den Lösungen der Monoalkalisalze des Alizarins und der Alizaringelb-R-Säure die entsprechenden Metallsalze bereitet. Diese besitzen sämtlich die Eigenschaft, sich in Ammoniakwasser leicht zu lösen. Aus Alizarin können unter diesen Umständen natürlich nur Salze der Formel $Me^{III}(—O\cdot ROH)_3$ gebildet werden.

Die große Bedeutung der auf Textilfasern beim Färben erzeugten Farblacke aus Beizenfarbstoffen, Sesquioxyden und Protoxyden regte des weiteren zu Versuchen an, typische Lacke dieser Art außerhalb der Faser herzustellen und deren stöchiometrische Zusammensetzung zu ermitteln, wie dies schon früher durch LIECHTI und SUIDA hinsichtlich der Aluminium-, Chrom- und Eisen-Calcium-Alizarate geschehen ist.

Zu ihrer Gewinnung wurden zunächst die Beizenfarbstoff-Salze vom Typus $Me^{III}\cdot R_3$ gefällt und zu deren Suspension so viel Ammoniaklösung hinzugefügt, als zu Bildung des in Lösung gehenden Metall-ammonium-Doppelsalzes erforderlich war. Durch Vereinigung solcher Lösungen mit wäßrigen Calciumacetat-Lösungen, deren Gehalt so bemessen war, daß auf 2 Mol. des Metall-Ammonium-Salzes 3 Mol. Calcium-

---

[34a]) C. LIEBERMANN u. P. MICHAELIS, Ber. dtsch. chem. Ges. **27**, 3009—3016 (1894); **28**, 2264—2265 (1895).

[35]) FISCHLI, Bull. Soc. ind. Mulhouse 730—734 (1888).

[36]) W. BILTZ, Ber. dtsch. chem Ges. **38**, 4143—4149 (1905).

[37]) R. MÖHLAU, Ber. dtsch. chem. Ges. **46**, 443—456 (1913).

acetat kamen, wurden farbige Niederschläge der Komplexsalze nach der Gleichung:

$$2Me^{III}(ORONH_4)_3 + 3Ca(C_2H_3O_2)_2 \rightarrow 6NH_4 \cdot C_2H_3O_2 +$$

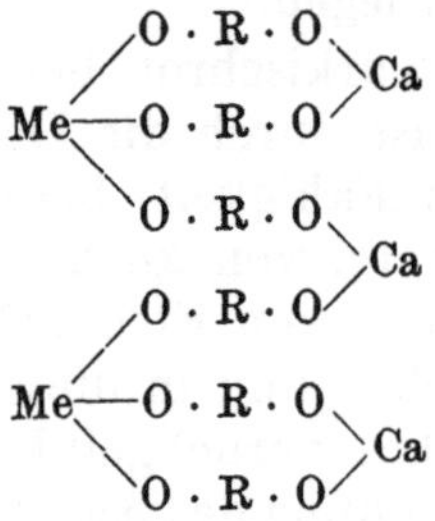

gewonnen. Hierin bedeutet R den zweiwertigen Rest des Alizarins.

Diese Verbindungen wurden von Möhlau auf ihr Verhalten gegenüber Wasser, n-Salzsäure, n- und $n/_{10}$-Natronlauge im Vergleich zu den einfachen Metallsalzen untersucht. Die Ergebnisse sind in der folgenden Tabelle 10 zusammengestellt.

Tabelle 10

Alizarinlacke

Lack	H_2O	Verhalten gegen n-HCl		Verhalten gegen 1/1n-NaOH		Verhalten gegen 1/10n-NaOH	
		20° C	beim Erwärmen	Normaltemperatur	beim Erwärmen	Normaltemperatur	beim Erwärmen
Cr-Aliz.	unlöslich	beständig	beständig	violette Lösung ohne Zersetzung		violette Lösung ohne Zersetzung	
Al-Aliz.	„	„	„	blutrote Lösung ohne Zersetzung		blutrote Lösung ohne Zersetzung	
Fe-Aliz.	„	„	„	blaurote Lösung ohne Zersetzung		blaurote Lösung ohne Zersetzung	
Cr·Ca-Aliz.	„	„	geringe Zersetzung	beständig	ziemlich beständig	beständig	ziemlich beständig
Al-Ca-Aliz.	„	„	„	„	schwache Violettfärbung	„	beständig
Fe-Ca-Aliz.	„	„	„	schwache Violettfärbung	starke Violettfärbung	schwache Violettfärbung	starke Violettfärbung

Die von Möhlau aufgestellte Formel berücksichtigt demnach, daß im Alizarinlack des Türkischrots zwei- und dreiwertige Metalloxyde gebunden sind, entsprechend der Formel von PFEIFFER[38]):

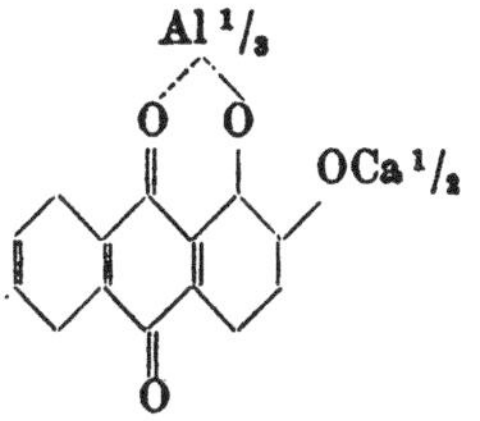

welche einesteils die bei der Komplexsalzbildung auftretende Farbtonveränderung erklärt und anderenteils zum Ausdruck bringt, daß innere Komplexsalzbildung und gewöhnliche Salzbildung zwei Vorgänge sind, die scharf auseinandergehalten werden müssen.

Nachdem NOELTING[39]) die Beizenfarbstoffnatur des Hystazarins erkannt und v. GEORGIEVICS[40]) bestätigt hatte, daß es der beste Beizenfarbstoff nächst Alizarin in der Reihe der Dioxyanthrachinone ist und PFEIFFER[41]) auch ein Chinizarinsalz hergestellt hatte, in dem das Metall die Wasserstoffatome der para-ständigen Hydroxyle ersetzt, fanden SCHOLL und ZINKE[42]), daß diese Tatsachen bei der Formulierung der entstehenden Komplexverbindungen berücksichtigt werden müssen. Sie erklärten die bevorzugte Stellung von Polyoxyanthrachinonen als Beizenfarbstoffe dadurch, daß bei ihnen die inneren Komplexringe mit zueinander ortho- oder para-ständigen Hydroxylen auftreten können, z. B. im Alizarin nach dem Schema:

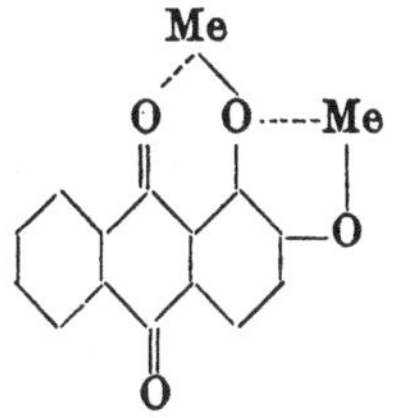

Außerdem konnten sie beweisen, daß die Hydroxylgruppen des Alizarins sich tatsächlich in 1,2-Stellung befinden.

In bezug auf diese Formulierung hat VALKÓ[43]) die Vermutung ausgesprochen, daß der Alizarinlack im Türkischrot nicht so einfach kon-

---

[38]) P. PFEIFFER, Organische Molekülverbindungen, Stuttgart. 1. Aufl., 183—184 (1922); 2. Aufl., 238 (1927).

[39]) E. NOELTING, Ber. dtsch. chem. Ges. 35, 1490—1493 (1902).

[40]) G. v. GEORGIEVICS, Z. Farben-Textilchem. 1, 625 (1902).

[41]) P. PFEIFFER, Liebigs Ann. Chem. 398, 159 (1913).

[42]) R. SCHOLL u. A. ZINKE, Ber. dtsch. chem. Ges. 51, 1419—1435 (1918); 52, 565 bis 567 (1919).

[43]) E. VALKÓ, Kolloidchemische Grundlagen der Textilveredlung, Berlin, 472 (1937).

stituiert ist. Nach Rücksprache mit PFITZNER hat er darauf hingewiesen, daß das Aluminium teilweise durch Calcium ersetzt werden kann und daß die bei der Ringbildung nicht beanspruchten Valenzen der Aluminiumatome mit Oxo- oder Aquogruppen besetzt sein können.

Bei der Untersuchung der Lackbildung von Alizarin durch BEECH und DREW[44]) hat sich ergeben, daß der aus Aluminiumchlorid und Natriumalizarat entstehende Lack nicht unter allen Umständen das gleiche Verhältnis von Aluminium zu Alizarin aufweisen muß. Die von ihnen hergestellten Aluminiumlacke erwiesen sich jedoch im Gegensatz zum Türkischrotlack als nicht säurebeständig.

Die genauen Mengenverhältnisse der den Türkischrotlack aufbauenden Bestandteile waren deswegen lange Zeit nicht bekannt, weil die Analysen früher lediglich durch Bestimmung des prozentualen Aschengehaltes ohne Berücksichtigung des Wassergehaltes und ohne die Bestimmung des Alizaringehaltes durchgeführt worden waren. Das änderte sich erst, nachdem MINAJEFF und SWIETLIAKOFF[45]) eine bessere Analysenmethode angegeben hatten und diese von HOFFMANN benutzt worden war.

Nachdem HOFFMANN[46]) anläßlich von Untersuchungen mit Metallacetylacetonaten beobachtet hatte, daß bei ihnen mit Beizenfarbstoffen Farblackbildung eintritt, gelang es ihm, aus Aluminiumacetylacetonat und Calciumalizarat einen zur analytischen Untersuchung geeigneten Türkischrotlack herzustellen. Der Türkischrotlack erwies sich als unlöslich in Wasser, Alkohol, Aceton, Tetralin, Dioxan, Schwefelkohlenstoff, Chloroform, Tetrachlorkohlenstoff, Hexahydrobenzol, Cyclohexanol, Anilin, Diphenylamin und Kampfer.

Weil keine Möglichkeit bestand, den Lack aus diesen Substanzen umzukristallisieren, wurde versucht, durch Mischen filtrierter Lösungen gut gereinigter Ausgangsprodukte zu einem einheitlichen Körper zu gelangen.

Es wurden 0,600 g Alizarin zusammen mit 0,280 g Calciumoxyd zunächst in 10 ccm Pyridin und 10 ccm Wasser einige Zeit erhitzt. Die erhaltene Alizarinlösung wurde filtriert. Der ungelöste Anteil wurde in ca. 70 ccm Pyridin gelöst und filtriert.

0,540 g Aluminiumacetylacetonat, welches vor der Verwendung sublimiert worden war, wurde in 5 ccm Pyridin gelöst, filtriert, mit dem Calciumalizarat aus beiden Filtraten vereinigt und am Rückflußkühler erhitzt. Schon bevor die Lösung zum Sieden gelangte, war ihre Farbe in Rot umgeschlagen, und nach einigen Stunden Erhitzen hatte sich ein Niederschlag gebildet. Die Ausbeute betrug 0,23 g. Dieser Türkischrotlack erschien bei mikroskopischer Betrachtung als kristallisiert. Dieser

[44]) W. F. BEECH u. H. D. K. DREW, J. chem. Soc. [London] 605—607 (1940).
[45]) W. MIJAJEFF u. K. SWIETLIAKOW, Melliand Textilber. 10, 796—797 (1929).
[46]) S. HOFFMANN, Diss. T. H. Dresden 1937.

Lack ist in Pyridin und Chinolin löslich und kann aus beiden Lösungsmitteln umkristallisiert werden.

Um festzustellen, ob dieser Lack mit einem auf einem Türkischrot gefärbten Garn enthaltenen identisch ist, wurde der Farblack einer türkischrot gefärbten Faser mit Pyridin abgezogen und diese Lösung mit der Lösung des außerhalb der Faser hergestellten Alizarinlackes spektroskopisch verglichen. Es zeigte sich dabei, daß die Absorptionsbanden der beiden Lösungen bei den gleichen Wellenlängen liegen.

Nachdem er festgestellt hatte, daß darin 4 Teile Alizarin auf 2 Aluminium (als Oxyd), 3 Calcium (als Oxyd), 2 Pyridin und 7 Wasser enthalten sind, stellte HOFFMANN für diesen Lack die folgende Strukturformel auf:

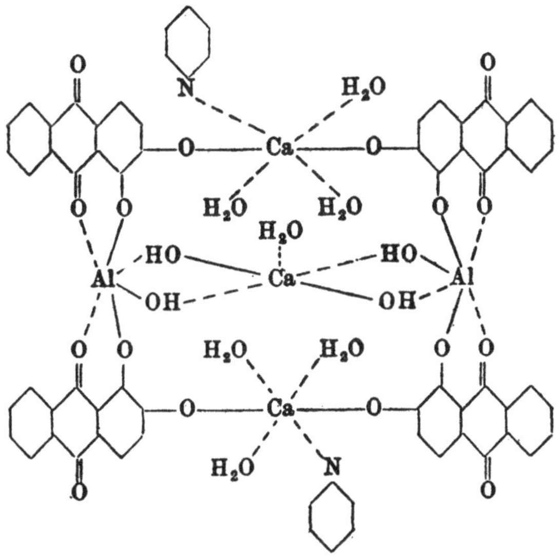

Diese Formel berücksichtigt, daß die Hydroxylgruppe in der β-Stellung nach HÜTTIG[47]) stärker sauer ist als die Hydroxylgruppe des α-Oxyanthrachinons und daß das Pyridin nach PFEIFFER[48]) ein Reagens auf 2-ständige Hydroxyle ist, weil 1-Oxyanthrachinon und Chinizarin indifferent gegen Pyridin sind, während 2-Oxyanthrachinon und Alizarin Monopyridinsalze geben.

In einem Aluminium-Calcium-Alizarat, wie es der Türkischrotlack darstellt, ist eine Bindung des Calciums an das 2-ständige Hydroxyl deswegen wahrscheinlich, weil beim Aluminium eine innerkomplexe Bindung an das 1-ständige Hydroxyl und die Carbonylgruppe angenommen werden muß.

---

47) G. HÜTTIG, Z. physik. Chem. A 87, 129—168 (1914).

48) P. PFEIFFER, Fiebigs Ann. Chem. 398, 151 (1913).

Für den pyridinfreien getrockneten Türkischrotlack ergibt sich demnach die Formel:

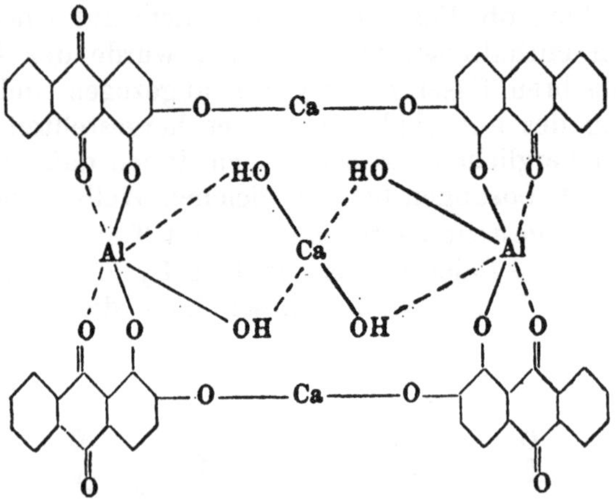

Von der Überlegung ausgehend, daß der unter der Bezeichnung Türkischrot bekannte Alizarinlack eine wohldefinierte chemische Verbindung sein müsse, schon deswegen, weil der Farbton bei richtig hergestellten Färbungen immer der gleiche ist, haben FIERZ-DAVID und RUTISHAUSER[49]) pyridinfreie Alizarinlacke hergestellt und diese analysiert, nachdem sie eine energische Reinigung mittels Extraktionsmitteln durchgeführt hatten. Als geeignete Lösungsmittel wendeten sie Alkohol, Äther, verdünnte Natronlauge und Essigsäure an. Dadurch gelingt es ohne Schwierigkeit, durch systematische Reinigung zu Produkten zu gelangen, welche eine konstante Zusammensetzung haben und in denen sich Alizarin zu Aluminium und zu Calcium verhält wie:

4 Alizarin : 2 Aluminium : 3 Calcium.

Dieses Verhältnis ist nach ihren Untersuchungsergebnissen vollkommen unabhängig von der speziellen Herstellungsart. Das heißt, ob man nach der von HOFFMANN gewählten Methode mittels der Acetonyl-acetonate oder in bloßer Gegenwart von Wasser oder nach den allgemein bekannten Färbemethoden verfährt, spielt keine Rolle. Wichtig ist jedoch, daß die beiden Metalle in ionisiertem Zustande vorliegen, auch ist die Gegenwart von Wasser unerläßlich. Man kann auch, wie schon HOFFMANN gefunden hat, von türkischrot gefärbten Cellulosewaren den Lack mit Pyridin quantitativ extrahieren.

Dagegen stellt die komplexe Pyridinverbindung, die HOFFMANN beschrieben hat, nicht das wirkliche Türkischrot dar. Wie von FIERZ-DAVID und RUTISHAUSER gefunden wurde, ist es jedoch möglich, aus dieser kristallisierten Verbindung auf einfache Art den wirklichen Türkischrotlack herzustellen.

[49]) H. E. FIERZ-DAVID u. M. RUTISHAUSER, Helv. chim. Acta 23, 1298–1311 (1940).

Wenn man die Pyridinverbindung im Hochvakuum auf 130° erhitzt, dann verliert sie die beiden Pyridinmolekeln und gleichzeitig 5 Molekeln Wasser. Dabei verändert sich die rotbraune Farbe der Verbindung in schwarz. Sie hat nach dieser Behandlung die Zusammensetzung:

4 Alizarin, 2 Aluminium, 3 Calcium
(beide Metalle als Oxyde verstanden)
2 Moleküle Wasser.

Diesen schwarzen oder rotschwarzen Lack kann man im Hochvakuum bis auf 600° (!) erhitzen, ohne daß er zerstört würde, wobei scheinbar kleine Mengen unzersetzt sublimieren.

Wird nun dieser schwarze Lack der Luft ausgesetzt, dann nimmt er in kurzer Zeit genau drei weitere Moleküle Wasser auf, wobei die dunkle Farbe in ein schönes lebhaftes Rot übergeht, welches sich durch nichts von der bekannten Nuance des klassischen Türkischrot unterscheidet. Zerreibt man die Substanz, welche jetzt fünf Molekeln Wasser enthält, im Achatmörser aufs feinste, dann erhält man ein Pigment, welches beim Vergleich mit einer Türkischrotfärbung auf Baumwolle identisch ist. Da dieser Farbstoff weder Pyridin noch irgendwelche andere Beimengungen enthält (z. B. Fettsäure usw.), darf man daraus schließen, daß der wahre Türkischrotlack einfach eine Verbindung von Alizarin, Aluminiumoxyd und Calciumoxyd darstellt. Die leuchtende Farbe des Türkischrots ist demnach als Dispersitätserscheinung aufzufassen. Dementsprechend gibt der von Fierz-David hergestellte Alizarin-Aluminium-Calciumlack auch keine Röntgeninterferenzen, so daß festgestellt ist, daß Kolloidteilchen kleinster Dimensionen vorliegen.

Auf Grund dieser Versuchsergebnisse haben Fierz-David und Rutishauser für den schwarzen komplexen Alizarin-Aluminium-Calciumlack die folgende Konstitutionsformel aufgestellt:

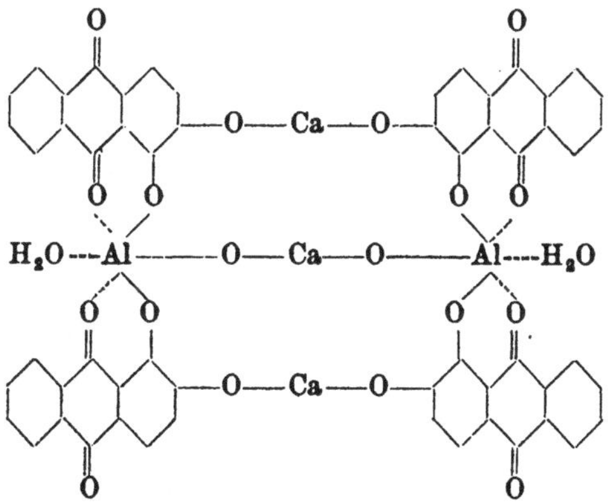

4 Alizarin, 2 Aluminium, 3 Calcium, 2 Wasser (molekulardispers)
Wird beim Erhitzen auf 600° C nicht zerstört.

Dem wahren Türkischrotlack kommt dagegen die folgende Formel mit ihrem höheren Wassergehalt zu:

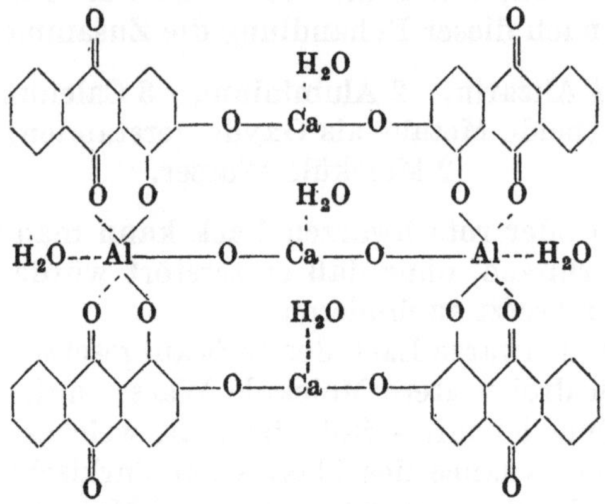

4 Alizarin, 2 Aluminium, 3 Calcium, 5 Wasser.
Molekulardispers — ultrafeinkristallin.

Demnach scheint festzustehen, daß außer Alizarin, Aluminiumoxyd und Calciumoxyd keine anderen Bestandteile an der Bildung des Türkischrotlackes beteiligt sind und daß die bei der Färbung verwendeten Fettstoffe einesteils als Netzmittel, anderenteils dazu dienen, den eigentlichen Lack in feinste Verteilung zu bringen.

Fierz-David und Rutishauser fanden ferner, daß eine Türkischrotfärbung, welche im Hochvakuum auf 135° erhitzt wird, sehr stark nachdunkelt und schließlich braunschwarz wird. Die ursprüngliche rote Farbe kehrt aber alsbald beim Liegenlassen an der Luft zurück. Dieser Vorgang entspricht durchaus dem Verhalten des außerhalb der Faser hergestellten reinen Lackes, der sich ganz analog verhält.

Beim Studium der Avivage (Rosieren) des Türkischrots zeigte sich, daß beim Behandeln der fertigen Rotfärbung mit Zinn(II)salz bei ca. 125° einfach ein Teil des Calciums durch zweiwertiges Zinn ersetzt wird, wodurch der Farbton etwas gelber und lebhafter wird. Es gelingt auch, an Stelle des zweiwertigen Zinns andere zweiwertige Metalle in den Komplex einzuführen, nicht aber dreiwertige. Dabei zeigt es sich, daß der Farbton des fertigen Lackes weitgehend von dem dreiwertigen Metall bedingt ist und daß das zweiwertige Metall keinen sehr großen Einfluß auf die Nuancen hat.

Es wurde auch der Alizarin-Eisen(III)-Calciumlack studiert. Dieser hat ganz die analoge Zusammensetzung wie der Aluminium-Calciumlack und kann ebenfalls leicht in schön kristallisierter Form als Pyridinkomplex erhalten werden. Er verhält sich so gleich wie der Aluminiumlack, daß auf seine Formulierung verzichtet werden kann.

Das erste auf synthetischem Wege dargestellte Chinolin der Anthrachinonreihe wurde von PRUD'HOMME durch die Einwirkung von Glycerin und Schwefelsäure auf das 3-Nitroalizarin erhalten. Das so oder nach der Darstellungsweise von KNUEPPEL[50]) entstehende 1,2-Dioxyanthrachinonchinolin ist das Alizarinblau. Von diesem Farbstoff hat GÖTZ[51]) erstmals einen Lack in wohldefinierter kristallisierter Form erhalten. Die Analyse dieses Chromlackes aus Alizarinblau bestätigte die Theorie von WERNER[52]), PFEIFFER[53]) und MORGAN[54]), denn der Alizarinblau-Chromlack hat die folgende Zusammensetzung:

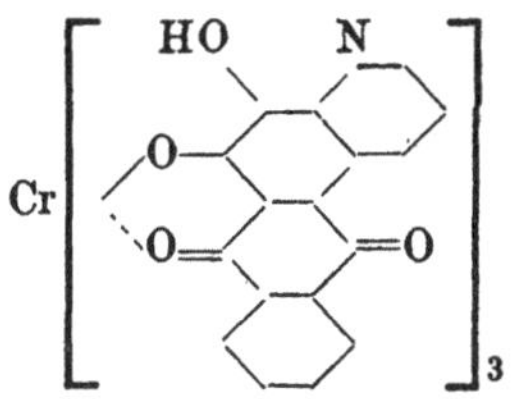

Der außerhalb der Faser erzeugte Chromlack wurde in der Weise hergestellt, daß Farbstofflösungen von Alizarinblau zusammen mit Chromazetatlösungen gekocht wurden. Mit den so außerhalb der Faser erhaltenen Alizarinblau-Chrom-Verbindungen wurde nun das Verhalten der auf der Faser durch Zeugdruck oder Färbung erzeugten Chromlacke des Alizarinblaus verglichen. Dabei ergab sich, daß die durch Druck auf der Textilfaser erzeugten Chromlacke sich ebenso verfärbten wie die außerhalb der Faser hergestellten Verbindungen. Weil Färbungen von Alizarinblau auf Wolle häufig bis zu einem gewissen Grade unverändertes Alizarinblau enthielten, wurden für alle späteren Versuche nachchromierte Färbungen verwendet. Zur Untersuchung der Zusammensetzung der Chromlacke des Alizarinblaus auf der Faser wurde der Lack mit geschmolzenem Phenol von der Faser abgelöst und danach durch Wasserzusatz ausgefällt.

In Farbe, Verhalten gegen Reagenzien und Absorptionsspektren waren die Verbindungen einander gleich, der Chromgehalt der außerhalb der Faser in wäßriger Lösung hergestellten Lacke schwankte zwischen 17,0% und 5,68%.

Weil ein von GÖTZ aus Chromacetat und Alizarinblau außerhalb der Faser hergestellter, mehrmals mit Benzol bis zum Verschwinden der Rotfärbung des Benzols ausgekochter Lack kein freies Alizarinblau mehr ent-

---

[50]) CHR. A. KNUEPPEL, Ber. dtsch. chem. Ges. **29**, 708–709 (1896).

[51]) P. GÖTZ, Diss. T. H. Karlsruhe (1926).

[52]) A. WERNER, Ber. dtsch. chem. Ges. **41**, 1063–1074 (1908).

[53]) P. PFEIFFER, Liebigs Ann. Chem. **398**, 137–196 (1913).

[54]) G. T. MORGAN, J. Chem. Soc. [London] **121** T, 160–169 (1922); J. Soc. Dyers Colourists **37**, 43–47 (1921).

halten konnte, mußte er restlos abgesättigt sein. Die Analyse dieses Lackes ergab einen Chromgehalt von 16,42 bzw. 17,05%.

Auf Grund dieser Analyse nimmt HOFFMANN[55]) an, daß sich im alkalischen bis neutralen Medium ein Alizarinblau-Chromlack der Bruttoformel $Cr_4(OH)_4(C_{13}H_7O_4N)_4$ bildet, dessen theoretischer Chromgehalt 16,81% beträgt. Weil die Herstellungsbedingungen von GÖTZ so gewählt worden sind, daß die Ausscheidung von Chromhydroxyd durch Zusatz von Essigsäure, Natriumacetat oder Weinsäure verhindert wurde, kann dieser Lack kein freies Chromhydroxyd enthalten, wodurch die von HOFFMANN aufgestellte Konstitutionsformel:

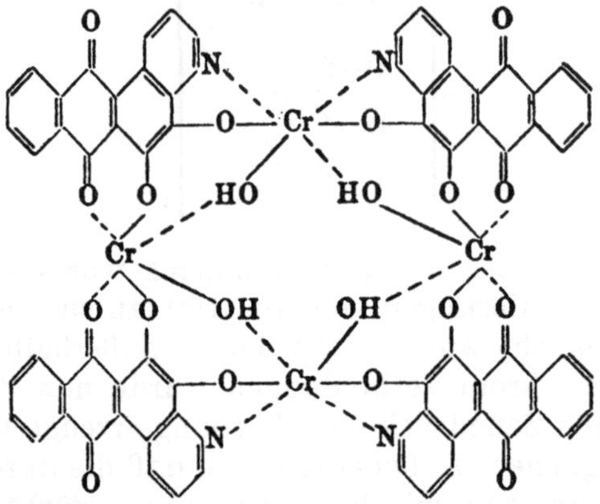

die dem Alizarinlack, des Türkischrot entspricht, wahrscheinlich wird.

Weil die außerhalb der Faser und die auf den Textilfasern hergestellten Lacke in ihrem Chromgehalt verschieden sind, hat GÖTZ den Schluß gezogen, daß die Chromlacke auf Textilfasern nicht einheitliche Verbindungen sind, sondern ein Gemisch von verschiedenen, nahe verwandten Körpern. Da beim Bedrucken von Gewebe in der Farbpaste ein inniges Gemenge von Farbstoff-Chromacetat und Stärke vorliegt, tritt hier die Farblackbildung erst nach dem Dämpfen der bedruckten Ware ein, weil hierbei eine Hydrolyse des Chromacetats erfolgt. Unter solchen Bedingungen erscheint es ihm unwahrscheinlich, daß beim Alizarinblau, dem Anthracenbraun (1,2,3-Trioxyanthrachinon) oder dem Anthracenblau (1,2,4,5,6,8-Hexaanthrachinon) stets Lacke von einheitlicher Zusammensetzung entstehen.

Beim Alizarinorange R, welches ein Alizarinderivat folgender Zusammensetzung ist:

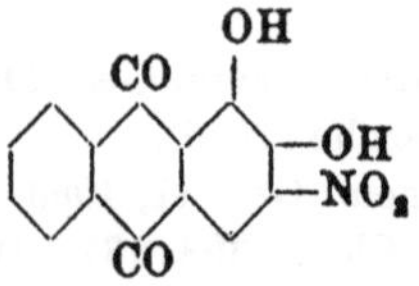

[55]) S. HOFFMANN, Diss. T. H. Dresden 33—35 (1937).

hat LIEPATOFF[56]) die Lackbildung mit Salzen zweiwertiger Metalle außerhalb der Faser bei Zimmertemperatur studiert. Dabei wurde festgestellt, daß die freien Säuren und Salze der starken anorganischen Säuren von Alizarinorange gar nicht, die Salze schwacher organischer Säuren dagegen in bedeutendem Maße adsorbiert werden, wobei die Bildung einer gefärbten Verbindung erfolgt.

Infolgedessen wurden die Versuche auf die essigsauren Salze des Bariums und Kupfers beschränkt und festgestellt, daß bei der Lackbildung des Alizarinorange sich ein neuer Stoff mit neuen physikochemischen Eigenschaften bildet.

Bei Verwendung des Mononatriumsalzes des Nitroalizarins erfolgt bei Zusatz von Bariumacetat bzw. Kupferacetat die Bildung von unlöslichen chemischen Verbindungen konstanter Zusammensetzung, welche auf zwei Moleküle Nitroalizarin ein Molekül Barium oder Kupfer enthalten.

Mit LARGNIER DE BANCELS[57]) nimmt er an, daß beim Beizen der Faser die positiv geladene Beize von der negativ geladenen Faser festgehalten wird, welche dabei eine positive elektrische Ladung annimmt und damit die Fähigkeit, mit dem negativ geladenen Alizarin zu reagieren.

Im Gegensatz zu BILTZ[58]), der nach dem Studium der Aufnahme von Alizarin und Alizarinrot SW aus 0,8prozentiger Alkalilösung durch Eisen und Chromhydrosole die Möglichkeit einer chemischen Reaktion zwischen Beize und Farbstoff geleugnet hatte, zweifelt LIEPATOFF[59]) nicht daran, daß auch auf der Faser eine chemische Reaktion stattfindet, wenn die gebeizte Faser mit Alizarinorange gefärbt wird. Nach ihm geht auf der Faser ohne Zweifel ein Vorgang chemischer Art zwischen dem Beizmittel und Alizarin vor sich, und das Ausmaß hängt nur von der Flüchtigkeit der Säure ab, welche im Beizmittel enthalten ist.

Sieht man die dabei entstehenden Komplexe als mesomere Verbindungen an[60]), dann erklärt sich ihre Farbe daraus, daß resonanzfähige Verbindungen entstanden sind, deren Farbigkeit von der Art des gebundenen Metalls abhängig ist.

---

[56]) S. LIEPATOFF, Kolloid-Z. 38 224—230 (1925).
[57]) LARGNIER DE BANCELS, Rev. gén. Matières colorantes 12, 193 (1908).
[58]) W. BILTZ, Ber. dtsch. chem. Ges. 38, 4143—4149 (1905).
[59]) S. LIEPATOFF, Melliand Textilber. 9, 496—497 (1928).
[60]) F. ULLMANN, Enzyklopädie der technischen Chemie 7, 179—180 (1956).

IV. Naturfarbstoffe als Komplexbildner

Während Krapp in Europa schon seit langer Zeit nicht mehr zum Färben verwendet wird, werden die Extrakte des Blutbaumes Haemotoxylon campechianum und der Rotholzarten aus der Gattung Caesalpinia auch heute noch verwendet.

Mit ihrer Konstitutionsaufklärung hat sich v. KOSTANECKI[1]) schon frühzeitig beschäftigt. Die von ihm aufgestellte Konstitutionsformel für das Brasilin ist später von PFEIFFER und GRIMMER[2]) abgeändert und für das färbende Prinzip des Rotholzes die folgende Formel vorgeschlagen worden:

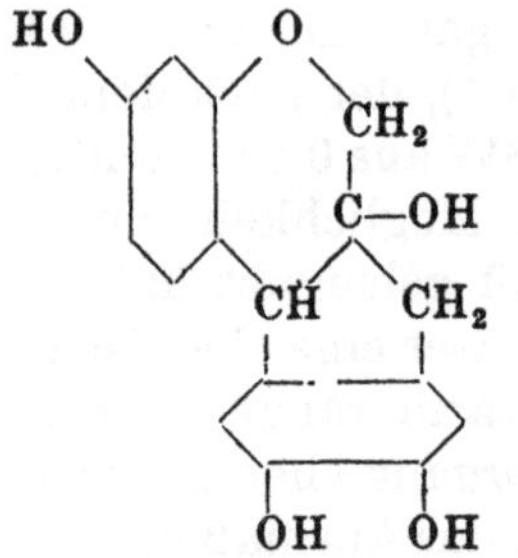

Diese Formel ist auch von PERKIN und ROBINSON[3]) befürwortet worden. Dem Haematoxylin ist von PERKIN und ROBINSON[4]) die folgende Formel zugeschrieben worden:

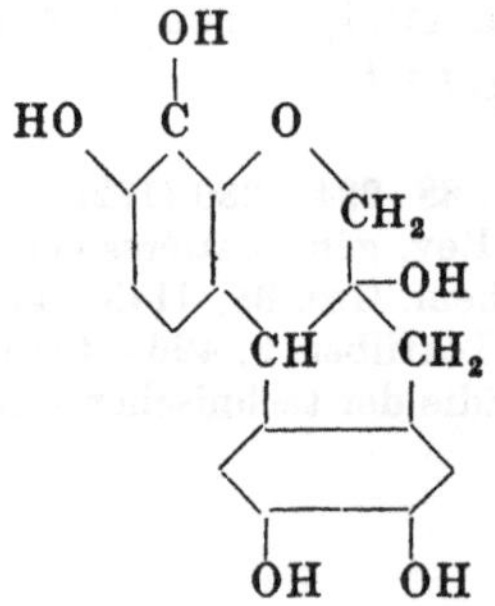

---

[1]) W. FEUERSTEIN u. ST. v. KOSTANECKI, Ber. dtsch. chem. Ges. **32**, 1024–1030 (1899).
ST. v. KOSTANECKI, Z. Farben-Textilind. **3**, 4–14 (1904).

[2]) P. PFEIFFER u. J. GRIMMER, Ber. dtsch. chem. Ges. **50**, 911–927 (1917).

[3]) W. H. PERKIN u. R. ROBINSON, J. chem. Soc. [London] **93** T, 489–517 (1908).

[4]) W. H. PERKIN u. R. ROBINSON, J. chem. Soc. [London] **95** T, 381–407 (1909).

Nach diesen Formeln und den von PFEIFFER[5]) erhaltenen Untersuchungsbefunden unterscheiden sich Haematoxylin und Brasilin nur durch eine Hydroxylgruppe.

Durch Oxydation geht das Brasilin in den eigentlichen Farbstoff, das Brasilein, über, das mit Alaun aus einer alkalischen Brasilinlösung durch Luftoxydation einen roten Tonerdelack gibt. Dieser Lack besitzt nicht die hohen Echtheitseigenschaften des Türkischrotlackes und wird deshalb als eigentlicher Farbstoff für Rot in Europa nicht mehr verwendet. Brasilin dient jedoch gelegentlich noch zum Blenden, d. h. zum Sichtbarmachen von Tonerdebeizen.

Das durch Auskochen des Campecheholzes mit Wasser, Eindampfen des Extraktes im Vakuum und durch Zusatz von etwas Bisulfit nach PERKIN und YATES[6]) aus dem Extrakt abgeschiedene Haematoxylin ist an sich farblos. Es ist in kaltem Wasser schwer, in heißem etwas leichter löslich.

Durch Oxydation geht das Haematoxylin über in das Haematelin der Konstitution:

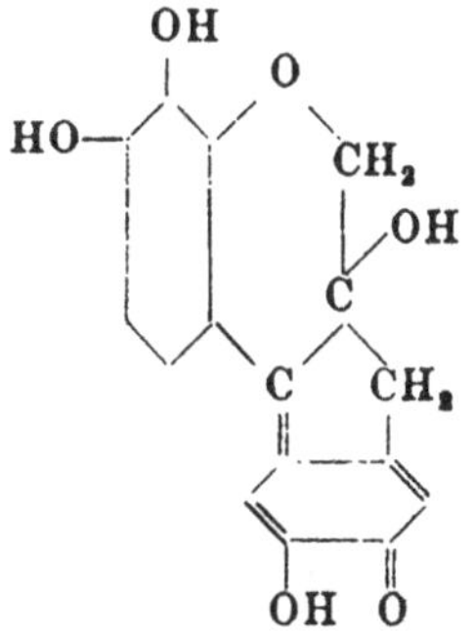

Weil die Campechehölzer und Extrakte schwankende Mengen von Haematoxylin und Haematein enthalten, können sie bei gleichem Trockensubstanzgehalt demnach in einem Falle größere Mengen von Haematein, im anderen von Haematoxylin enthalten. Weil das Haematoxylin Lackverbindungen mit oxydierenden Metallverbindungen wie Eisenoxyd, Kupferoxyd, und Chromsäure bildet, während das Haematein direkte Lackverbindungen auch mit nicht oxydierenden Metalloxyden wie Tonerdehydrat, Eisenoxydulhydrat und Chromhydroxydhydrat eingeht, kann sich die Beizung in der Weise auswirken, daß der gleiche Extrakt je nach der Art der Beizung verschiedene Ausfärbungen gibt. Die Reaktion zwischen Haematoxylin und oxydierenden Metalloxyden (oder Chromsäure) spielt sich dabei in der Weise ab, daß das Haematoxylin zu Haematein oxydiert wird, wobei es selbst reduzierend wirkt und

[5]) P. PFEIFFER, O. ANGERN, E. HAAK u. J. WILLEMS, Ber. dtsch. chem. Ges. **61**, 1923–1932 (1928).

[6]) W. H. PERKIN u. J. YATES, J. chem. Soc. [London] 81 T, 235–246 (1902).

aus Chromsäure Chromhydroxyd entstehen läßt. Dieses kann nun in Sekundärreaktion mit dem gebildeten Haematein einen Farblack bilden. Demnach ist das Haematein der eigentliche Farbstoff, während das Haematoxylin als seine Leukoverbindung angesehen werden muß. Faßt man die beiden Oxydationsstufen des Blauholzfarbstoffes mit HEERMANN[7]) in dieser Weise auf, dann wird ihr Verhalten zu den verschiedenen Beizen folgendermaßen erklärbar:

1. Bei einer Mischung von Haematoxylin und Haematein und bei Gegenwart von oxydierenden Beizen wird zunächst das Haematoxylin zu Haematein oxydiert, und dieses tritt nun mit dem Metalloxyhydrat zu einem Farblack zusammen. Andererseits reduziert das vorhandene Haematein auf Kosten eines Teils seiner selbst und unter Bildung brauner Überoxydationsprodukte die Chromsäure zu Chromoxydhydrat, welches mit dem Rest des vorhandenen Haemateins zu einem Farblack zusammentritt. Bei einer Chromsäurebeize tritt demnach Überoxydation ein.

2. Bei Gegenwart von nicht oxydierenden Beizen kann diese Überoxydation selbst dann nicht eintreten, wenn zum Färben ebenfalls ein Gemisch aus Haematein und Haematoxylin verwendet wird. Dies beruht darauf, daß hier lediglich das Haematein mit dem Metalloxydhydrat unter Lackbildung reagiert, während das Haematoxylin so lange im Färbebade ungenutzt zurückbleibt, bis es durch die Einwirkung der Luft bei erhöhter Temperatur ganz zu Haematein oxydiert worden ist.

3. Am kompliziertesten ist der Fall, wenn eine Ware, die eine gemischte Beize, d. h. sowohl oxydierende als auch nicht oxydierende Metalloxyde enthält, mit einem Gemisch von Haematoxylin und Haematein gefärbt wird. In diesem Falle tritt zunächst eine doppelte Reaktion in dem Sinne ein, daß in dem Maße des Vorhandenseins der einzelnen Bestandteile das Haematoxylin sich mit dem oxydierenden, wie im Falle 1, das Haematein sich mit dem nicht oxydierenden Metalloxyd, wie im Falle 2, verbindet und die überschüssigen Teile von Farbstoff und Beize sich je nach dem vorhandenen Gleichgewicht vereinigen. Es treten als Sekundärreaktion wieder die Fälle 1 und 2 auf, wobei entweder eine Überoxydation mit Zersetzungsprodukten oder ein Unausgenutztbleiben unoxydierten Haematoxylins eintritt.

Diese Gegebenheiten pflegen bei der Herstellung von Noir réduit in der Weise berücksichtigt zu werden, daß der Zusatz der oxydierenden Beize dem Gehalt an Haematoxylin angepaßt wird. Der Blauholzextrakt wird mit Essigsäure und einer 10%igen Bichromatlösung angerührt und der ausgefällte schwarze Lack anschließend mit Natriumbisulfit gelöst. Durch Zusatz von essigsaurem Eisen oder Quercitron-

---

[7]) P. HEERMANN, Koloristische und textiltechnische Untersuchungen, Springer Berlin, 127ff. (1903).

extrakt wird die blauschwarze Farbe nach Tiefschwarz abgetönt. Dieses Erzeugnis ist ohne weiteres zum Färben oder Bedrucken geeignet und wird im Zeugdruck bei der Herstellung von Möbelstoffen auch heute noch verwendet.

Blauholzextrakte werden dagegen heute kaum mehr zum Färben von gebeizter Wolle[8]) oder Baumwolle[9]) verwendet. Trotzdem ist erst kürzlich die Anwendung von Haematein bzw. Haematoxylin zum Färben von Wolle, Zellwolle und Perlon von LUCAS[10]) empfohlen worden. An sich gibt Haematoxylin, wie schon erwähnt, auf mit Eisenoxyd und Chromsäure gebeizter Wolle einen schwarzen Lack, wertvoller wegen seiner besseren Lichtechtheit ist jedoch der gemischte Lack von Haematein auf Chrom und Kupferbeize. Viel verwendet und bisher unersetzbar ist Blauholz aber zur Erzeugung von Schwarz auf Eisenbeize in der Seidenfärberei. Die dabei üblichen Arbeitsweisen sind von LEY[11]) ausführlich beschrieben worden.

Nach einer Mitteilung der Fa. E. SCHELLER & Co. A.G. kann man mit Leichtigkeit ein volles Schwarz auf Nylon durch Färben mit Blauholzextrakt nach folgender Vorschrift erhalten[12]):

Die Ware wird mit einer heißen Lösung von unoxydiertem, sogenanntem „kristallisiertem“ Blauholzextrakt in der Weise gefärbt, daß man das Volumen des Färbebades so gering wie möglich hält, weil die Affinität des Blauholzextraktes in verdünnter Lösung nicht sehr groß ist. Bei einem Flottenverhältnis 1 : 10 wird die Anwendung von 12,5 g Haematein (Kristalle) je Liter Färbebad empfohlen. Nachher wird in kaltem Wasser gespült und danach in einem mit Essigsäure angesäuerten Bichromatbade bei 40° anfangend unter Temperaturerhöhung auf 90° C oxydiert. Sodann wird in heißem Wasser gespült, um überschüssiges Bichromat zu entfernen.

Eine dem Alizarin analoge Lackbildung ist bei den übrigen Naturfarbstoffen früher deswegen häufig bezweifelt worden, weil die Lacke dieser Naturfarbstoffe nicht die hohen Echtheitseigenschaften des Türkischrot erreichen. Die in neuerer Zeit untersuchte Lackbildung des Haemateins und Brasileins hat jedoch ergeben, daß die beiden Naturfarbstoffe mit Metalloxydhydraten Metallkomplexverbindungen bilden.

Auch beim Luteolin aus dem Wau (Reseda luteola) ist die Konstitution der Lacke noch nicht genau bekannt, obwohl die Konstitution des Luteolins bekannt ist. Wie v. KOSTANECKI, ROZYKI und TAMBOR[13]) zeigen

---

8) E. WEILER, Färber-Ztg. **1**, 121–124 (1890).

9) E. WEILER, Färber-Ztg. **1**, 137–139 (1890).

10) E. LUCAS, Melliand Textilber. **37**, 948–950 (1956).

11) H. LEY, Die neuzeitliche Seidenfärberei, Berlin, 76–106 (1921).

12) E. SCHELLER & Co. A.G., Zürich, Textil-Rdsch. [St. Gallen] **11**, 282–284 (1956).

13) ST. V. KOSTANECKI, A. ROZYKI u. J. TAMBOR, Ber. dtsch. chem. Ges. **33**, 3410 bis 3417 (1900).

konnten, ist Luteolin ein 1,3,3',4' Tetraoxyflavon folgender Konstitution:

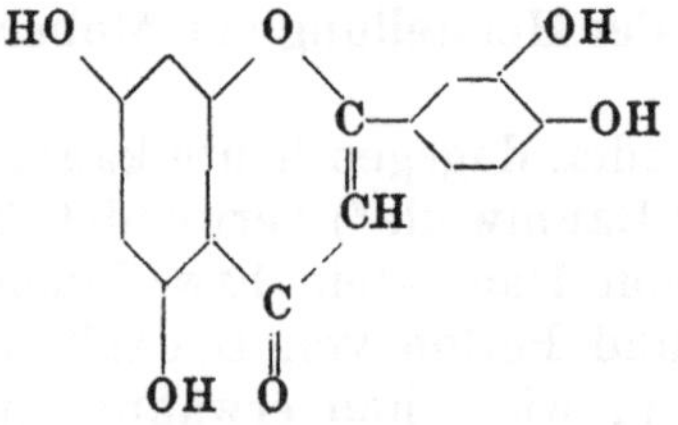

Wau ist früher viel für die Herstellung von Beizenfärbungen auf Wolle verwendet worden. Es gibt auf Tonerdebeize gelbe, auf Chrombeize braungelbe, auf Zinnbeize hellgelbe und auf Eisenbeize dunkelbraune Färbungen. Von besonderem Interesse ist dieser Farbstoff für Seide, auf der ein seifen- und lichtechtes Gelb erzeugt werden kann.

Eine ähnliche chemische Zusammensetzung haben die Farbstoffe aus dem Fisetholz des Perückenbaumes (Rhus cotinus), das Fisetin, und aus dem Gelbholz (Morus tinctoria), das Morin, welche ebenfalls den Flavonring in ihrem Molekül enthalten und deshalb als Oxyflavonole bezeichnet werden können. Das Fisetin ist ein Trioxyflavonol der folgenden Konstitution:

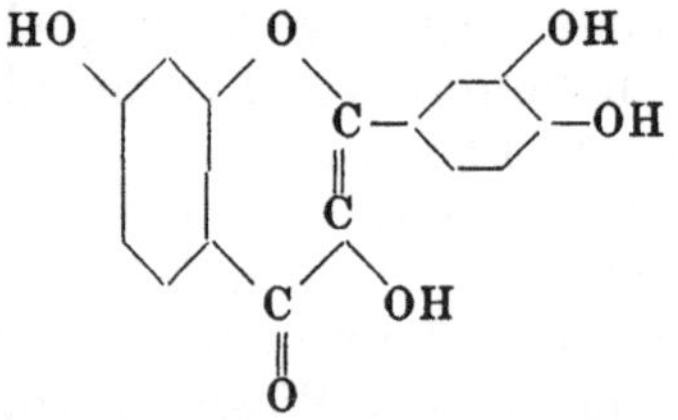

wie v. KOSTANECKI, LAMPE und TAMBOR[14]) festgestellt haben. Im Fisetholz ist es an Gerbsäure gebunden.

Das Morin ist ein Tetraoxyflavonol. Es ist im Holz als solches und als Kalksalz enthalten. Seine Konstitution ist die folgende:

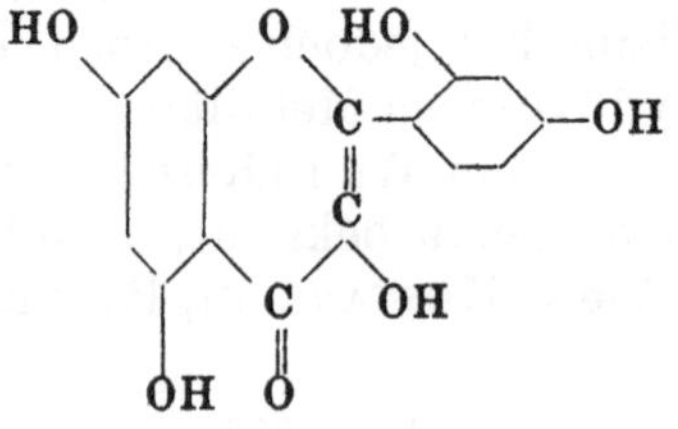

wie die Synthese durch v. KOSTANECKI, LAMPE und TAMBOR[15]) gezeigt

[14]) ST. v. KOSTANECKI, V. LAMPE u. J. TAMBOR, Ber. dtsch. chem. Ges. 37, 784–791 (1904).

[15]) ST. v. KOSTANECKI, V. LAMPE u. J. TAMBOR, Ber. dtsch. chem. Ges. 39, 625–636, 4014–4021, 4022–4027 (1906).

hat. Sein Tonerdelack ist gelb, der Chromlack olivgelb, der Kupferlack oliv, der Eisenlack dunkeloliv, der Zinnlack ist gelb.

Isomer mit dem Morin ist das Querzetin, das in der Form eines Glukosides, des Querzitrins, im Quercitron, dem Extrakt der Rinde der Färbereiche (Quercus tinctoria) enthalten ist. Seine Konstitution ist durch Synthese von v. KOSTANECKI, LAMPE und TAMBOR[16]) aufgeklärt worden.

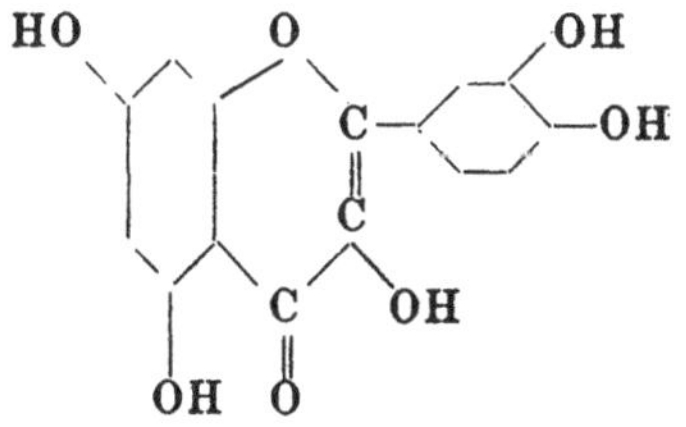

Der Tonerdelack ist ein braunes Orange, der Chromlack rotbraun, der Eisenlack grünschwarz und der Zinnlack orange.

Die in den Kreuzbeeren der Rhamnusarten enthaltenen Farbstoffe Rhamnetin und Rhamnazin sind ebenfalls Flavonolderivate. Rhamnetin ist ein Quercetinmonomethyläther, der neben geringen Mengen von Rhamnazin (einem Quercetindimethyläther) und Quercetin (alle als Glucoside) in den Kreuzbeeren enthalten ist. Den besten Extrakt liefern grüne und unreife Beeren. Der Tonerdelack und der Zinnlack sind gelb, der Eisenlack, der Chromlack und der Kupferlack oliv.

Betrachtet man die Konstitutionsformeln derjenigen Naturfarbstoffe, die einen Flavonolring besitzen, dann erkennt man, daß alle angeführten Formeln eine zur Carbonylgruppe benachbarte Oxygruppe enthalten und daß demnach beim Luteolin, beim Morin und beim Querzetin die Bildung eines Sechsringes und beim Fisetin die eines Fünfringes bei der Komplexbildung eintreten kann.

Bei der Untersuchung der Komplexbildung des Brenzcatechins hatten WEINLAND und BINDER[17]) gefunden, daß Brenzcatechin in alkalischer Lösung Eisen unter Bildung einer Brenzcatechin-ferrisäure zu binden vermag, die mit Ammoniak und Alkalien farbige, stabile, in Wasser lösliche Salze bildet. Nachdem WEINLAND und DENZEL[18]) festgestellt hatten, daß Aluminium und Magnesium analoge Verbindungen geben, fand WEINLAND mit DÖRTINGER[19]), daß auch Cobalt kristallisierende lösliche

[16]) ST. V. KOSTANECKI, V. LAMPE u. J. TAMBOR, Ber. dtsch. chem. Ges. 37, 1402 bis 1415 (1904).

[17]) R. F. WEINLAND u. K. BINDER, Ber. dtsch. chem. Ges. 45, 148–154, 1113 bis 1124 (1912).

[18]) R. F. WEINLAND u. W. DENZEL, Ber. dtsch., chem. Ges. 47, 737—750, 2753 bis 2759 (1914)

[19]) R. F. WEINLAND u. A. DÖRTINGER, Z. anorg. Chem. 102, 223–240 (1918).

Komplexe gibt, und mit WALTER[20]), daß dreiwertiges Chrom, Kupfer und Barium ebenfalls zur Komplexbildung mit Brenzcatechin befähigt sind.

Aus diesen Untersuchungen ist zu entnehmen, daß die als Beizen verwendeten Metalloxydhydrate mit Oxygruppen zu reagieren befähigt sind, daß dabei aus Brenzcatechin jedoch alkalilösliche Komplexe entstehen.

Nachdem die Untersuchungen von ARSHID, DESAI, DUFF, GILES, JAIN und MACNEAL[21]) ergeben hatten, daß die als Haematein-Kristalle bezeichneten Handelsformen von Blauholzextrakten erhebliche Mengen an Verunreinigungen enthalten, die bei der Bestimmung des Haemateins mittels Titantrichlorid einen höheren Farbstoffgehalt vortäuschen, konnten sie zeigen, daß allein die durch die spektroskopische Methode bestimmten Haemateingehalte der Handelsformen mit den durch Ausfärbungen erhaltenen Gehalten übereinstimmen.

Nach den von ihnen erhaltenen Befunden verhalten sich Haematein und Brasilein wie schwache Säuren, die von Wolle und Nylon als Anionen und als undissoziierte Moleküle unter Bildung von Wasserstoffbindungen adsorbiert werden. Weil Haematein beim p_H-Wert 2 wesentlich stärker auf die ungebeizten Fasern von Wolle und Nylon aufzieht als bei höheren p_H-Werten, wird es aus sauren Bädern wahrscheinlich als Anion aufgenommen. Die Bildung von Wasserstoffbindungen zwischen den phenolischen Gruppen des Haematoxylins und der Wollsubstanz wird dadurch wahrscheinlich, daß die Reißfestigkeits- und Bruchdehnungswerte der mit Haematoxylin gefärbten Wolle zunehmen. Die Festigkeit der Bindung des Haematoxylins nimmt bei den ungebeizten Fasern in folgender Richtung ab: Nylon und Wolle > Acetatseide > Cellulose. Von Cellulose wird Haematoxylin wahrscheinlich nur physikalisch adsorbiert. Dies läßt sich auch daraus schließen, daß der für Haematoxylin bestimmte Affinitatswert ziemlich genau den von VICKERSTAFF[22]) bestimmten Affinitätswerten gleichgroßer Küpenfarbstoffe der Aminoanthrachinonreihe entspricht.

Aus der Untersuchung der Lackbildung des Haemateins durch ARSHID, CONNELLY, DESAI, FULTON, GILES und KEFALAS[23]) ergab sich, daß Haematein mit nicht oxydierenden Metalloxyden leichter Lacke bildet als seine Leukoform das Haematoxylin. Daß dem so ist, zeigt sich, wenn man seine wäßrige Lösung zusammen mit etwas Aluminiumchlorid und wenig Natriumdithionit erwärmt. Nach einiger Zeit wird die klare Lösung trüb, und ein weißer Niederschlag von Schwefel fällt aus. Kurz darauf färbt sich

[20]) R. F. WEINLAND u. E. WALTER, Z. anorg. Chem. 126, 141—166 (1923).

[21]) F. M. ARSHID, J. R. DESAI, D. J. DUFF, C. H. GILES, S. K. JAIN u. I. R. MACNEAL, J. Soc. Dyers Colourists 70, 392—401 (1954).

[22]) T. VICKERSTAFF, J. Soc. Dyers Colourists 69, 279—282 (1953).

[23]) F. M. ARSHID, R. F. CONNELLY, J. N. DESAI, N. G. FULTON, C. H. GILES u. C. KEFALES, J. Soc. Dyers Colourists 70, 402—412 (1954).

die Lösung dunkelrot. Dies ist die Farbe des Aluminiumlackes, der erst gebildet wird, wenn das zugesetzte Reduktionsmittel völlig verbraucht und das Haematoxylin durch die Luft zu Haematein oxydiert worden ist.

Daß die Farbstoffanionen bei der Lackbildung reagieren müssen, ist daraus ersichtlich, daß die Lackbildung durch alkalische Lösungen begünstigt und in saurer Lösung verzögert wird.

Lösungen von Brasilein und Hämatein in Wasser bzw. Alkohol sind braun, bei Zusatz von Alkali werden sie tief kirschrot. Kocht man die alkoholischen Lösungen mit einem Chromsalz, z. B. Chromichlorid, so nehmen sie langsam eine purpurrote Farbe an, die von der Bildung eines 1 : 1-Komplexes herrührt. Wäßrige Lösungen zeigen einen ähnlichen Farbenwechsel, aber dieser erfolgt noch langsamer, vermutlich infolge der höheren Ionisation.

Wenn ein Chromsalz verwendet wird, das wie z. B. $[CrCl_2(H_2O)_4]Cl$ in der inneren Sphäre gebundene Chloratome enthält, wird das vom Metall fest gebundene Chlor auch im Chromlack gefunden. In diesem Falle entsteht ein Lack, der vermutlich aus einem Anteil von 70 Teilen des Lackes $[HnCrCl_2(H_2O)_2]2\,H_2O$ und 30 Teilen des neutralen Lackes $[HnCrCl(H_2O)_3]^+[CrCl_2(OH)_2(H_2O)_2]^-2\,H_2O$ besteht. Im Falle der Verwendung von Hexaaquochromchlorid oder -fluorid entsteht zunächst der kationische Lack $[HnCr(H_2O)_4]Cl_2$. Dieser lösliche Lack kann nach folgender Gleichung:

$$[HnCr(H_2O)_4]Cl_2 + H_2O \rightleftharpoons [HnCr(OH)(H_2O)_3]Cl + HCl$$

reagieren. Ist genügend Haematein zur Lackbildung vorhanden, dann kann der lösliche purpurrote 1 : 1-Komplex nochmals mit einem Farbstoffanion reagieren unter Bildung des blauen 2 : 1-Komplexes, der aus einer Mischung von Lacken folgender Zusammensetzung besteht:

$$[HnCr(H_2O)_4]^{2+}\,2[Hn]^-\,6\,H_2O \text{ und } [HnCr(OH)(H_2O)_3]^+\,[Hn]^-\,4\,H_2O\,.$$

Diese Umwandlung erfolgt in alkoholischer Lösung langsam, in neutralen oder alkalischen wäßrigen Lösungen schnell.

Aus Haematoxylinlösung wurde auf Zusatz von Kaliumbichromat ein blauschwarzer Chromlack erhalten, welcher vermutlich die Mischung zweier Lacke folgender Zusammensetzung ist:

$$[HnCr(OH)_2Hn]^-\,[Cr(OH)\,(H_2O)_4]^+\,4\,H_2O \text{ und}$$

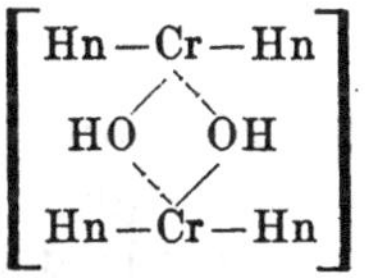

$8\,H_2O$ Hn = einwertiges Haematein-Anion

Mit Eisensalzen bildet Haematein blaue Lacke, die wie die vorstehend formulierten Chromlacke zusammengesetzt sind, während der Kupferlack wahrscheinlich die folgende Zusammensetzung hat:

$$[Cu(H_2O)_2 = Hn-Cu(H_2O)_2]^+\,[Hn]^-\,2\,H_2O\,.$$

V. Die Komplexbildung von Farbstoffsäuren in den Fasern

a) Wolle

Die gezogenen Analogieschlüsse müssen notwendigerweise als immer unsicherer angesehen werden, je stärker das Oxyanthrachinonmolekül abgewandelt worden ist. Weil unter den Alizarinfarbstoffen Abwandlungen in großem Ausmaße erfolgt sind, unterscheiden sich die beizenziehenden Farbstoffe dieser Gruppe einesteils in ihrem Farbton, wie schon LIEBERMANN gezeigt hat, anderenteils aber auch in ihren färberischen Eigenschaften hinsichtlich Ziehvermögen. Während das Vorgehen von HOFFMANN, vom Alizarin ausgehend die Lackbildung des Alizarinblau zu erklären, noch gerechtfertigt erscheint, sind jedoch bei so großen Veränderungen des Farbstoffmoleküls, wie sie beim Alizarinrot W und anderen Alizarinfarbstoffen vorliegen, Analogieschlüsse, die nicht durch analytische Befunde gestützt sind, um so gewagter, je größer die Unterschiede in der Farbstoffkonstitution sind. Dies trifft vor allem dann zu, wenn nicht nur die Lackbildung als solche festgestellt, sondern genauer formuliert und die Befestigung des Lackes auf der Faser erklärt werden soll. Bekanntlich läßt sich das Alizarin nur zum Färben von vorgebeizter Ware verwenden, gleichgültig, ob diese aus pflanzlichen oder tierischen Fasern besteht, weil Alizarin keine nennenswerten Färbeeigenschaften und eine nur geringe Affinität zur tierischen Faser besitzt, wie PFEIFFER[1]) gezeigt hat.

Alizarinrot W, das eine Sulfogruppe im Anthrachinonkern entsprechend der Formel:

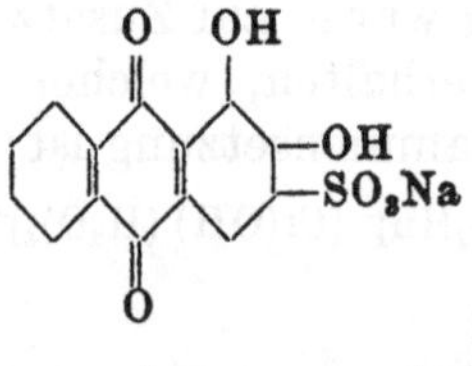

enthält, besitzt infolgedessen ein ausgeprägtes Ziehvermögen auch bei ungebeizter Wolle. BILTZ[2]) hat sein Ziehvermögen gegenüber Chromoxydgel im Vergleich zu Alizarin untersucht und bei beiden Verbindungen Farbveränderungen festgestellt.

[1]) P. PFEIFFER, O. ANGERN L. WANG, R. SEYDEL u. K. QUEHL, J. prakt. Chem. **126**, 111 (1930).

[2]) W. BILTZ, Ber. dtsch. chem. Ges. **38**, 4143–4149 (1905).

Während die erhaltenen Konzentrationskurven beweisen, daß Alizarin mit Eisenhydroxydgel unter Salzbildung reagiert, glaubte BILTZ beim Alizarinrot W aus der erhaltenen Kurve auf eine Adsorptionserscheinung schließen zu müssen. Diese Erklärung berücksichtigt aber weder die eingetretene starke Farbveränderung noch die Tatsache, daß das Chrom von Alizarin W irreversibel gebunden wird, was gegen eine Adsorption spricht.

Eine von WEISER[3]) durchgeführte neuere Untersuchung der Aufnahme von Alizarin W durch Chromhydroxyd unter Berücksichtigung des p_H-Wertes hat die Aufnahme von Alizarin W durch Chromhydroxyd bestätigt. Mit abnehmender Wasserstoffionenkonzentration und wachsender Alkalität der Lösung wird der Farbstoff in zunehmendem Maße an das Chromhydroxyd angelagert. Weil der Farbstoff auch im alkalischen Bade merklich an das Hydroxyd gebunden wird, kann diese Bindung nicht über die Sulfogruppe des Farbstoffes erfolgen, weil Sulfogruppe und Chromoxydgel im alkalischen Gebiete gleichsinnig negativ geladen sind. Diese mit Chromhydroxyd und Alizarin W-Lösungen in Abwesenheit von Wolle erhaltenen Versuchsergebnisse zeigen demnach, daß die Tendenz zur Komplexbildung beim Alizarin W auch durch die Einführung einer Sulfogruppe in den Alizarinkern nicht zerstört worden ist. Infolgedessen sind die Farbtonänderung und die Lackbildung auch beim Alizarin W extra By nicht als Adsorptionserscheinungen aufzufassen, sondern als Komplexbildung. Mit Recht hat HALLER[4]) darauf hingewiesen, daß es nicht statthaft ist, die Lackbildung des Alizarin W, also der Alizarinmonosulfosäure auf Wolle, derjenigen des Alizarins auf Baumwolle und Wolle völlig gleichzusetzen. Wie bereits dargelegt wurde, erfolgt die Türkischrotlackbildung des sulfongruppenfreien Alizarins nur in Gegenwart von Aluminium und Kalk. Weil bei der Lackbildung des Alizarin W auf Proteinfasern zwar Aluminium, nicht aber Calcium erforderlich ist, kann hier kein echter Türkischrotlack entstehen, und der gebildete Lack muß von anderer Art sein. HALLER hat außerdem mitgeteilt, daß die Vorbeizenfärbung von Alizarin W, für Tonerde wie für Chrombeize, bezüglich aller Proben: der Walkprobe, der Pottingprobe und der Waschproben, sowie bezüglich der Lichtechtheit derjenigen der Färbungen zunächst mit dem Farbstoff mit darauffolgender Beizen nachbehandlung überlegen ist. Auch bei dem von R. BOHN im Jahre 1891 erfundenen Anthracenblau SWX, das eine Disulfosäure folgender Konstitution ist:

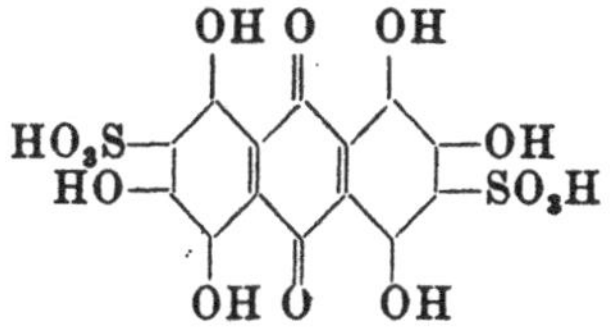

[3]) H. B. WEISER, J. Alexanders Colloid Chemie 4, 507, New York (1932).

[4]) R. HALLER, Kolloid-Z. 100, 121–126 (1942).

beweist der Farbumschlag eine Komplexbildung. Die freie Disulfosäure ist eine dunkelrote bis hellrote, in Wasser rot lösliche Verbindung, welche ungebeizte Wolle im sauren Bade rot anfärbt. Beim Nachchromieren der Direktfärbung mit Chromfluorid erfolgt die Lackbildung unter Farbumschlag nach blau.

Bei stärkeren Veränderungen im Anthrachinonkern, vor allem, wenn dieser statt Hydroxylgruppen Aminogruppen enthält, sind die bei der Lackbildung eintretenden Farbtonveränderungen nicht mehr so groß wie bei den beiden vorerwähnten Farbstoffen. Dies ist sowohl bei dem im Jahre 1894 von der Firma Bayer herausgebrachten Alizarincyaningrün G extra wie auch beim Alizarinsaphirol B und SE sowie beim Alizarinreinblau B der gleichen Firma festzustellen. Farbstoffe gleicher Konstitution sind später auch von anderen Firmen hergestellt worden. Auch andere Fortschritte auf dem Gebiet der sauren Anthrachinonfarbstoffe sind erzielt worden, so in neuerer Zeit z. B. von der Firma Sandoz[5]).

Obwohl diese Farbstoffe die hohen Echtheitseigenschaften des Türkischrotlackes auf Wolle nicht erreichen, können sie weder durch alkalische Behandlungsbäder abgezogen noch durch reduzierende Mittel völlig entfärbt werden[6]). Ihre Vorzüge bestehen darin, daß ihre Wollfärbungen reibechter sind als die mit sulfongruppenfreien Alizarinverbindungen auf vorgebeizten Proteinfasern erzeugten Färbungen. Außerdem ist die Gesamtfärbezeit bei der Herstellung nachbehandelter Färbungen kürzer als der beim Färben auf Vorbeize erforderliche Zeitaufwand für Beizen und Färben.

Nachdem Nietzki[7]) darauf hingewiesen hatte, daß die Lackbildung der Farbstoffe der Salicylsäuregruppe dadurch zu erklären ist, daß bei ihnen entsprechend der v. Kostaneckischen Regel die Carboxylgruppe und die Hydroxylgruppe in Orthostellung zueinander stehen, hat Pfitzner[8]) die Lackbildung der Salicylsäurefarbstoffe ebenfalls auf eine Komplexbildung zurückgeführt unter dem Hinweis darauf, daß bei Oxyanthrachinon und Salicylsäure ähnliche Atomgruppierungen vorliegen:

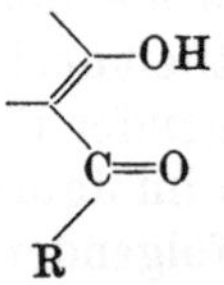

und

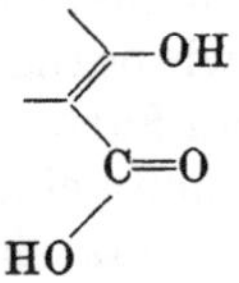

„Tritt nämlich an Stelle des neutralen Restes R eine Hydroxylgruppe, dann gelangt man zur Salicylsäuregruppierung. Diese ist befähigt, ein

[5]) F. Buxtorf u. A. Peter, Textil-Rdsch. 8, 2—4 (1953); J. Günthard, Amer. Dyestuff Reporter 46, 9—21 (1957), Textil-Rdsch. 11, 639—644 (1956).
[6]) H. Gerstner, Mschr. Textil-Ind. 52, Fachheft 1, 9—11 (1937).
[7]) R. Nietzki, Färber-Ztg. 1, 25—26 (1889/90).
[8]) H. Pfitzner, Angew. Chem. 62, 242 (1950).

Metallatom *zweifach* hauptvalenzmäßig zu binden und führt zur Ausbildung eines Hauptvalenz-Sechserringes“:

Demnach kommt der o-Oxycarboxy-Gruppe besondere Bedeutung zu, und von der o-Oxycarbonyl-Gruppierung lassen sich auch alle weiteren für die Farbenchemie bedeutungsvollen komplexbildenden Gruppierungen ableiten:

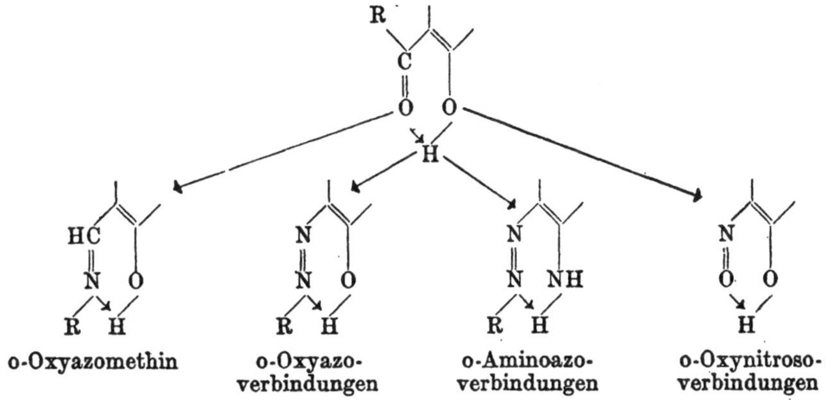

Die o-Oxynitroso-Verbindungen bilden je nach der Natur des Metalles Komplexe, in denen zwei oder drei Farbstoffmoleküle mit einem Atom des Metalls vereinigt sind.

Technisch bedeutungsvoll sind die Eisenkomplexe des 1-Nitroso-2-naphthols (Pigmentgrün B), der 1-Nitroso-2-naphthol-6-sulfosäure (Naphtholgrün B) und des Dinitrosoresorcins (Solidgrün). Die Lackbildung des Pigmentgrün ist von MORGAN und MOSS[9]) untersucht worden. Für das Pigmentgrün B konnte die folgende Formel bewiesen werden:

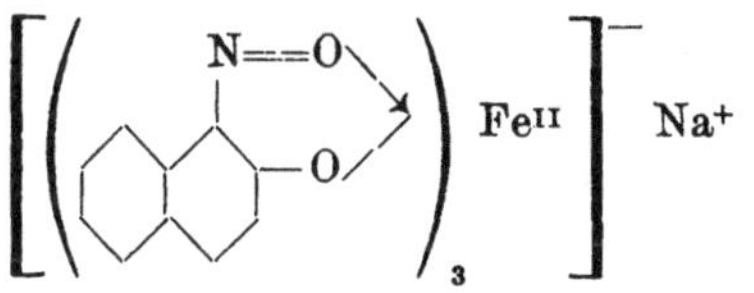

Die komplexbildenden Eigenschaften der Salicylsäure sind von BARBIERI[9a]) erstmalig untersucht worden. Die von ihm hergestellte Disalicylato-Chromisäure enthält ein stark saures Wasserstoffatom und bildet mit Basen Salze.

[9]) G. T. MORGAN u. J. E. MOSS, J. chem. Soc. [London] **121** T, 2857—2866 (1922).
[9a]) G. A. BARBIERI, Atti Reale Acad. naz. Lincei, Rend. 5 **24**, 605—610 (1915).

Vom Alizaringelb R (By), dem Natriumsalz der p-Nitroanilin-azo-salicylsäure, hat MÖHLAU[10]) vor ihm außerhalb der Faser die Chromverbindung hergestellt und die erhaltene Fällung analysiert. Die auf Zugabe einer Chromchloridlösung zur Lösung von Alizaringelb R erhaltene Fällung enthält nach seiner Analyse drei Mol p-Nitroanilin-azo-salicylsäure auf einen Mol Chrom. Ebenso enthielten die von ihm aus Alizaringelb R mit Aluminiumchlorid- bzw. Ferrichloridlösungen erhaltenen Fällungen drei Moleküle Farbstoff auf ein Metallatom. Weil MÖHLAU von vornherein drei Farbstoffmoleküle auf ein Metallatom angewendet und die entstandenen Fällungen vor der Analysierung nicht gereinigt hat, sagen seine Untersuchungen wenig aus.

Nach ihm haben MORGAN und SMITH[11]) aus m-Nitroanilin-azo-salicylsäure [Alizaringelb 2 G (By)] den Chromlack durch Fällung mit Chromalaun hergestellt. Dieser Chromlack war unlöslich in Wasser, organischen Lösungsmitteln, verdünnten Säuren und Laugen. In heißer 2n-Natronlauge löste er sich mit gelber Farbe. Die Analyse des im Soxleth mit Benzol extrahierten Lackes ergab einen Chromgehalt von 2 Atomen Cr auf drei Farbstoffmoleküle.

BRASS und WITTENBERGER[12]) haben die von den beiden englischen Chemikern durchgeführten Versuche wiederholt.

Dabei wurde von ihnen festgestellt, daß man vermuten muß, bei der Analyse sei einesteils der Wassergehalt des gebildeten Lackes nicht berücksichtigt worden und anderenteils ein ungenügend gereinigter Lack analysiert worden, so daß ein unrichtiger Chromgehalt resultierte. Für den nach den Angaben der englischen Chemiker hergestellten und danach gereinigten Chromlack der m-Nitrobenzol-azo-salicylsäure haben BRASS und WITTENBERGER festgestellt, daß er nur 1 Atom Chrom auf 2 Farbstoffmoleküle enthält.

Nach den von BRASS und WITTENBERGER erhaltenen Untersuchungsergebnissen entstehen aus Salicylsäure-Azofarbstoffen Chromlacke, die sich im Endergebnis dann nicht unterscheiden, wenn man ihre Färbungen nachchromiert oder wenn man sie auf mit Chromsalz vorgebeizter Wolle färbt. Sie fanden, daß der aus m-Nitroanilin und Salicylsäure bestehende Azofarbstoff sowohl auf vorgebeizter Wolle als auch beim Nachchromieren in gleichem Maße in seinen Echtheitseigenschaften verbessert wird.

Außerhalb der Faser jedoch gelang die Einführung von Chrom in das Farbstoffmolekül zwar ohne weiteres mit Hilfe von Chromisalz, nicht jedoch mittels Bichromat allein. Bei Verwendung von Bichromat fand die Einführung des Chroms in den Farbstoff nur in Gegenwart eines Reduktionsmittels statt. Die reine Farbsäure wurde in der theoretischen

---

10) R. MÖHLAU, Ber. dtsch. chem. Ges. **46**, 447—456 (1913).

11) G. T. MORGAN u. J. D. M. SMITH, J. chem. Soc. [LONDON] **121** T, 2866—2874 (1922).

12) K. BRASS u. W. WITTENBERGER, Ber. dtsch. chem. Ges. **68**, 1905—1912 (1935).

Menge Natronlauge gelöst und heiß zu der Lösung der entsprechenden Menge Chromalaun hinzugefügt. Die dabei entstehende rote Chromverbindung ist zusammengesetzt aus 2 Mol Farbstoff, 1 Atom Chrom und 2 Mol Wasser. Diese Zusammensetzung ist schon bei 70° C unabänderlich und ändert sich auch nicht bis 130° C. Sie wird von ihnen durch das folgende Formelbild wiedergegeben:

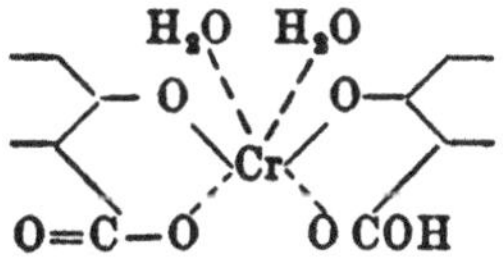

Chromverbindungen von gleicher Zusammensetzung haben BRASS und WITTENBERGER mit den aus Salicylsäure und Anilin bzw. o-Toluidin hergestellten Azofarbstoffen erhalten. Demnach wird von zwei Salicylsäureresten ein Atom Chrom gebunden, so daß mit anderen Worten gesagt ein 2 : 1-Chromkomplex gebildet wird.

Diesen Befund haben UÉMURA und ABÉ[13]) bestätigt, nachdem sie die Chromkomplexe aus Benzol-azo-salicylsäure, Methyloxybenzol-azo-salicylsäure und Nitrobenzol-azo-salicylsäure hergestellt hatten.

Diese Chromlacke sind von PFITZNER[14]) unter Verwendung der von EISTERT[15]) stammenden Theorie über die Konstitution derartiger saurer Komplexverbindungen folgendermaßen formuliert worden:

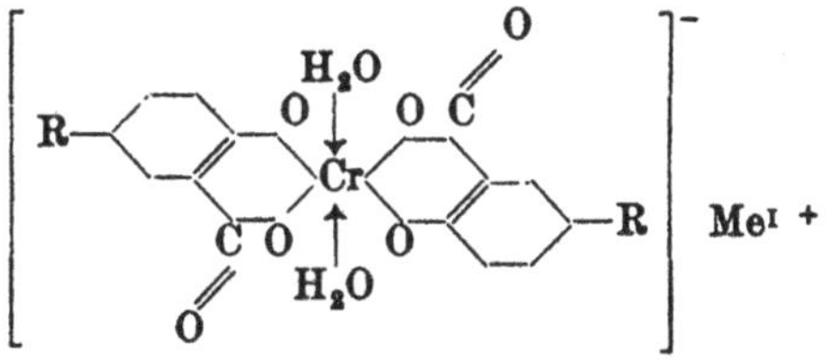

BRASS und WIRNITZER[16]) haben später gefunden, daß die Salicylsäureazofarbstoffe mit Chrom keineswegs immer nur solche Lacke bilden müssen, welche zwei Salicylsäurereste auf 1 Molekül Chrom enthalten. Sie erhielten beim Alizaringelb 5 G, daß sie aus o-Anisidin und Salicylsäure hergestellt hatten, eine Chromverbindung, welche 3 Farbstoffmoleküle auf ein Chrommolekül und 3 Moleküle Wasser enthält. Beim Chromgelb D, das aus 2-Naphthylamin-6-sulfosäure und Salicylsäure hergestellt wird, wurde von ihnen eine wasserhaltige Chromverbindung erhalten, die drei Farbstoffmoleküle auf zwei Chrommoleküle enthält.

---

[13]) T. UÉMURA u. M. ABÉ, Bull. Tōkyō Univ. Engng. [Tōkyō Kōgyō Davgaku Gakuhō] 8, 18 (1939).

[14]) H. PFITZNER, Angew. Chem. 62, 243 (1950).

[15]) B. EISTERT, Chemismus und Konstitution, Stuttgart, Bd. I 249 (1948).

[16]) K. BRASS u. F. WIRNITZER, Atti Congr. int. Chim. X Congr. Roma 3, 46–57 (1938).

Aus Anthracengelb C, welches aus tetrazotiertem Thioanilin und 2 Mol Salicylsäure hergestellt wurde, erhielten sie die folgend wiedergegebene Chromverbindung:

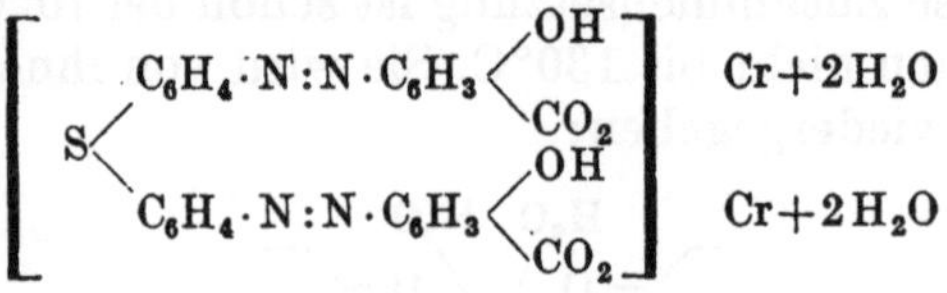

Dagegen bildet der zwei Salicylsäurereste im Molekül enthaltende Farbstoff Eriochromflavin A (Gy) eine Chromverbindung der Zusammensetzung $C_{14}H_7O_6N_2Cr + 2H_2O$ und enthält demnach 1 Farbstoffmolekül auf 1 Molekül Chrom.

Der von BRASS und WITTENBERGER aus Benzidin und 2 Mol Salicylsäure hergestellte Farbstoff gibt mit Chromalaun eine Verbindung, welche 2 Mol Cr auf 1 Mol Farbstoff und 3 Mol Na enthält und demnach eine Säure ist.

Azofarbstoffe, welche neben einer Carbonsäuregruppe in der Diazokomponente noch eine von der Azokomponente herrührende Hydroxylgruppe in o-Stellung zur Azogruppe enthalten, geben andersgeartete komplexe Chromverbindungen. Wie DREW und FAIRBAIRN[17]) festgestellt haben, reagiert die 2-Oxynaphthalin-1-azobenzoesäure mit Chrom unter Bildung basischer Chromkomplexe. Dieser Farbstoff bildet einesteils eine lösliche Chromverbindung, die 1 Mol Cr auf einen Farbstoffrest und ein Chlorion enthält, wahrscheinlich ein Trihydrat ist und folgende Zusammensetzung hat:

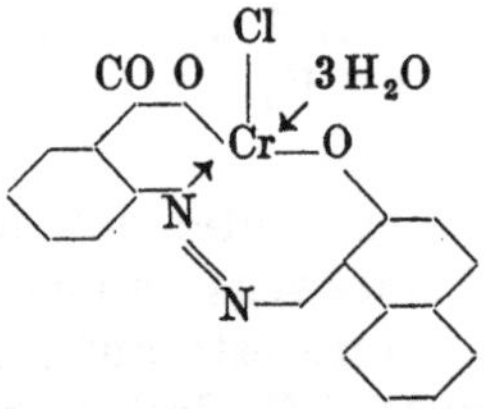

Anderenteils wurde von ihnen aus 2-Oxynaphthalin-1-azo-benzoesäure jedoch auch eine weniger hydratisierte Chromkomplexverbindung erhalten, welche in Wasser unlöslich ist.

Weil bei den Azosalicylsäuren eine Koordination des Metalls mit dem Stickstoff der Azogruppe wie bei der Oxyazobenzoesäure nicht möglich ist, erhielten DREW und FAIRBAIRN[17]) aus 1-Naphthalin-azosalicylsäure andersgeartete Komplexverbindungen. Die in diesem Falle isolierten isomeren Chromverbindungen besitzen völlig andere Eigenschaften als die aus Oxynaphthalinazobenzoesäure erhaltenen Verbindungen. Die

[17]) H. D. K. DREW u. R. E. FAIRBAIRN, J. chem. Soc. [London] 829 (1939).

hier erhaltene, in Alkohol und in wäßrigem Alkali lösliche gelbbraune Komplexverbindung ist eine hydratisierte Säure folgender Konstitution:

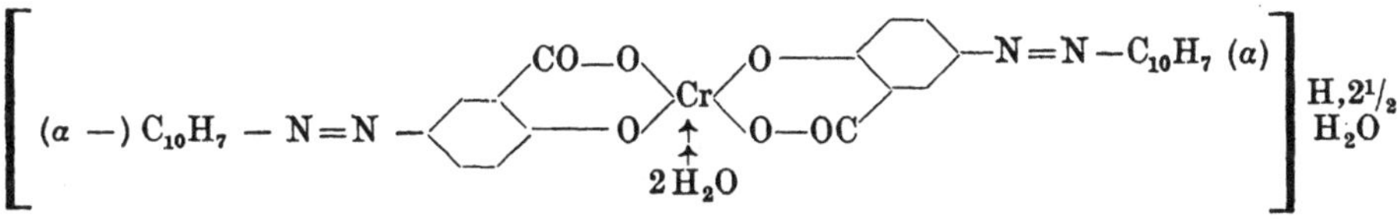

Die andere von ihnen aus Naphthalin-1'-azosalicylsäure hergestellte Komplexverbindung ist das Chromsalz einer dreibasischen Chromisäure:

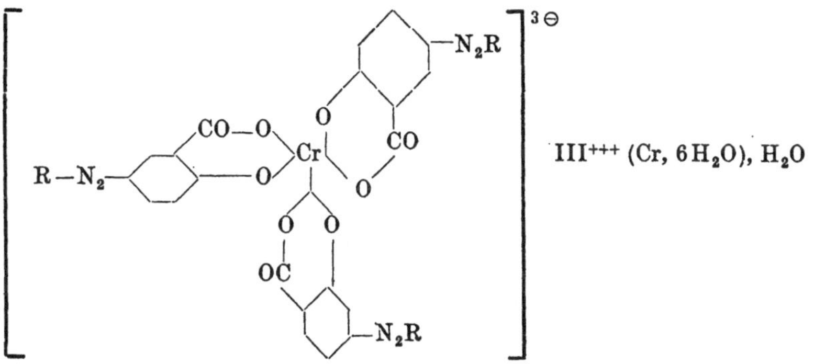

Diese Verbindung ist unlöslich in allen Lösungsmitteln mit Ausnahme von Pyridin. Demnach besteht rein chemisch betrachtet sowohl die Möglichkeit zur Bildung völlig unlöslicher Chromkomplexe aus Azosalicylsäuren, als auch zur Bildung von Chromkomplexen, die zwar nicht völlig unlöslich sind, deren Löslichkeit aber im Vergleich zur Azosalicylsäure herabgesetzt ist.

Von welch großem Einfluß die gewählten Arbeitsbedingungen auf das sich einstellende Verhältnis Metall zu Farbstoff in der entstehenden Metallkomplexverbindung sind, konnte PFITZNER[18]) dadurch belegen, daß aus dem sauren Monoazofarbstoff aus diazotierter Metanilsäure und Salicylsäure bei der Chromierung verschiedene Komplexverbindungen entstehen können. Durch Chromierung im schwach sauren Medium erhielt er aus diesem Farbstoff den Komplex 2 Fbst.: 1 Cr, dagegen in kongosaurer Lösung den Komplex 1 Fbst.: 1 Cr.

BRASS und WITTENBERGER[19]) haben mitgeteilt, daß sich das Chrom aus seiner komplexen Bindung mit dem Farbstoff mittels Eisessig quantitativ und ohne Veränderung des Farbstoffes wie ohne Verlust an Farbstoff abspalten läßt. Bis 130° C bleibt die Zusammensetzung der Chromkomplexe unverändert, erhitzt man sie aber etwa 4 Stunden auf 190° C,

[18]) H. PFITZNER, Angew. Chem. **62**, 242 (1950).
[19]) BRASS u. W. WITTENBERGER, Mschr. Textil-Ind. **50**, 241–243 (1935).

so wird das in ihnen enthaltene Wasser abgegeben. Von konz. Säuren und Alkalien werden sie zerstört.

Ferner haben sie darauf hingewiesen, daß die Erganfarbstoffe der BASF der Gruppe der Salicylsäure-Azofarbstoffe angehören, während die Erganonfarbstoffe der gleichen Herstellerfirma für die Kattundrucker bestimmte Polyoxyanthrachinone sind[20]).

Die weniger lichtechten Lacke von Beizenfarbstoffen aus der Gruppe der Triarylmethanfarbstoffe dürften in ähnlicher Weise gebildet werden wie die Lacke der Salicylsäuregruppe, zumal sie auch eine Salicylsäuregruppierung bzw. eine Oxynaphtoesäuregruppierung im Molekül enthalten.

Bei der Bildung völlig unlöslicher Komplexverbindungen gleicht der Vorgang der Lackbildung in dieser Hinsicht dem Verhalten des Alizarins und der o-Oxynitrosoverbindungen. Diese bilden jedoch Komplexverbindungen, deren Farbe von derjenigen der freien Oxyverbindungen sehr stark abweicht, während die Farbe der Komplexverbindungen aus Farbstoffen der Salicylsäuregruppe im allgemeinen nur wenig verändert ist. Durch das Chromieren von Azosalicylsäurefärbungen auf animalischen Fasern wird demnach ein geringerer Farbumschlag hervorgerufen, als er beim Färben mit Farbstoffen der Alizaringruppierung und bei Oxynitrosoverbindungen eintritt.

Trotzdem wird auch bei den Farbstoffen der Salicylsäuregruppe durch die Komplexbildung eine Verbesserung der Echtheitseigenschaften erzielt. Beim Terracotta AOR, das im Benzolkern der Salicylsäure durch eine Azo-nitranilingruppe substituiert ist und demnach dem Alizaringelb nahesteht, hat Goodall[21]) die Beständigkeiten der nachchromierten Wollfärbung gegen Naßbehandlung quantitativ bestimmt und erwartungsgemäß festgestellt, daß die Naßechtheit dieses Beizenfarbstoffes besser ist als die der echtesten direktziehenden Wollfarbstoffe.

Färberisch werden die Azosalicylsäurefarbstoffe wie die von Binz und Schroeter[22]) untersuchten Azobenzolcarbonsäuren behandelt. Wie diese ziehen sie aus essigsaurem Bade auf die Proteinfasern, während ihr Ziehvermögen im schwefelsauren Bade gering ist. Dieses Verhalten erklärt sich daraus, daß die Carbonsäuren als schwache Säuren nicht imstande sind, die im schwefelsauren Färbebade gebildeten Proteinsulfate in Proteinsalicylate überzuführen.

Bekanntlich haben die Untersuchungen von Harris, Fugitt und Steinhardt ergeben, daß bei der Einwirkung von Säuren auf Wolle die Anionenaffinität der untersuchten starken Säuren mit der Größe des Anions

---

[20]) F. Ullmann, Encyklopädie 3, 784 (1929); 4, 613 (1929).

[21]) F. L. Goodall, J. Soc. Dyers Colourists 49, 97—102 (1933); 52, 211—218 (1936); 53, 270—282, 317—324 (1937).

[22]) A. Binz u. G. Schroeter, Ber. dtsch. chem. Ges. 36, 3008—3009 (1903).

zunimmt[23]) und bei den aromatischen Säuren größer ist als bei den aliphatischen[24]).

Untersucht man das Verhalten von Säuregemischen gegen Wollfasern, dann zeigt sich, daß die Anionen der Säuren nicht im Verhältnis ihrer Konzentration an Wolle gebunden werden, sondern daß die Bindung von der Dissoziationskonstanten des Gleichgewichtes: Protein-Anion, wie es bei der Einwirkung der einzelnen Säuren feststellbar ist, beherrscht wird. Dementsprechend muß die infolge ihres größeren Moleküls langsamer diffundierende Farbstoffsäure eine größere Anionenaffinität zu Wolle besitzen und die Essigsäure aus den zunächst gebildeten Proteinacetaten verdrängen[25]).

Beim Färben von vorgebeizten Fasern mit Salicylsäurefarbstoffen ist die Verwendung von Essigsäure auch deswegen angebracht, weil Essigsäure die aus den Oxydhydraten dreiwertiger Metalle bestehenden Beizen im Gegensatz zu Schwefelsäure nicht abzieht. Dies rührt daher, daß die isoelektrische Reaktion von Chromoxydhydrat nach den von WINTGEN und WEISBECKER[26]) erhaltenen Befunden bei $p_H = 5$ liegt und verdünnte Essigsäurelösungen diesen p_H-Wert im Gegensatz zu solchen von Schwefelsäure nicht sehr unterschreiten. Die Komplexbildung kann demnach bei dieser Farbstoffgruppe unter Mitverwendung von Essigsäure sowohl durch Färben von vorgebeizten Fasern als auch durch Nachchromieren von Direktfärbungen erzeugt werden. Die erhöhten Naßechtheitseigenschaften werden dadurch verständlich, daß die Salicylsäuregruppen, welche die Löslichkeit des freien Farbstoffes verursachen, durch die Komplexbildung mit dem Metalloxydhydrat gebunden werden. Weil die gebildeten komplexen Metallsalicylate nach den Untersuchungsergebnissen von BRASS und WIRNITZER häufig noch mit Ammoniak unter Bildung komplex abgesättigter Chromaquoaminoverbindung zu reagieren vermögen, ist auch eine Reaktion dieser Komplexverbindungen mit den freien Aminogruppen der Proteinfasern vorstellbar.

Die dritte Möglichkeit, diese Farbstoffe echt zu färben, besteht darin, nach dem Metachromverfahren der Agfa zusammen mit Metachrombeize zu färben. In diesem Falle wird aus der Metachrombeize, die aus einem Gemisch von Ammonsulfat und Natriumchromat besteht, im Laufe des Färbeprozesses allmählich Schwefelsäure frei, welche freie Chromsäure entstehen läßt, die die Chromierung des aufgezogenen Farbstoffes bewirkt. Diese Färbeweise ist jedoch nur bei solchen Beizenfarbstoffen

---

[23]) J. STEINHARDT, C. H. FUGITT u. M. HARRIS, J. Res. nat. Bur. Standards **28**, 201–206 (1942).

[24]) J. STEINHARDT, C. H. FUGITT u. M. HARRIS, J. Res. nat. Bur. Standards **26**, 293–320 (1941).

[25]) J. STEINHARDT, J. biol. Chemistry **140** Proc., 124–125 (1941).

[26]) R. WINTGEN u. H. WEISBECKER, Z. physik. Chem. **135**, 182–198 (1928).

anwendbar, die in Lösung noch nicht mit Chrom reagieren, weil sonst der Farbstoff bereits im Färbebade ausgefällt würde.

„Weil das im allgemeinen als Chromiermittel bevorzugte Bichromat als solches nicht befähigt ist, mit dem Beizenfarbstoff komplexe Verbindungen zu bilden, muß es, damit Komplexbildung eintritt, zum dreiwertigen Chrom reduziert werden. Dies kann, falls kein anderes Reduktionsmittel zugesetzt wurde, durch Einwirkung der Wollsubstanz oder des Farbstoffs geschehen. Beide Reduktionsvorgänge können sich nachteilig auswirken, indem entweder die Wolle ungünstig verändert oder der Farbstoff teilweise zerstört wird.

Zur Schonung der Wollsubstanz gibt man deshalb meist reduzierende Zusätze wie Milchsäure, Weinsäure, Oxalsäure oder Ameisensäure zum Beizbade. Weil außerdem die Egalität der endgültigen Färbung von der Egalität der Beizung abhängt, ist eine langsame Beizung vorzuziehen. Deshalb muß man für das Beizen im allgemeinen eine Zeit von zwei Stunden, für das anschließende Färben eine weitere Stunde rechnen. Man muß außerdem sehr vorsichtig färben, weil eine Nachegalisierung nach erfolgter Lackbildung nicht möglich ist.“[27])

Darum hat RUGGLI[27]) mit Recht darauf hingewiesen, daß die Methode des Nachchromierens nach dem Färben einen Fortschritt bedeutet. Dabei wird der Farbstoff zunächst im essigsauren Bade wie ein direktziehender Farbstoff gefärbt und durch nachträgliche Behandlung mit Chromkali und etwas Schwefelsäure oder Ameisensäure in den echten Chromlack übergeführt. Der Nachteil dieser Methode besteht darin, daß der endgültige Farbton erst beim Nachchromieren entsteht, man also beim eigentlichen Färben nicht abmustern kann.

Um diesen Nachteil zu beseitigen, wurde das Chromatverfahren geschaffen, dessen Spezialfall das Metachromverfahren ist. Beim Chromatverfahren wird Chromkali zugleich mit dem Farbstoff zugesetzt und durch langsames Erwärmen und längeres Kochen unter Zusatz von Essigsäure oder Ameisensäure die Färbung erzeugt. Beim Metachromverfahren setzt man Ammoniumchromat zu, das als Salz einer schwachen Base in heißem Wasser hydrolytisch in Ammoniak und Chromsäure gespalten wird. Die Langsamkeit der Chromierwirkung, auf die es hierbei ankommt, kann man auch dadurch erreichen, daß man das Chrom zwar in dreiwertiger Form, aber als Komplexsalz zusetzt, z. B. als Chromnatriumoxalat, wie das bei dem Chromosolentwickler der Firma Sandoz der Fall ist.

STEVENS, ROWE und SPEAKMAN[28]) haben festgestellt, daß die Ausziehgeschwindigkeit verschiedener Beizenfarbstoffe sehr unterschiedlich ist und ihrer Eignung als Metachromfarbstoff entspricht. Weil die Färbung

[27]) P. RUGGLI, Melliand Textilber. 9, 674–676 (1925).

[28]) C. B. STEVENS, F. M. ROWE u. J. B. SPEAKMAN, J. Soc. Dyers Colourists 59, 165–171 (1943).

von ungefähr p_H 7 bis p_H 5 erfolgt, müssen die Metachromfarbstoffe in diesem Bereich ein hohes Ausziehvermögen besitzen. In einem chromatfreien, mit Ammonsulfat beschickten Bade zieht z. B. Metachrombrillantblau BL in einer Stunde zu 96,7%, Solochromgelb 2 G dagegen zu 43,3% aus.

Eine Parallele zwischen der Chromierbarkeit, der Wollaffinität, der relativen Schwerlöslichkeit und der Eignung als Metachromfarbstoff hat RACE[29]) festgestellt, ohne aber diese Eigenschaften in eine Beziehung zur Farbstoffkonstitution zu bringen.

Die Zusammenhänge zwischen der Konstitution von 0,0'-Dioxyazofarbstoffen und ihrer Eignung für das Metachromverfahren hat SCHETTY[30]) mit dem Hinweis darauf, daß hydrophile Gruppen die Wasserlöslichkeit oft aber nicht immer erhöhen, überzeugend dargelegt: „Die gleichen Gruppierungen, die die Wasserlöslichkeit bedingen, können auch zu Assoziationen führen und dann löslichkeitsvermindernd wirken. Entsprechend unserer Konzeption geht die Vermehrung hydrophiler Gruppen in einem Farbstoff immer parallel mit einer Verminderung der Eignung als Metachromfarbstoff, aber nicht unbedingt parallel mit einer Löslichkeitserhöhung. Diese Aussagen werden verständlich, wenn das Prinzip hydrophiler Gruppen klargestellt ist.

Wasserlöslichmachen heißt Anlagern von Wasser. Dieser Vorgang, die Hydratisierung, ist chemisch so zu verstehen, daß sich Wasser kovalent mit der löslichmachenden Gruppe verbindet, wobei das Wasser sowohl Elektronendonator (Sauerstoffatom) als auch Elektronenakzeptor (Wasserstoffatom → Wasserstoffbrücke = 2-bindiger Wasserstoff[31]) sein kann. Dieser doppelten Fähigkeit verdankt das Wasser seine starke Assoziation (Forme lI).

$$\begin{array}{ccccc} & & \uparrow & & \\ H- & & O & & H \\ & & | & & | \\ & & H\rightarrow & O & -H\leftarrow \end{array} \qquad (I)$$

Phenolische und alkoholische Hydroxylgruppen hydratisieren nach Formel II.

$$R-OH \leftarrow OH_2 \quad (R = \text{Aryl, Alkyl}) \qquad (II)$$

Daß vorwiegend nach dieser Art Wasser angelagert wird und nicht etwa nach Formel III, beweist die enorme Löslichkeitsabnahme beim Ersatz des kritischen Wasserstoffatoms durch die Alkylgruppe (Phenol → Anisol, Äthylalkohol → Diäthyläther).

$$\begin{array}{c} H \\ | \\ R-O \rightarrow H-O-H \end{array} \quad (R = \text{Aryl, Alkyl}) \qquad (III)$$

29) E. RACE, J. Soc. Dyers Colourists **66**, 141–148 (1950).

30) G. SCHETTY, Textil-Rdsch. **5**, 399–405 (1950).

31) Vgl. zu diesen Fragen B. EISTERT, Tautomerie und Mesomerie, Stuttgart, 165–173 (1938).

Die Sulfonsäuregruppe, insbesondere das Sulfonsäureanion $R{-}SO_3'$, kann im Prinzip mit den drei Sauerstoffatomen hydratisieren, und zwar derart, daß die Sauerstoffatome als Elektronendonatoren fungieren (Formel IV).

$$R{-}S\begin{cases} O^{\ominus}\rightarrow H{-}O{-}H \\ =O\rightarrow H{-}O{-}H \\ O\rightarrow H{-}O{-}H \end{cases} \qquad \text{(IV)}$$

o,o'-Dioxyazofarbstoffe enthalten immer zwei phenolische Hydroxylgruppen und in vielen Fällen eine oder auch mehrere Sulfonsäuregruppen. In Monosulfonsäuren sind diese Gruppen in gleicher Anzahl vorhanden, und man wäre deshalb leicht geneigt, die unterschiedliche Eignung solcher Farbstoffe für die Metachromfärberei nur den Substitutionsunterschieden zuzuschreiben. Daß dies nicht der Fall sein kann, beweisen die Farbstoffe V und VI, VII[32]) und VIII[32]), die sehr unterschiedliches Verhalten beim Färben nach dem Einbadchromierverfahren aufweisen, obwohl sich die einander entgegengestellten Farbstoffe nur durch die Stellung der Sulfonsäuregruppen und der Substituenten unterscheiden.

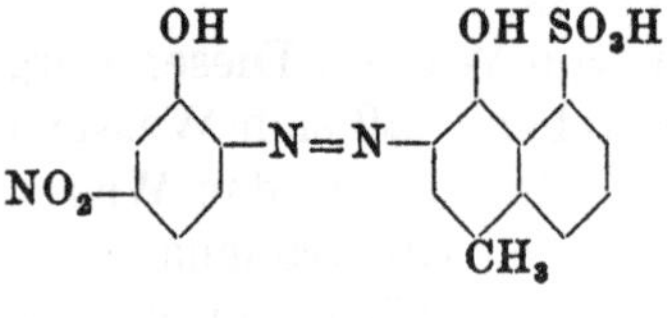

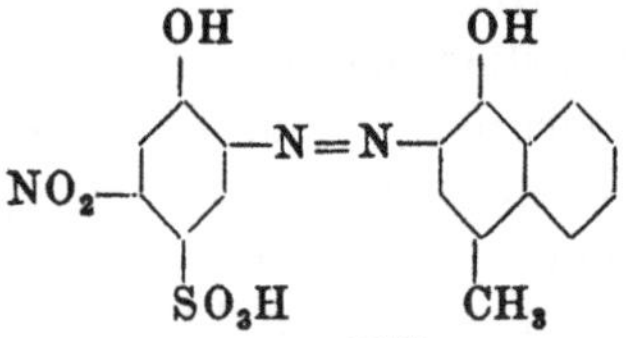

(V) gut geeignet — (VI) schlecht geeignet

für das Metachromfärben

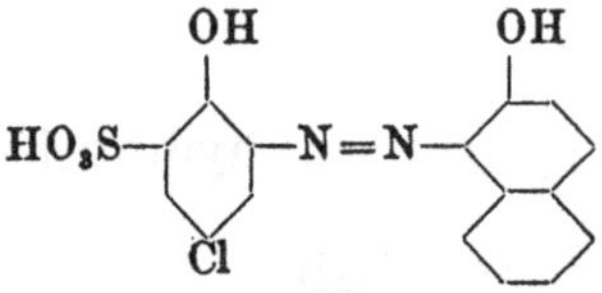

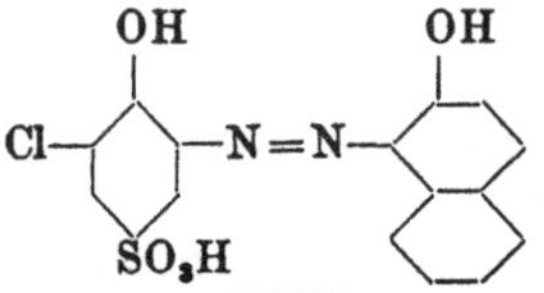

(VII) gut geeignet — (VIII) schlecht geeignet

für das Metachromfärben

In diesen Beispielen muß die Stellung der Sulfonsäuregruppe ausschlaggebend für die Eignung als Metachromfarbstoff sein.

Im Zusammenhang mit der Bearbeitung neuer 1,8-Naphtholsulfonsäurederivate haben wir gezeigt, daß die Eigenschaften (z. B. Schwerlöslichkeit) der 1,8-Naphtholsulfonsäuren auf die Bildung einer Wasserstoffbrücke im Sinne der Formel IX zurückzuführen sind[33]).

---

[32]) Vgl. RACE, J. Soc. Dyers Colourists 66, 141—148 (1950).

[33]) G. SCHETTY, Helv. chim. Acta 30, 1653 (1947); 31, 1239 (1948).

Um die Konsequenz dieser Wasserstoffbrücke für die vorliegende Untersuchung klarzustellen, muß die Feinstruktur der o,o-Dioxyazofarbstoffe einer Betrachtung unterzogen werden.

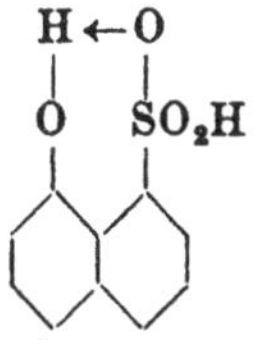

(IX)

Es ist bekannt, daß o-Oxyazofarbstoffe Chelate der allgemeinen Formel X ausbilden[34]). Ob nun in o,o'-Dioxyfarbstoffen beide Oxygruppen (Formel XI) oder aber nur eine Oxygruppe (Formeln XII und XIII) chelieren, ist bis jetzt noch nicht entschieden worden.

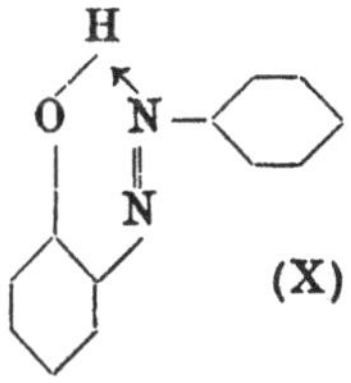

(X)

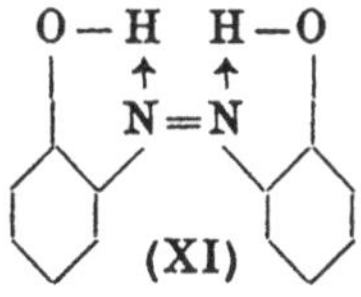

(XI)

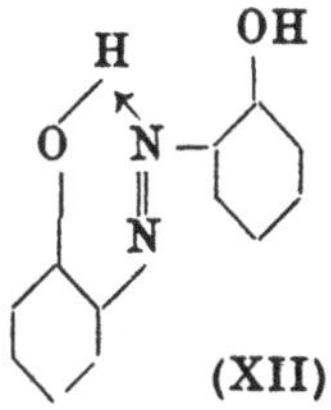

(XII)

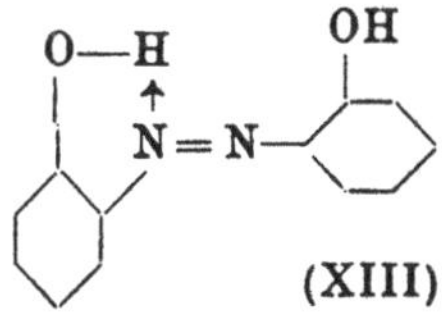

(XIII)

Zur Beantwortung dieser Frage, die für unsere Betrachtung bedeutungsvoll ist, haben wir die Aroylierbarkeit des Farbstoffes XIV mit aromatischen Sulfonsäurechloriden in Wasser untersucht und dabei gefunden, daß eine Oxygruppe ohne weiteres aroylierbar ist. Die zweite Oxygruppe

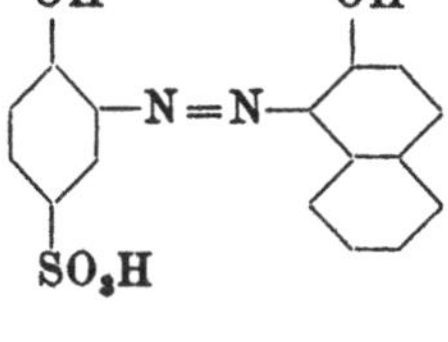

(XIV)

bleibt bestehen. Die Formulierung XI ist demnach unrichtig, die Formel XII wahrscheinlicher als XIII, da Wasserstoffbrücken in 6-Ringen stabiler sind als in 5-Ringen[35]).

---

[34]) P. Pfeiffer u. Mitarb., J. prakt. Chem. **126**, 108 (1930).

[35]) H. Hoyer, Z. Elektrochem. **49**, 97—134 (1943).

Im Farbstoff XIV ist demnach das hydratisierende Wasserstoffatom einer Hydroxylgruppe durch Chelation blockiert (vergleichbar mit einer Alkoxygruppe!), und es verbleiben noch zwei löslichmachende Gruppen: eine Oxygruppe, eine Sulfonsäuregruppe. Farbstoff XIV ist für das Einbadchromierverfahren ausgesprochen ungeeignet wie die Farbstoffe VI und VIII.

Aus der Kenntnis der Chelierfähigkeit von 1,8-Naphtholsulfonsäuren und aus dem Aroylierungsversuch an Farbstoff XIV muß geschlossen werden, daß im Farbstoff V keine Oxygruppen mehr hydratisierfähig sind. Dasselbe ist beim Farbstoff VII zu erwarten, bei dem an Stelle der periständigen Sulfonsäuregruppen eine o-ständige Sulfonsäuregruppe mit dem Hydroxyl cheliert unter Ausbildung eines 6-Ringes entsprechend Formel XV.

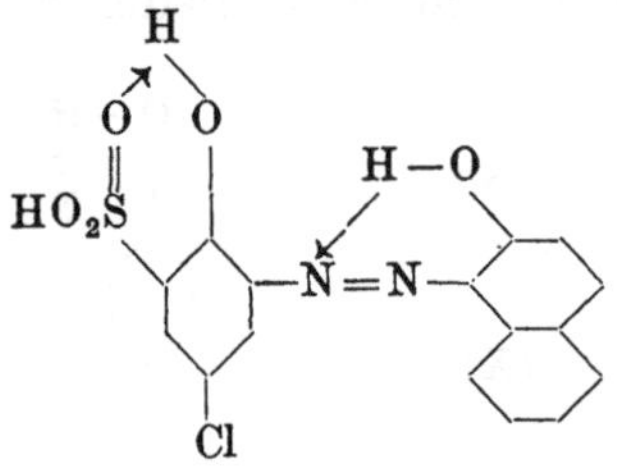

(XV)

Diese Annahme wurde dadurch bestätigt, daß sich die Farbstoffe V und VII in Wasser nicht aroylieren lassen.

Es bleibt nun noch die Frage offen, ob die an der Chelation beteiligte Sulfonsäuregruppe auch an Hydratisierfähigkeit einbüßt und deshalb einen besseren Metachromeffekt zeigt als eine nicht chelierte Sulfonsäuregruppe.

Die zwei isomeren Farbstoffe XVI und XVII lassen sich in Wasser nicht aroylieren. In beiden Fällen sind demnach die Oxygruppen cheliert und deshalb nicht mehr hydratisierfähig.

(XVI)

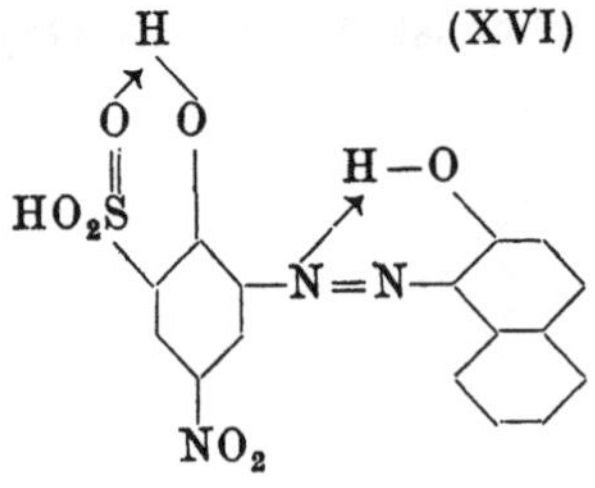

(XVII)

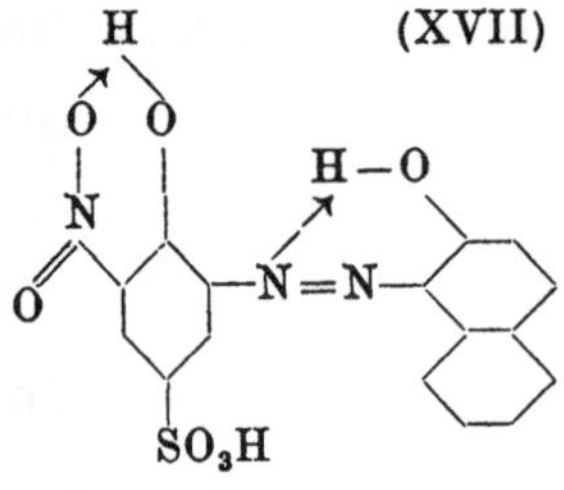

Farbstoff XVI ist aber bedeutend schwerer löslich und besser geeignet für das Metachromfärbeverfahren als Farbstoff XVII, was beweist, daß nicht nur die Oxygruppen, sondern auch die Sulfonsäuregruppen durch die Chelation in ihrem Charakter bestimmend verändert werden. Selbst unter der Annahme, daß die drei koordinativen Bindungen gleich stark sind, würde die Sulfonsäuregruppe (im Falle der Farbstoffe V, VII und XV) ein Drittel ihrer hydratisierenden Eigenschaften einbüßen, was durch Vergleichen der Formel IV mit den Symbolen XVIII und XIX ersichtlich wird.

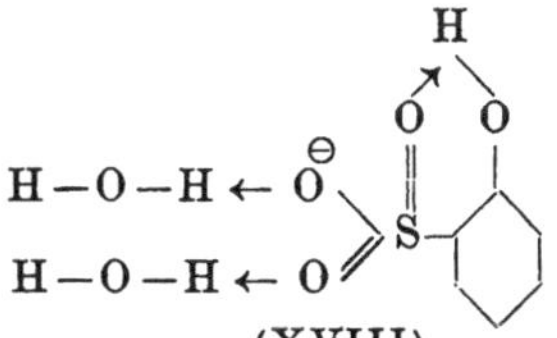

(XVIII)

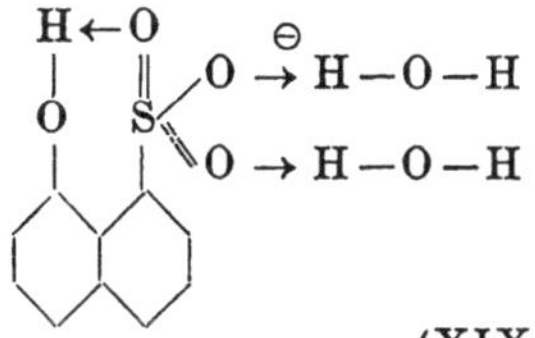

(XIX)

Es sei noch auf eine originelle Gruppe von Metachromfarbstoffen hingewiesen, die von der Ciba entdeckt und patentiert[36]) worden ist und die sich sehr gut eignen, unsere Ableitungen zu illustrieren. Es handelt sich um o,o′-Dioxyazofarbstoffe, in denen eine oder beide Oxygruppen mit Carbonsäurechloriden verestert werden. Während des Metachromfärbeprozesses werden diese Ester verseift, und die wieder freigewordenen Oxygruppen werden auf der Faser in den Chromlack übergeführt. Nach diesem Prinzip ist beispielsweise der Farbstoff XX (der eine freie Oxy- und eine freie Sulfonsäuregruppe enthält) in Farbstoff XXI (keine freien Oxygruppen, eine freie Sulfonsäuregruppe) umgewandelt und mit dieser Operation eine bedeutende Eignungsverbesserung für den Metachromfärbeprozeß erzielt worden.

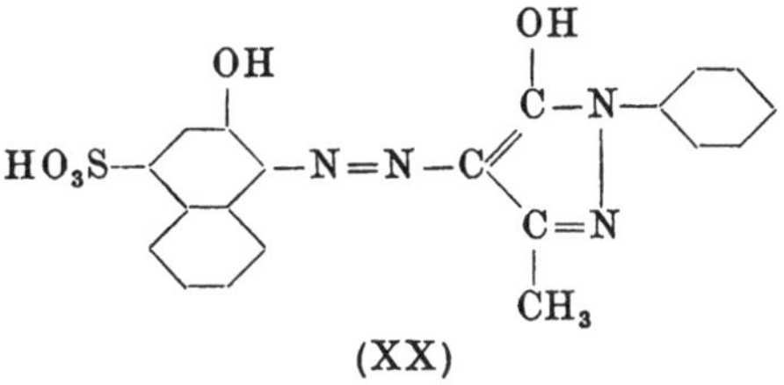

(XX)

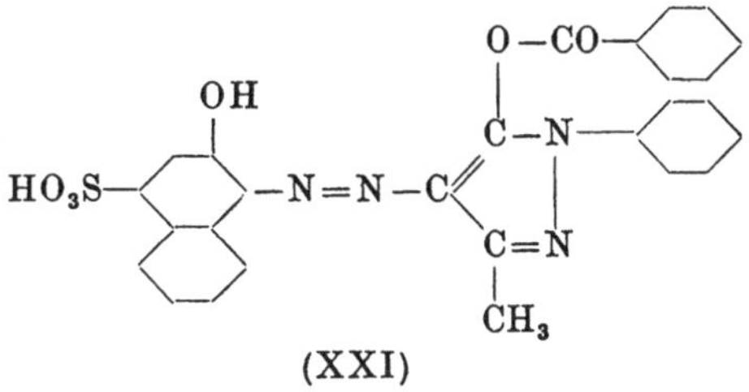

(XXI)

Die Festlegung der Anzahl freier (nicht chelierter) Oxy- und Sulfonsäuregruppen in o,o'-Dioxyazofarbstoffen führt zu einer Einteilung in 5 Gruppen, sofern nur Farbstoffe berücksichtigt werden, die eine oder keine Sulfongruppe enthalten (Tabelle 11).

Die Eignungsunterschiede sind besonders bei den sulfonsäuregruppenhaltigen Typen (Gruppen III—V) ausgeprägt. Das beschränkt sich entsprechend unserem Ausgangspunkt nur auf die Berücksichtigung der Oxy- und Sulfonsäuregruppen.

Es ist klar, daß innerhalb der einzelnen Typen wieder ausgeprägte Unterschiede auftreten, die durch die Substituenten und durch die Verschiedenheit der Molekülgröße bedingt werden. Die Unterschiede, welche

[36]) F. P. 940852, A. P. 2 478185.

Tabelle 12

Konstitution	Name oder Literatur	Gruppe	Eignung als Metachromfarbstoff
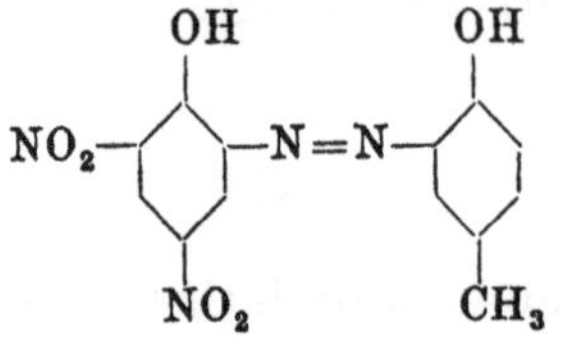	Metachromolivebraun G	I	+++
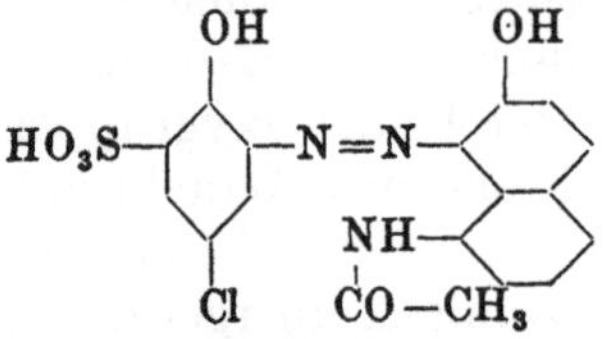	Metachromschwarzblau G	III	++
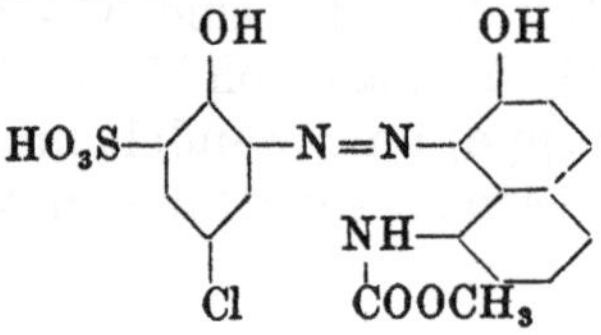	A. P. 2447163 (GEIGY)	III	+++
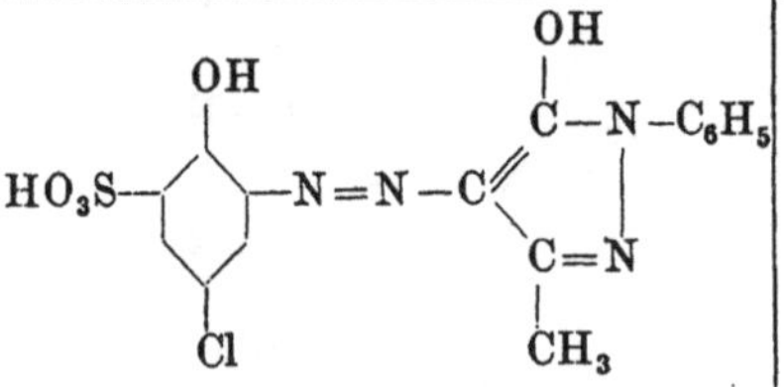	Metachromrot 5G	III	++
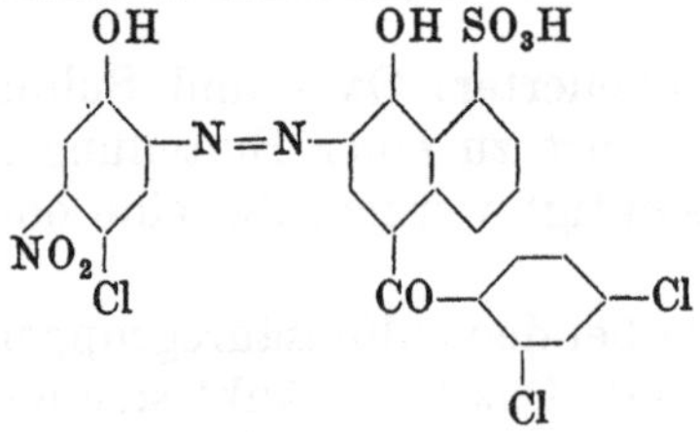	A. P. 2468172 (GEIGY)	III	+++
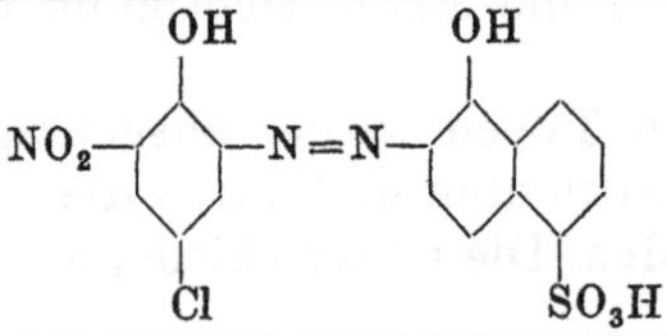	Metachromschwarzblau BBX	IV	+

+++ Eignung sehr gut ++ Eignung gut + Eignung mäßig — ungeeignet

Tabelle 12 (Fortsetzung)

Konstitution	Name oder Literatur	Gruppe	Eignung als Metachromfarbstoff
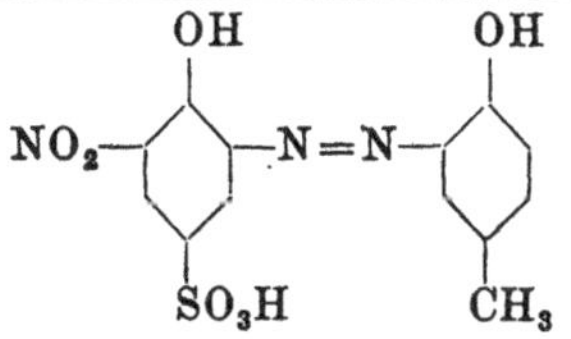	Säureanthracenbraun WSG	IV	+
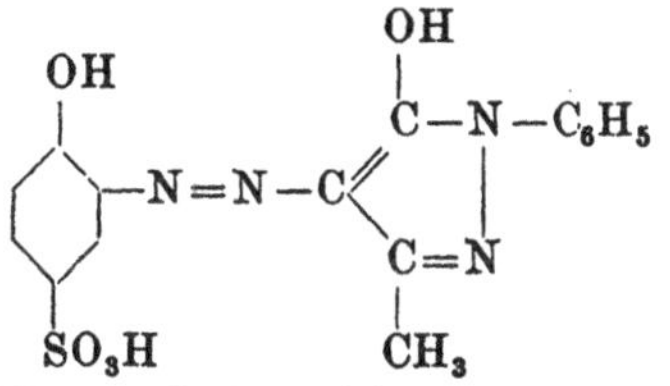	Chromorange LR	V	+
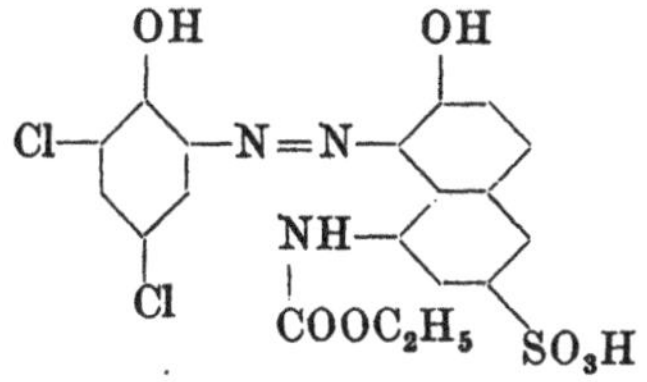	Diamantgrau GL	V	–
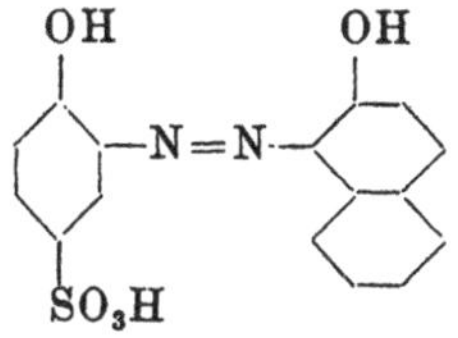	Säurealizarinviolett N	V	–
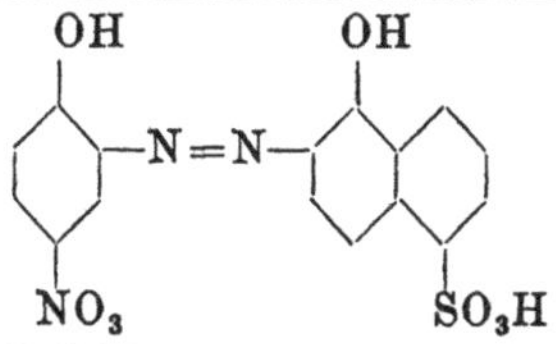	Anthrazenbraun M	V	–
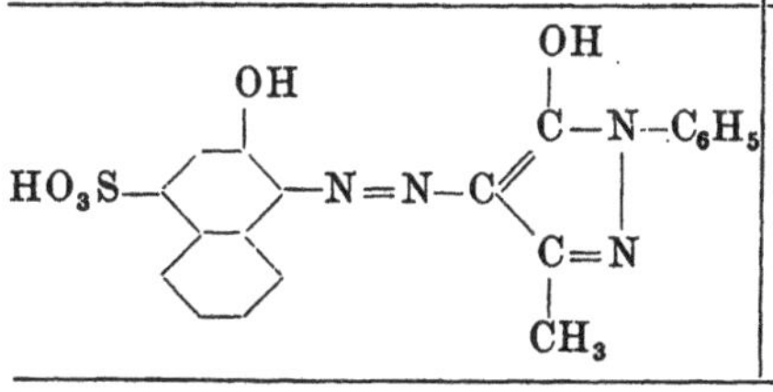	Eriochromrot B	V	–

+++ Eignung sehr gut ++ Eignung gut + Eignung mäßig – ungeeignet auf die Substituenten zurückzuführen sind, lassen sich in fast jedem Falle im Sinne unserer Hydratisierungstheorie verstehen. Im Interesse einer kurzen Abfassung gehen wir aber nicht mehr auf dieses Thema ein.

Tabelle 11

	Gruppen I	II	III	IV	V
Anzahl der Sulfonsäuregruppen	0	0	1	1	1
Anzahl freier Sulfonsäuregruppen	0	0	0	1	1
Anzahl freier Oxygruppen	0	1	0	0	1
Eignung als Metachromfarbstoff	abnehmend →				

Zur Illustration der Tabelle stellen wir eine Anzahl bekannter o,o'-Dioxyazofarbstoffe in Beziehung zu unserer vorgeschlagenen Einteilung (Tabelle 12)."

Vor kurzem hat SCHAEFFER[36a]) bestätigt, daß bei o,o'-Dioxyazofarbstoffen eine Hydroxylgruppe cheliert und nur die zweite methylierbar ist. Beim Farbstoff Diamantcorinth N ist es die phenolische Hydroxylgruppe, welche methylierbar ist, nicht aber die des Naphthalins. Das Gleiche ist bei dem aus diazotiertem 2-Aminophenol durch Kupplung mit 1-Oxy-naphthalin-4 sulfonsäure erhältlichem Farbstoff der Fall, welcher durch Methylierung in Azoeosin übergeführt wird.

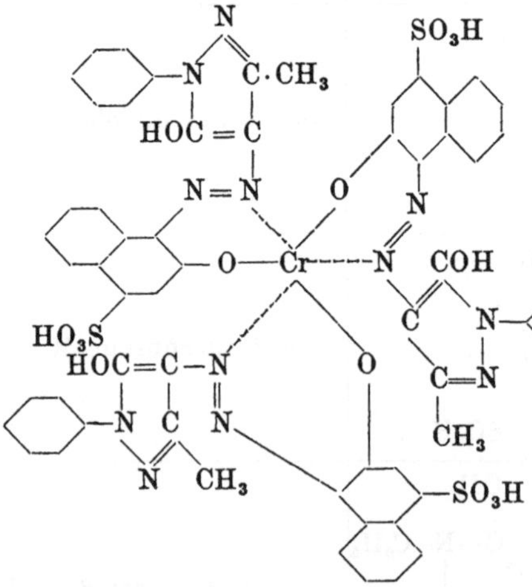

Die aus o,o'-Dioyxazoverbindungen mit dreiwertigen Metallen gebildeten Lacke hat MORGAN in Anlehnung an WERNER zunächst in der

[36a]) A. SCHAEFFER, Melliand Textilber. 39, 1002—1003 (1958).

Weise formuliert, daß die eine Hydroxylgruppe das Metall in normaler salzartiger, die zweite Hydroxylgruppe es in Nebenvalenzbindung absättigt. Später hat er seine Ansicht dahin abgeändert, daß in den Lacken der o,o'-Dioxyazoverbindungen das Metallatom von einer Hydroxylgruppe in normaler Salzbindung und von einem Stickstoffatom der Azogruppe unter Bildung eines Sechserringes in Nebenvalenzbindung festgehalten wird. Dementsprechend wäre der aus Eriochromrot B (Gy) und Chromfluorid von MORGAN und SMITH[37]) hergestellte Lack, welcher drei Farbstoffmoleküle auf ein Chromatom enthält, folgendermaßen zu formulieren: (Formel s. S. 84)

Es erhebt sich nun die Frage, ob die Metallkomplexverbindungen, insbesondere die Chromlacke aller Dioxyazofarbstoffe, somit auch solcher, die nachchromiert werden, in analoger Weise konstituiert sind.

Vom Palatinchromschwarz 6 B (BASF) haben MORGAN und SMITH den Chromlack in Substanz hergestellt und gefunden, daß er ebenfalls drei Farbstoffmoleküle auf ein Chromatom enthält. Sie haben ihn in der Weise formuliert, daß das in ihm enthaltene Chrom keine elektrische Ladung trägt und daß die orthoständigen Hydroxylgruppen durch Chelation sechsgliederige Ringe bilden:

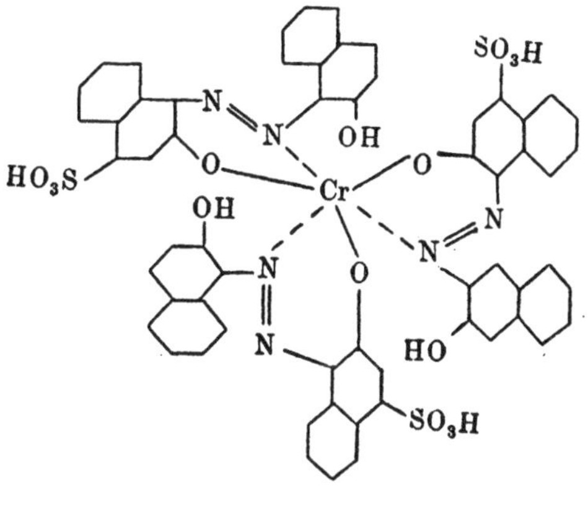

Weil der aus der Farbstofflösung auf Zusatz der Chromisalzlösung ausfallende Lack braungefärbt ist und etwa der Färbung von Palatinchromschwarz 6 B auf nicht chromierte Wolle entspricht, vermuten MORGAN und SMITH, daß der beim Nachchromieren der Färbungen von Palatinchromschwarz 6 B entstehende blauschwarze Lack eine andere Zusammensetzung hat.

Aus einer Lösung von Diamantschwarz PV (By) erhielten sie auf Zusatz einer Lösung von Chromfluorid einen Chromlack, der ebenfalls 3 Farbstoffmoleküle auf 1 Chromatom enthält. Dieser tiefrote Lack

---

[37]) G. T. MORGAN u. J. D. M. SMITH, J. chem. Soc. [London] **125**, 1731—1739 (1924).

färbt nicht gebeizte Wolle dunkelrot. Mit Chromsäure geht er durch Oxydation in einen schwarzen Lack über. Deswegen vermutete MORGAN, daß der auf der Faser gebildete Lack durch die Einwirkung von Bichromat eine chinoide Form hat, in der das Chrom unter Bildung von drei sechsgliederigen Ringen allein von Sauerstoffatomen gebunden wird:

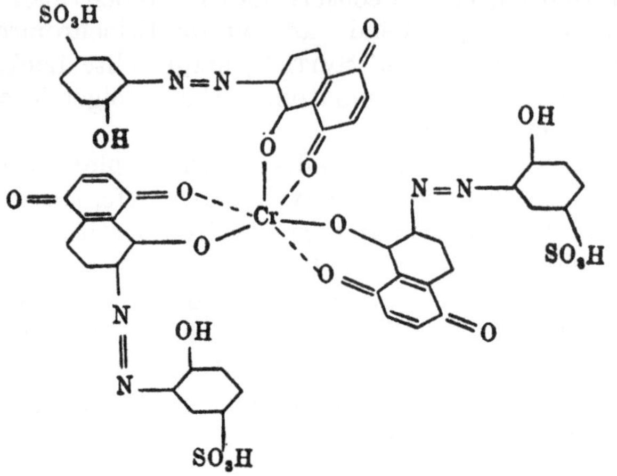

Bereits ERDMANN[38]) hatte darauf hingewiesen, daß bei der Einwirkung von Kaliumbichromat auf Naphtholsulfosäuren Oxydationserscheinungen eintreten können. Aus 1,4-Naphtholsulfosäure, die mit Diazonaphthionsäure den roten Farbstoff Azorubin S (Agfa) gibt, erhielt er durch Oxydation mit Kaliumbichromat leicht Naphthochinon. Aus 1,8-Dioxynaphthalin entsteht nach seinen Untersuchungen[39]) durch Einwirkung von Kaliumbichromat und Schwefelsäure Juglon, dessen Konstitution von BERNTHSEN und SEMPER[40]) als ein Oxynaphtochinon der Formel (I) ermittelt worden ist.

ALBRECHT[41]) hat mitgeteilt, daß nicht daran zu zweifeln ist, daß die Bichromatoxydation der Chromotropsäure auf der Faser denselben Verlauf nimmt wie in Substanz. Demnach ist die braune Färbung der Chromotropsäure mit dem Handelsnamen „Chromogen I" der Chromlack der Juglon-3,6-Disulfonsäure (II):

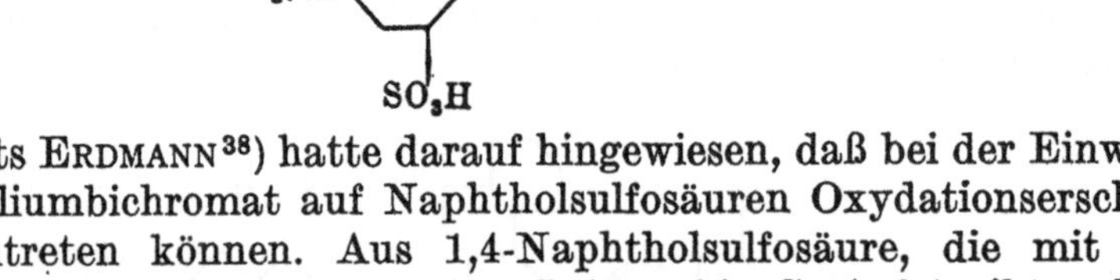

(I) (II) (III)

[38]) H. ERDMANN, Liebigs Ann. Chem. **247**, 341–343 (1888).
[39]) H. ERDMANN, Liebigs Ann. Chem. **247**, 356–358 (1888).
[40]) A. BERNTHSEN u. A. SEMPER, Ber. dtsch. chem. Ges. **20**, 934–941 (1887).
[41]) K. ALBRECHT, Z. angew. Chem. **41**, 617 (1928).

ROSENHAUER, WIRTH und KÖNIGER[42]) fanden es darum verständlich, daß man in der älteren Literatur, den Chromaten häufig ganz allgemein oxydierende Wirkungen zugeschrieben hat, wenn bei der Chromierung eines Beizenfarbstoffes eine starke Farbvertiefung eintrat. Demgegenüber haben sie festgestellt, daß bei der Einwirkung einer Kaliumbichromatlösung auf eine Lösung von Chromotrop 2 R ein Chromlack ohne Oxydation der Chromotropsäure gebildet wird.

Bekanntlich wird Chromotrop 2 R (III) durch Kupplung von Chromotropsäure mit diazotiertem Anilin hergestellt. Der entstandene rote Farbstoff färbt tierische Fasern im schwefelsauren Bade rot an und geht durch Chromierung in blauviolett über.

ROSENHAUER, WIRTH und KÖNIGER uutersuchten zunächst das Chromotrop 2 R. Die Chromierung ist ausschließlich mit Kaliumbichromat durchgeführt worden. Dabei konnte gezeigt werden, daß der Chromierfärbung von Chromotrop 2 R der unveränderte Ausgangsfarbstoff zugrunde liegt, daß demnach keine Oxydation der Chromotropsäure eintritt. Die Isolierung des Chromlacks von Chromotrop 2 R mittels Kaliumbichromat unter Ausschaltung der Faser gelang unter Einhaltung bestimmter Bedingungen. Er kristallisiert in schönen schwarzvioletten Nadeln. Es handelt sich um ein echtes inneres Komplexsalz, das sich mit blauvioletter Farbe nur sehr schwer in heißem Wasser löst und große Beständigkeit gegen Mineralsäuren zeigt. Einblick in die Konstitution der Farbstoffkomponente des Lacks gewährte die reduktive Spaltung mittels Zinnchlorürs und konz. Salzsäure. Es wurde dadurch Anilin und die farblose 2-Aminochromotropsäure erhalten. Weil Anilin und 2-Aminochromotropsäure auch die Reduktionsprodukte von Chromotrop 2 R sind, ist demnach das unveränderte Molekül von Chromotrop 2 R im Chromlack enthalten.

Nach diesem Befund mußte man das Bichromat durch Chromisalze ersetzen können, was in der Tat in sehr guter Ausbeute (90%) gelang.

Schließlich konnte noch der Chromlack glatt zum Ausgangsfarbstoff abgebaut werden; mit siedendem Eisessig, der mit einem Überschuß an krist. Natriumacetat versetzt war, wurden 80% reines kristallisiertes Chromotrop 2 R gewonnen.

Beim Vergleich der verschiedenen Chromierfärbungen mit Chromotrop 2 R ergab sich, daß das Färben von Wolle mit den Chromlack, das am besten in schwefelsaurer Lösung ohne Zusatz von Glaubersalz vorgenommen wird, leicht zu einem unschönen Violettrot führt.

Zu einem schönen, tiefen Violett kommt man, wenn dem Färbebade überschüssiger Chromalaun zugesetzt wird. Das gleich klare Violett gibt

---

[42]) E. ROSENHAUER, W. WIRTH u. R. KÖNIGER, Ber. dtsch. chem. Ges. 62, 2717 bis 2724 (1929).

die Nachchromierung von Chromotrop 2 R auf der Faser mit Chromisalzen, z. B. Chromalaun.

Die Chromierfärbungen mit Kaliumbichromat sind stumpfer und etwas mehr nach blau verschoben, doch sind diese Färbungen wesentlich echter als die vorher beschriebenen, besonders was die Wasch-, Walk- und Potting-Echtheit anlangt.

Zur Konstitution des Chromlacks von Chromotrop 2 R hat sich folgendes feststellen lassen: Wesentlich sind 2 OH-Gruppen; Marsrot G (aus 1 Oxy-naphthalin-4-sulfosäure→diazotierte Naphthionsäure), bei dem nur eine OH-Gruppe in O-Stellung zur Azogruppe vorhanden ist, gibt mit Chromisalzen keinen Lack.

An das Chrom im Lack ist kein Säurerest gebunden, der von dem verwendeten Chromisalz herrühren könnte; die Chromlacke aus Chromotrop 2 R mit Chromalaun oder Chromichlorid sind identisch.

Gestützt auf alle diese Tatsachen haben ROSENHAUER, WIRTH und KÖNIGER für den Chromlack von Chromotrop 2 R folgende tautomere Formeln aufgestellt:

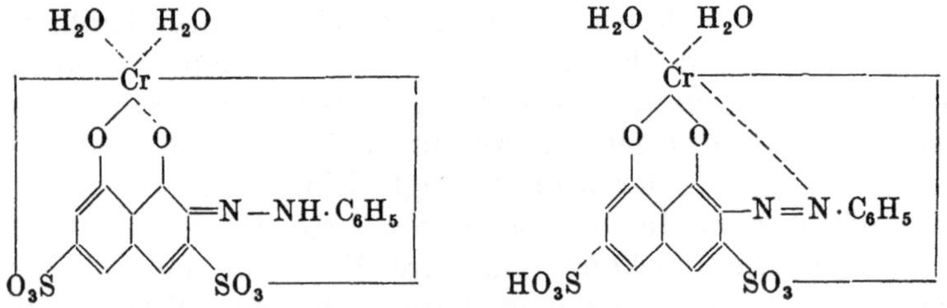

Die erste dieser Formeln ist von VALKÓ[43]) mit dem Hinweis, daß die Ladung der beiden Sulfogruppen innermolekular durch zwei positive Ladungen komplex gebundenen Chroms abgesättigt wird, in der folgenden Weise umgestaltet worden:

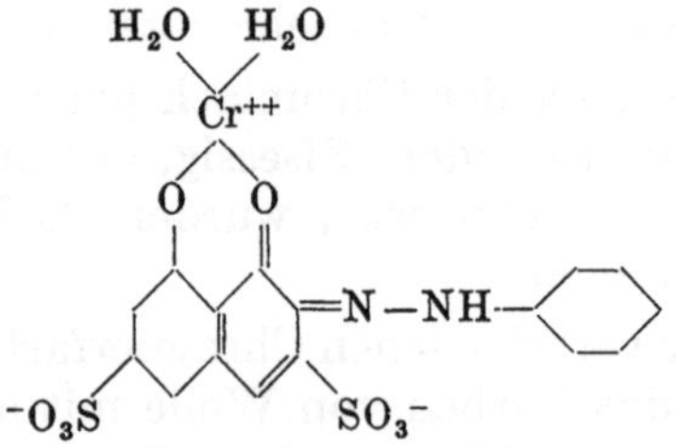

Demnach läge hier ein zweiwertiges Zwitterion vor.

Zu etwas anderen Ergebnissen sind ENDER und MÜLLER[44]) gekommen, nachdem sie die reinen freien Farbsäuren von solchen Komplexfarbstoffen untersucht hatten, die sich von sulfogruppenhaltigen o,o'-Dioxy-

---

[43]) E. VALKÓ, Kolloidchemische Grundlagen der Textilveredlung, Berlin, 471 (1937).

[44]) W. ENDER u. A. MÜLLER, Melliand Textilber. 19, 65—67 (1938).

azofarbstoffen ableiten (vgl. S. 127). Da diese auf ein Farbstoffmolekül ein Atem Chrom enthaltenden Farbstoffe zwar ebenfalls zwitterionig sind, das Chrom in ihnen aber nur eine positive Ladung trägt, hat PFITZNER[45]) den aus Chromotrop 2 R entstehenden Chromkomplex ebenfalls einbasisch formuliert, mit dem Hinweis darauf, daß die freien Koordinationsstellen des Cr mit H_2O-Molekeln besetzt sind:

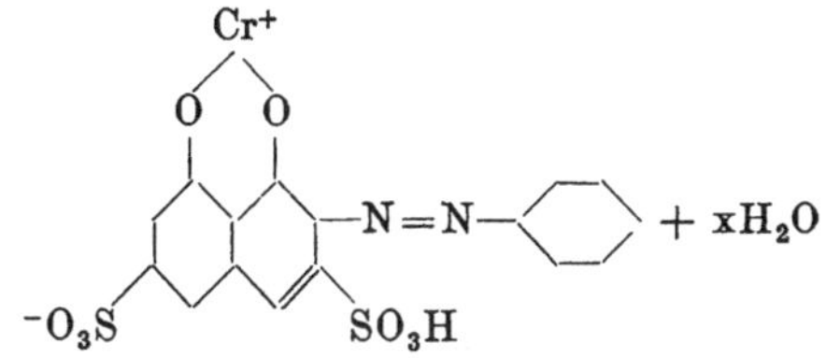

Demnach hängt es nicht nur von den Chromierungsbedingungen, sondern auch vom Farbstoff selbst ab, ob seine Chromlacke den oxydierten oder nicht oxydierten Farbstoffanteil enthalten. Als wesentliches Merkmal dafür, ob ein Farbstoff als Beizenfarbstoff praktische Verwendung findet, kann die Beständigkeit seiner Lacke angesehen werden, d. h. daß er wasch- und walkecht auf der Faser fixiert wird. Außerdem soll die Lichtechtheit durch die Chromaufnahme bedeutend verbessert werden, so daß die Chromierfarbstoffe dadurch große Bedeutung für die Wollechtfärberei erlangt haben.

Diese Bedingungen haben die ersten durch Kupplung von diazotierten Aminen mit Oxynaphtholsulfosäuren erzeugten Beizenfarbstoffe nicht in allen Fällen erfüllt, so daß sie heute für diesen Verwendungszweck nicht mehr benutzt werden. Der erste auf Chrombeize verwendete Azofarbstoff ist das im Jahre 1879 erfundene Tuchrot G. Dieser aus einem Mol diazotiertem Aminoazotoluol durch Kupplung mit einem Mol 2-Naphthol-6-sulfonsäure hergestellte Farbstoff färbt ungebeizte Wolle im sauren Bade rot, auf Chrombeize oder nach dem Chromierverfahren dunkelrot. Vom Tuchrot G und vom Ponceau 4 GB hat MÖHLAU[46]) außerhalb der Faser die Chromverbindungen hergestellt und die erhaltenen Fällungen analysiert. Die von ihm erhaltenen Chromfällungen vom Ponceau 4 GB und von Tuchrot G enthalten auf einen Teil Chrom jeweils drei Farbstoffreste. Diese Chromverbindungen sind demnach mit MÖHLAU als normale Chromisalze der Farbstoffsulfosäuren aufzufassen und in heißem Wasser löslich. Weil diese normalen Chromisalze durch verdünnte Natronlauge wie auch Mineralsäure leicht zerlegt werden können, während die o-Oxyazofarbstoffe von der Art des Tuchrot G in der Wollfärberei früher als wertvolle Beizenfarbstoffe galten, hat MÖHLAU gefolgert, daß die Farbstoffbindung bei der Beizenfärbung in anderer

[45]) H. PFITZNER, Angew. Chem. **62**, 243 (1950).

[46]) R. MÖHLAU, Ber. dtsch. chem. Ges. **46**, 447—456 (1913).

Weise erfolgt. Er führte dementsprechend die Bildung des alkalibeständigen Chromlacks auf die Komplexsalzbildung der zum Chromophor orthoständigen Hydroxylgruppe zurück.

Schon NIETZKI[47]) hatte darauf hingewiesen, daß die Monoorthooxyazofarbstoffe die Beizen in schwächerem Maßstabe anfärben als die Farbstoffe der Salicylsäuregruppe, so daß nur diejenigen unter die wirklichen Beizenfarbstoffe gerechnet werden, deren Lacke die für die Praxis nötige Beständigkeit aufweisen. Weil der aus Sulfanilsäure und β-Naphthol hergestellte Farbstoff Orange II zwar eine von MARKER und GORDON[48]) später nachgewiesene Verwandtschaft zur Chrombeize besitzt, sein Lack jedoch die für die Praxis erforderliche Seifenechtheit nicht aufweist, kann er nicht zu den Beizenfarbstoffen gerechnet werden. Nach seiner Ansicht vermindert die Sulfogruppe die Beständigkeit der Lacke.

Der Ansicht von NIETZKI ist in der Hinsicht beizustimmen, daß weder das Orange II noch das ihm isomere, aus diazotiertem Anilin durch Kupplung mit 2-Naphthol-6-sulfonsäure hergestellte Ponceau 4 GB den Beizenfarbstoffen zuzurechnen ist, dagegen muß seine Ansicht, daß die Sulfogruppe die Beständigkeit der Lacke vermindert, modifiziert werden.

Wie bereits mitgeteilt worden ist, wird die Salicylsäuregruppe in die Komplexbildung miteinbezogen und verliert dadurch ihre löslich machenden Eigenschaften. Bei der Sulfonsäuregruppe, welche sich an der Komplexbildung nicht direkt beteiligen kann, ist dies jedoch nicht der Fall, so daß der löslichmachende Einfluß der Sulfonsäuregruppe auch nach der Komplexbildung sich auswirken muß. Die Sulfonsäuren zeigen demnach gegenüber nichtgebeizten Proteinfasern das vom Verfasser im Einklang mit ENDER und MÜLLER beschriebene Verhalten, d. h. diejenigen Farbstoffe, welche wenige Sulfonsäuregruppen in einem großen Farbstoffrest besitzen, färben naßechter an als solche mit kleinen Farbstoffmolekülen und viel Sulfonsäuregruppen[49]). Auf diese Weise erklärt es sich, daß der Disazofarbstoff Tuchrot G extra ebenso wie das Säureanthracenrot G, das Walkrot G und andere Disazofarbstoffe zu den Beizenfarbstoffen gezählt werden konnte, obwohl es vermutlich mit den dreiwertigen Metallen überhaupt keine Komplexe, sondern nur echte Chromsalze bildet. Diese Ansicht ist mit SPEAKMAN[50]) deswegen vertretbar, weil aus Monooxyazoverbindungen und dreiwertigen Metallen bisher keine Komplexverbindungen erhalten worden sind und nur sichergestellt ist, daß die zweiwertigen Metalle Kupfer und Cobalt mit o-Oxyazoverbindungen Komplexe bilden. Dementsprechend fanden MORGAN und

---

[47]) R. NIETZKI, Färber-Ztg. **1**, 8—10 (1889/90).

[48]) R. E. MARKER u. N. E. GORDON, Ind. Engng. Chem. **16**, 1186—1188 (1924).

[49]) H. GERSTNER, Das Verhalten der direktziehenden Farbstoffe gegen tierische Fasern, Cellulose- und Kunstspinnfasern, Berlin, 41—48 (1957).

[50]) E. RACE, F. M. ROWE u. J. B. SPEAKMAN, J. Soc. Dyers Colourists **62**, 374 (1946).

SMITH[51]), daß Carmoisine WS, welches dem von ERDMANN untersuchten Azorubin S entspricht, mit Salzen des dreiwertigen Chroms keinen in Substanz darstellbaren Lack gibt. Mit Chromsäure behandelt gibt dieser rote Monooxyazofarbstoff dagegen einen blauschwarzen Chromlack, der von ROSENHAUER, WIRTH und KÖNIGER[52]) als identisch mit dem aus Chromsalzen und Eriochromblauschwarz B erhältlichen angesehen worden ist. Demnach ist durch die Oxydation des Monooxyazofarbstoffstoffes mit Chromsäure zu dem o,o'-Dioxyazofarbstoff die Fähigkeit zur Lackbildung hervorgerufen worden:

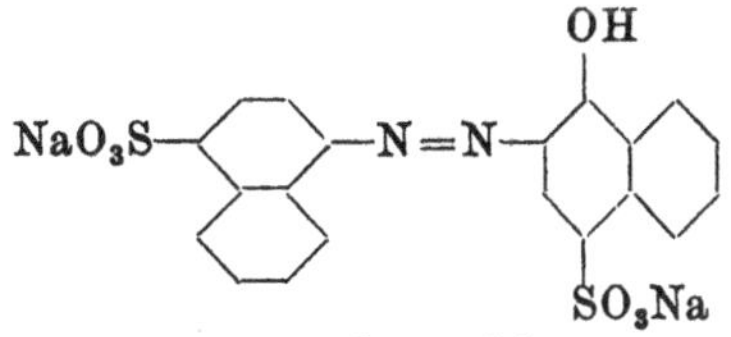

Carmoisin

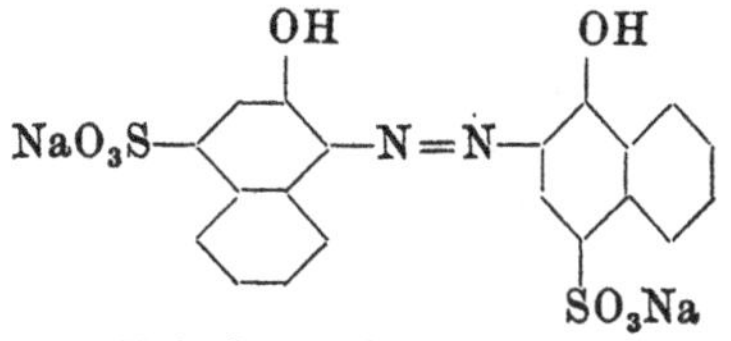

Eriochromblauschwarz

SCHWARZENBACH und BIEDERMANN[53]) haben die Halochromie der Beizenfarbstoffe Chromcyanin G (By), Chromcyanin B (By), Eriochromschwarz T (Gy) und Eriochromschwarz A (Gy) untersucht und festgestellt, daß man bei allen vier Dioxyfarbstoffen zwei Farbtonumschläge beobachten kann. Unterhalb $p_H = 6$ sind die Lösungen weinrot, orange oder braungelb gefärbt, zwischen $p_H = 8$ und 10 sind sie blau und oberhalb $p_H = 12$ oder 13 orangerot. Von den vier Farbstoffen wurden außerdem die Aciditätskonstanten und die Bildungskonstanten ihrer Komplexe mit Ca und Mg bestimmt. Es zeigte sich, daß Magnesium gegenüber Calcium der bessere Komplexbildner ist. Später haben SNAVELY, FERNELIUS und DOUGLAS[54]) die Stabilitäten der aus Metallen und Dioxyazofarbstoffen gebildeten Lacke bestimmt. Sie fanden, daß die Stabilitäten der gebildeten Komplexverbindungen in der Reihe: $Cu^{++} > Ni^{++}$ ($> Co^{++}$) $> Zn^{++} > Pb^{++} > Cd^{++} >$ (Mn^{++}) $> Mg^{++} > Ca^{++} > Sr^{++} > Ba^{++}$ abnehmen und daß ihre Gleichgewichtskonstanten eine Funktion des elektrischen Verhaltens der Metallionen sind. Stark positive Metallionen geben instabilere Lacke, während die weniger positiven Metallionen stabilere Komplexe bilden. Andererseits bilden die stärker negativen Farbstoffe mit den gleichen Metallen instabilere Komplexe.

Obwohl es wahrscheinlich ist, daß bei der Applikation von Beizenfarbstoffen auf den Fasern sich analoge Vorgänge abspielen wie bei der Herstellung von in Substanz erzeugten Farbstoffkomplexen, ist damit die Frage noch nicht beantwortet, welcher Art die auf der Faser erzeugten Komplexe sind.

---

[51]) G. T. MORGAN u. J. D. M. SMITH, J. chem. Soc. [London] **125**, 1734 (1924).

[52]) E. ROSENHAUER, W. WIRTH u. KÖNIGER, Ber. dtsch. chem. Ges. **62**, 2720–2724 (1929).

[53]) G. SCHWARZENBACH u. W. BIEDERMANN, Helv. chim. Acta **31**, 678–687 (1948).

Nachdem CARLENE, ROWE und SPEAKMAN[55]) festgestellt hatten, daß chromierte Wolle durch die Behandlung mit wäßriger Oxalsäure bei Zimmertemperatur einen großen Anteil ihres ursprünglichen Chromgehaltes abgibt, haben RACE, ROWE und SPEAKMAN dieses Verhalten zur Bestimmung des Chromgehaltes von auf Wolle erzeugten Farbstofflacken benutzt[56]).

Wenn die Behandlung chromierter Wolle mit n-Oxalsäurelösung bei Zimmertemperatur etwa 23 Tage fortgesetzt wird, gibt die Wolle ihren gesamten Chromgehalt ab. Wird nun vorgechromte Wolle in einem Bade mit bekanntem Farbstoffgehalt bis zur völligen Erschöpfung des Färbebades gefärbt, dann läßt sich der Chromgehalt des Lackes unter der Voraussetzung bestimmen, daß der gebildete Farbstofflack gegen n-Oxalsäure beständig ist. Der Lack des durch Kupplung von diazotiertem Anilin mit Salicylsäure erzeugten Farbstoffes und auch der Chromlack von Palatinchromviolett erwiesen sich als nicht beständig gegen Oxalsäure.

(I) Infolgedessen wurde ein höhermolekularer Farbstoff aus 4-Chlor-2-aminophenol-6-sulfonsäure und β-Naphthol hergestellt und auf seine Eignung für die Untersuchung von in vorgechromter Wolle, durch Nachchromieren und im Metachromverfahren erzeugten Lacken geprüft.

(A) Bei den auf vorchromierter Wolle erzeugten Färbungen waren die Chromierungs- und Färbebedingungen folgende:

Acht konditionierte Wollproben von je 2,300 g wurden in kochendem Wasser genetzt und folgendermaßen in Glasgefäßen unter Rückfluß chromiert:

(a) 4 Proben wurden für sich eine Stunde lang in 100 cm³ 0,0025m-Kaliumbichromatlösung chromiert.

(b) 4 Proben wurden eine Stunde in 100 cm³ 0,005 m-Kaliumbichromatlösung chromiert.

Jedes dieser gechromten Muster wurde 48 Stunden mit destilliertem Wasser ausgewaschen und ohne Zwischentrocknung unter Rückfluß folgendermaßen gefärbt:

(i) 2 Muster der nach (a) und 2 Muster der nach (b) chromierten Wolle wurden jedes für sich in Färbebädern gefärbt, die 8,0 cm³ einer 0,30 %igen Lösung des Farbstoffes aus 4-Chloro-2-aminophenol-6-sulfonsäure → β-Naphthol und 92 cm³ Wasser enthielten.

(ii) 2 Muster der nach (a) und 2 Muster der nach (b) chromierten Wolle wurden je für sich in Bädern gefärbt, die 16,0 cm³ obiger 0,30 %igen Farbstofflösung und 84 cm³ Wasser enthielten.

---

[54]) F. A. SNAVELY, W. C. FERNELIUS u. B. E. DOUGLAS, J. Soc. Dyers Colourists 73, 491–495 (1957).

[55]) P. W. CARLENE, F. M. ROWE u. J. B. SPEAKMAN, J. Soc. Dyers Colourists 62, 329 (1946).

[56]) E. RACE, F. M. ROWE u. J. B. SPEAKMAN, J. Soc. Dyers Colourists 62, 372–383 (1946).

Gefärbt wurde bis die Farbstofflösung farblos geworden war, was 56 Minuten im Fall (b) (i), bis zu 4 Stunden im Fall (a) (i) in Anspruch nahm. Danach wurden die gefärbten Muster 18 Stunden lang in destilliertem Wasser gewaschen, bevor je eines der vier verschiedenen Versuchspaare zur Bestimmung des Gesamtchromgehaltes nach SMITH und SULLIVAN[57]) in der von RACE, ROWE, SPEAKMAN und VICKERSTAFF[58]) abgeänderten Form genommen wurde.

Nach der Bestimmung der Chromgehalte der zum Extrahieren benutzten Oxalsäurelösungen wurden die Chromgehalte der gefärbten Muster aus der Differenz zwischen dem Gesamtchromgehalt und dem Chromgehalt der Oxalsäureextrakte bestimmt. Aus dem Chromgehalt der mit Oxalsäure extrahierten Muster und dem Farbstoffgehalt der Wolle läßt sich das Verhältnis zwischen Farbstoffmolen und Chromatomen errechnen. Die so erhaltenen Werte sind in der dritten Spalte der nachstehenden Tabelle 13 angegeben.

Tabelle 13

Färbungen auf vorchromierter Wolle

Farbstoffgehalt der Wolle in mg-Mol	Chromgehalt der Wolle in mg-Atom	Verhältnis zwischen Farbstoffmolen und Chromatomen	Durchschnittsverhältnis
0,0520	0,0266	1,96	
0,1040	0,0512	2,03	
0,0520	0,0263	1,98	1,99
0,1040	0,0523	1,99	

Demnach werden beim Färben von vorchromierter Wolle Komplexe gebildet, die auf 2 Farbstoffmoleküle 1 Chromatom enthalten.

(B) Zur Analysierung des beim Nachchromierungsverfahren in der Faser gebildeten Farbstoffchromkomplexes wurde in der Weise verfahren, daß acht konditionierte Wollmuster von je 2,300 g in kochendem Wasser genetzt und danach in Glasgefäßen unter Rückfluß wie folgt gefärbt wurden:

(a) 4 Muster wurden für sich in Bädern gefärbt, die 16,0 cm^3 einer 15%igen Lösung des aus 4-Chlor-2-aminophenol-6-sulfonsäure → β-Naphthol erhaltenen reinen Farbstoff und 84 cm^3 Wasser enthielten.

(b) 4 Muster wurden für sich in Bädern gefärbt, die 32,0 cm^3 einer 30%igen Lösung dieses Farbstoffes und 68 cm^3 Wasser enthielten.

---

[57]) G. F. SMITH u. V. N. SULLIVAN, J. Amer. Leather Chemists Assoc. **30**, 442–453 (1935).

[58]) E. RACE, F. M. ROWE, J. B. SPEAKMAN u. T. VICKERSTAFF, J. Soc. Dyers Colourists **54**, 149 (1938).

Nach einer Färbedauer von $7^1/_2$ Stunden waren die Färbebäder (a) fast vollständig ausgezogen, während die Färbebäder (b) noch beträchtliche Mengen nicht aufgezogenen Farbstoff enthielten. Deswegen wurden zu jedem dieser Färbebäder nun 1,0 cm³ 10%ige Natriumacetatlösung (das ist etwa 5% vom Wollgewicht) und 1,0 cm³ 2%ige Eisessiglösung (das ist etwa 1% vom Wollgewicht) zugesetzt. Daraufhin waren die Färbebäder (a) nach 5 Minuten, die Bäder (b) nach 45 Minuten völlig ausgezogen. Nunmehr wurde jedes Muster für sich 24 Stunden lang in destilliertem Wasser gewaschen und danach ohne zu trocknen folgendermaßen unter Rückfluß chromiert:

(i) Alle 4 Muster (a) wurden für sich mit 100 cm³ 0,0025 m-Kaliumbichromatlösung eine Stunde lang chromiert.

(ii) Alle 4 Muster (b) wurden für sich mit 100 cm³ 0,005 m-Kaliumbichromatlösung eine Stunde lang chromiert.

Die gefärbten und chromierten Muster wurden darauf nochmals mit destilliertem Wasser in einem Zeitraum von 48 Stunden mehrere Male (7 ×100 cm³) gespült. Danach wurde je eins aus den vier verschieden gefärbten Mustern für die Bestimmung des Gesamtchromgehaltes verwendet. Die verbleibenden vier Muster wurden gesondert mit je zwei Liter n-Oxalsäure bei Zimmertemperatur so lange extrahiert, bis kein Chrom mehr von der Wolle abgezogen werden konnte. Danach wurde das an den Farbstoff gebundene Chrom wie vorher bestimmt. Die so erhaltenen Werte sind in Tabelle 14 angegeben.

Tabelle 14

Chromgehalte der nachchromierten Färbungen

Farbstoffgehalt der Wolle in mg-Mol	Chromgehalt der Wolle in mg-Atom	Verhältnis zwischen Farbstoffmolen und Chromatomen	Durchschnittsverhältnis
0,0520	0,0266	1,96	
0,1040	0,0526	1,98	1,94
0,0520	0,0273	1,91	
0,1040	0,0547	1,90	

Bemerkenswert ist, daß das Abziehen des nicht an den Farbstoff gebundenen Chroms im Falle der Nachchromierfärbung etwa die doppelte Zeit und den doppelten Aufwand von Oxalsäure erforderte im Vergleich zur Extraktion der Vorchromierfärbung. Obwohl die gefärbte Wolle mit je 2 l Oxalsäure 16mal extrahiert werden mußte, um alles extrahierbare Chrom abzuziehen, hat in diesem Falle scheinbar die Wolle einen kleinen Anteil nicht an den Farbstoff gebundenes Chrom zurückgehalten. Weil alle Muster ein Farbstoff-Chrom-Verhältnis zeigen, das kleiner als 2 ist, besteht infolgedessen die Möglichkeit, daß ein kleiner Anteil der gebildeten Farbstoffmetallkomplexe (etwa 6%) aus solchen besteht, die ein Chromatom auf ein Farbstoffmolekül enthalten. Mit dieser geringfügigen Einschränkung scheint jedoch die beim Nachchromierverfahren auf der Faser entstehende Komplexverbindung insofern der beim Vorchromieren gebildeten zu ähneln, daß ebenfalls zwei Farbstoffmoleküle an ein Chromatom gebunden werden.

(C) Zur Bestimmung der Zusammensetzung des beim Metachromverfahren entstehenden Farbstoffchromkomplexes wurden acht konditionierte Wollproben von je 2,300 g für sich in siedendem Wasser genetzt und folgendermaßen unter Rückfluß gefärbt:

(a) Zwei Muster wurden in Bädern gefärbt, die 8,0 cm³ einer 0,3%igen Lösung des Farbstoffes aus 4-Chlor-2-aminophenol-6-sulfonsäure → β-Naphthol, 10,0 cm³ einer 0,6%igen Lösung von Metachrombeize und 82,0 cm³ Wasser enthielten.

(b) Zwei Muster wurden in Bädern gefärbt, die 8,0 cm³ der 0,3%igen Farbstofflösung, 20,0 cm³ einer 0,6%igen Lösung von Metachrombeize und 72,0 cm³ Wasser enthielten.

(c) Zwei Muster wurden in Bädern gefärbt, die 16,0 cm³ der 0,3%igen Farbstofflösung, 10,0 cm³ einer 0,6%igen Lösung von Metachrombeize und 74,0 cm³ Wasser enthielten.

(d) Zwei Muster wurden in Bädern gefärbt, die 16,0 cm³ der 0,3%igen Farbstofflösung, 20,0 cm³ einer 0,6%igen Lösung von Metachrombeize und 64,0 cm³ Wasser enthielten.

Die Metachrombeize bestand aus zwei Gewichtsteilen Ammonsulfat und einem Gewichtsteil Kaliumbichromat. Gefärbt wurde so lange, bis die Färbebäder wasserhell waren, was bei den Mustern (b) 3 Stunden bis zu $5^1/_2$ Stunden bei den Mustern (c) dauerte.

Jedes der gefärbten Muster wurde siebenmal mit 100 cm³ destilliertem Wasser insgesamt 48 Stunden lang gespült, danach wurde je eine der vier verschiedenen Färbungen zur Bestimmung des Gesamtchromgehaltes verwendet, während der Rest mit Oxalsäurelösung extrahiert wurde. Diese Extraktion wurde so lange fortgesetzt, bis kein Chrom mehr von der Wolle abgezogen wurde. Danach wurde der an den Farbstoff gebundene Restchromgehalt bestimmt und die erhaltenen Werte wurden in Tabelle 15 eingesetzt.

Es gibt zwei Möglichkeiten, die Unterschiede im Verhalten der nach dem Vorchromierungs- und Nachchromierungsverfahren gefärbten Wollen und der nach dem Metachromverfahren gefärbten zu erklären:

Erstens: Der Farbstoffchromkomplex, der vom Farbstoff 4-Chlor-2-aminophenol-6-sulfonsäure → β-Naphthol beim Vorchromierungs- und Nachchromierungsverfahren gebildet wird, ist von anderer Beschaffenheit als der beim Metachromverfahren gebildete, so daß entweder das Metachromverfahren hier nicht zur Bildung von echten Farbstoffchromkomplexen führt oder der hierbei gebildete Lack gegen n-Oxalsäurelösung bei Zimmertemperatur nicht beständig ist.

Zweitens besteht die Möglichkeit, daß beim Metachromverfahren mehr Farbstoffkomplexverbindung im Färbebade gebildet wird, als Farbstoff und Chrom auf die Wolle aufziehen. Infolgedessen ist der im Färbebade

Tabelle 15

Menge der 0,5%igen Lösung des Farbstoffes (Reinheitsgrad 86,8%)	Im Färbebad angewendete Menge 0,6%ige Metachrombeize	Gesamtchromgehalt der gefärbten Wolle	Anzahl der erforderlichen Extraktionen	Gesamtchromgehalt der Oxalsäureextrakte	Verhältnis des abgezogenen Chrom zum Gesamtchromgehalt	Restchromgehalt der Wolle in %	Gesamtchromgehalte
		Alle Chromgehalte in % Cr_2O_3 bezogen auf die konditionierte Wolle					
8,0	10,0	0,447	6	0,435	97,3	0,003	0,438
8,0	20,0	0,731	7	0,736	100,7	0,003	0,739
16,0	10,0	0,452	6	0,440	96,8	0,006	0,446
16,0	20,0	0,734	7	0,733	99,8	0,007	0,740

gebildete Lack zu groß, um in das Innere der Wolle, in die zwar der chromfreie Farbstoff und das Chromsäureion eindringen, wandern zu können. Das Färben mit dem Lack erfolgt demnach nur an der Faseroberfläche und der Farbstoffchromkomplex kann in diesem Falle durch n-Oxalsäure bei Zimmertemperatur zersetzt werden, weil der Komplex nicht durch völlige Assoziation mit der Faser stabilisiert ist.

Wenn dies die richtige Erklärung ist, müßte ein guter Metachromfarbstoff die Eigenschaft haben, daß er als chromfreier Farbstoff ebenso schnell wie Chromsäureionen auf Wolle aufzieht und nicht schon vorzeitig im Färbebade Chromkomplexe bildet.

(II) Weil die bisher angewandte Untersuchungsmethode, bei Farbstoffen mit höherem Molekulargewicht angewendet, erfolgreicher erschien, wurde der aus diazotiertem 3,4,6-Trichlor-2-Aminophenol durch alkalische Kupplung mit 1-Benzoylamino-8-naphthol-4-sulfonsäure erhältliche Farbstoff auf sein Verhalten untersucht.

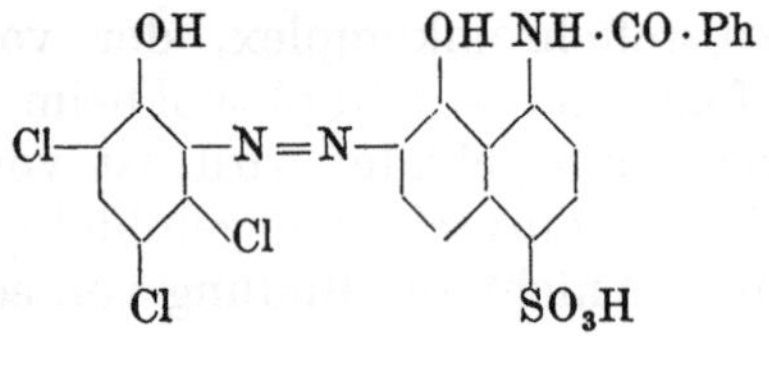

Dieser in Wasser verhältnismäßig schwer lösliche Farbstoff konnte weder in Wasser noch in Äthylalkohol völlig aufgelöst und so gereinigt werden. Durch dreimalige Extraktion mit kochendem Wasser und siedendem Äthylalkohol hatte der konditionierte Farbstoff jedoch einen Reinheitsgrad von 99,0% und einen geringeren Wassergehalt als 0,4%.

(A) Zur Untersuchung der Konstitution des von ihm auf der Faser beim Vorchromierungsverfahren gebildeten Farbstoffchromkomplexes wurde folgendermaßen verfahren:

Weil der Farbstoff in Wasser nicht genügend löslich war, konnte keine Standardlösung von ihm zur Verwendung aliquoter Teile hergestellt werden. Darum wurden von ihm genaue Einwagen für die einzelnen Färbungen verwendet. Das Chromieren der acht Muster von je 2,300 g konditionierter Wolle wurde wie bei der Untersuchung I (A) durchgeführt, danach wurde jede chromierte Wollprobe für sich siebenmal mit 100 cm³ destilliertem Wasser insgesamt 48 Stunden gespült und ohne zu trocknen wie folgt gefärbt:

(i) Zwei wie bei I (A) (a) chromierte Muster und zwei wie bei I (A) (b) chromierte wurden je für sich in Bädern gefärbt, die 20 mg des Farbstoffes 3,4,6-Trichlor-2-aminophenol → 1-Benzoylamino-8-naphthol-4-sulfonsäure und 100 cm³ Wasser enthielten.

(ii) Zwei wie bei I (A) (a) chromierte und zwei wie bei I (A) (b) chromierte Muster wurden je für sich in Färbebädern gefärbt, die etwa 40 mg des genau eingewogenen Farbstoffes und 100 cm³ Wasser enthielten.

Die Färbezeiten dauerten bei den nach I (A) (b) (i) behandelten Mustern $1^1/_2$ Stunden, im Falle der Muster I (A) (a) (ii) 4 Stunden, bis die Färbebäder wasserhell waren. Jedes gefärbte Muster wurde viermal mit 100 cm³ destilliertem Wasser insgesamt 24 Stunden gespült. Danach wurden die Bestimmungen und Extraktionen wie früher bei (I) durchgeführt. Die Ergebnisse dieser Bestimmungen und die Berechnungen auf mg-Mol Farbstoff und mg-Atom Chromgehalt sind aus Tabelle 16 ersichtlich.

Tabelle 16

Bichromat-konzentration im Chromierungsbad	Angewandter Farbstoff in mg, Reinheit 99,0%	Farbstoffgehalte der Wolle in mg-Mol	Restchromgehalt der Wolle in mg-Atom	Verhältnis zwischen Farbstoffmolen und Chromatomen	Durchschnittsverhältnis
0,0025	20,3	0,0341	0,0180	1,89	
0,0025	46,3	0,0779	0,0383	2,03	1,96
0,005	20,7	0,0347	0,0178	1,95	
0,005	46,5	0,0782	0,0397	1,97	

Demnach werden bei dem Vorchromierungsverfahren Farbstoffchromkomplexe in der Faser gebildet, die zwei Farbstoffmoleküle auf ein Chromatom enthalten.

(B) Zur Konstitutionsermittlung der in der Faser beim Metachromverfahren gebildeten Komplexverbindungen wurden acht konditionierte Wollmuster von je 2,300 g immer für sich in siedendem Wasser genetzt und unter Rückfluß folgendermaßen gefärbt:

(a) Zwei Muster wurden für sich in Bädern gefärbt, die 20,0 mg des Farbstoffes 3,4,6-Trichlor-2-aminophenol → 1-Benzoylamino-8-naphthol-4-sulfonsäure, 10,0 cm^3 der 0,6%igen Lösung von Metachrombeize und 90 cm^3 Wasser enthielten.

(b) Zwei Muster wurden für sich in Bädern gefärbt, die 40,0 mg Farbstoff, 10,0 cm^3 der 0,6%igen Lösung von Metachrombeize und 90 cm^3 Wasser enthielten.

(c) Zwei Muster wurden für sich in Bädern gefärbt, die 20,0 mg Farbstoff, 20,0 cm^3 der 0,6%igen Lösung von Metachrombeize und 80 cm^3 Wasser enthielten.

(d) Zwei Muster wurden für sich in Bädern gefärbt, die 40,0 mg Farbstoff, 20,0 cm^3 der 0,6%igen Lösung von Metallchrombeize und 80 cm^3 Wasser enthielten.

Es wurde so lange gefärbt, bis die Bäder wasserhell waren, was im Falle (a) 4 Stunden, bis zu $11^1/_4$ Stunden im Falle (b) dauerte. Jedes der gefärbten Muster wurde sechsmal mit 100 cm^3 destilliertem Wasser insgesamt 48 Stunden gespült. Dann wurden die Bestimmungen und Extraktionen wie früher bei I durchgeführt. Die so erhaltenen Werte sind in Tabelle 17 eingesetzt.

Tabelle 17

Angewandter Farbstoff in mg, Reinheit 99,0%	Im Färbebad vorhandene 0,6%ige Metachrombeize in cm^3	Farbstoffgehalt der Wolle in mg-Mol	Restchromgehalt der Wolle in mg-Atom	Verhältnis zwischen Farbstoffmolen und Chromatomen	Durchschnittsverhältnis
20,0	10,0	0,0336	0,0169	1,99	2,01
40,0	10,0	0,0672	0,0324	2,08	
20,0	20,0	0,0336	0,0165	2,04	
40,0	20,0	0,0672	0,0348	1,93	

Zum Unterschiede vom Farbstoff: 4-Chlor-2-aminophenol-6-sulfonsäure → β-Naphthol bildet der Farbstoff 3,4,6-Trichlor-2-aminophenol → 1-Benzoylamino-8-naphthol-4-sulfonsäure beim Metachromverfahren in der Faser einen Farbstoffchromkomplex, der wie beim Vorchromierungsverfahren zwei Farbstoffmoleküle auf ein Chromatom enthält.

(C) Zur Aufklärung der Zusammensetzung der beim Nachchromierungsverfahren in der Faser gebildeten Farbstoffchromkomplexe wurden acht Muster konditionierte Wolle von je 2,300 g in siedendem Wasser genetzt und unter Rückfluß wie folgt gefärbt:
(a) Vier Muster wurden für sich in Bädern gefärbt, die etwa 20 mg des genau eingewogenen Farbstoffes aus 3,4,6-Trichlor-2-aminophenol → 1-Benzoylamino-8-naphthol-4-sulfonsäure und 100 cm^3 Wasser enthielten.
(b) Vier Muster wurden für sich in Bädern gefärbt, die etwa 40 mg des genau eingewogenen Farbstoffes und 100 cm^3 Wasser enthielten.

Nach $8^1/_2$stündiger Färbedauer waren die Färbebäder (a) zum größten Teil ausgezogen, während in den Bädern (b) noch ein beträchtlicher Farbstoffgehalt war. Sodann wurden zu jedem der Färbebäder 1 cm^3 10%ige Natriumacetatlösung (das ist annähernd 5% vom Wollgewicht) und 1 cm^3 2%ige Eisessiglösung (das ist annähernd 1% vom Wollgewicht) zugesetzt. Danach waren die Bäder im Falle (a) nach 5 Minuten und im Falle (b) nach 15 Minuten völlig ausgezogen. Jedes der gefärbten Muster wurde fünfmal mit 100 cm^3 destilliertem Wasser insgesamt 24 Stunden gespült, danach wurden die acht Muster unter Rückfluß wie in I (B) chromiert. Die Bestimmungen und Extraktionen wurden wie bei I ausgeführt. Die Ergebnisse dieser auf mg-Mole Farbstoffe und mg-Atome Chrom berechneten Bestimmungen stehen in Tabelle 18.

Tabelle 18

Angewandter Farbstoff in mg, Reinheit 99,0%	Bichromatkonzentration im Chromierungsbad	Farbstoffgehalt der Wolle in mg-Mol	Restchromgehalt der Wolle in mg-Atom	Verhältnis zwischen Farbstoffmolen und Chromatomen	Durchschnittsverhältnis
20,8	0,0025	0,0350	0,0165	2,12	2,03
20,6	0,005	0,0347	0,0169	2,05	
40,6	0,0025	0,0683	0,0346	1,97	
46,9	0,005	0,0789	0,0401	1,97	

Demnach wird bei allen drei Chromierungsverfahren (Vorchromierung, Metachrom- und Nachchromierungsverfahren) beim Färben von Wolle mit dem Farbstoff 3,4,6-Trichlor-2-aminophenol → 1-Benzoylamino-8-naphthol-4-sulfonsäure ein Farbstoffchromkomplex in der Faser gebildet, der zwei Farbstoffmoleküle auf ein Chromatom enthält.

III. Das Verhalten des im Handel befindlichen o,o'-Dioxyazofarbstoffes Metachrom-Brillantblau BL wurde ebenfalls auf die Zusammensetzung seiner Chromlacke hin untersucht. Die Konstitution dieses Farbstoffes vom Mol-Gewicht 526,5 war zwecks dieser Untersuchung durch die Imperal Chemical Industries Ltd. mitgeteilt worden. Der Farbstoff wurde nach der Methode von ROBINSON und MILLS[59]) gereinigt, wobei er mehrmals nacheinander mit geringen Mengen Wasser gelöst und jedesmal mit Natriumacetat wieder ausgesalzen wurde. Das restliche Natriumacetat wurde zum Schluß durch Extraktion mit absolutem Alkohol entfernt. Nach dem Konditionieren bei 22,2°C hatte der Farbstoff einen durch Titansulfat festgestellten Reinheitsgrad von 76,7% und einen Wassergehalt von 12,5%.

(A) Zur Konstitutionsaufklärung des beim Vorchromierungsverfahren auf der Faser gebildeten Chromlackes wurden 16 Muster konditionierte Wolle von je 2,300 g in siedendem Wasser genetzt und unter Rückfluß folgendermaßen chromiert:

(a) Vier Muster wurden für sich eine Stunde lang in 100 cm³ 0,0025 m-Kaliumbichromatlösung chromiert.

(b) Vier Muster wurden für sich zwei Stunden lang in 100 cm³ 0,0025 m-Kaliumbichromatlösung chromiert.

(c) Vier Muster wurden für sich eine Stunde lang in 100 cm³ 0,005 m-Kaliumbichromatlösung chromiert.

(d) Vier Muster wurden für sich zwei Stunden lang in 100 cm³ 0,005 m-Kaliumbichromatlösung chromiert.

Nach dem Chromieren wurde jedes Wollmuster siebenmal mit 100 cm³ destilliertem Wasser insgesamt 48 Stunden gespült und ohne zu trocknen unter Rückfluß wie folgt gefärbt:

(i) Acht Muster, die aus je zwei der nach den vier Methoden (a, b, c, d) chromierten Proben bestanden, wurden für sich in Bädern gefärbt, welche 4,0 cm³ einer 0,5%igen Lösung von Metachrom-Brillantblau BL und 96 cm³ Wasser enthielten.

(ii) Die übrigen acht Muster wurden für sich in Bädern gefärbt, die 8,0 cm³ der 0,5%igen Lösung von Metachrom-Brillantblau BL und 92,0 cm³ Wasser enthielten. Die bis zum völligen Ausziehen der Färbebäder erforderlichen Zeiten lagen zwischen einer Stunde bei den nach (i) (c) behandelten Mustern bis zu 4$^1/_2$ Stunden bei den nach (ii) (b) behandelten. Die gefärbten Muster wurden sechsmal mit 100 cm³ destilliertem Wasser gespült, was insgesamt 24 Stunden in Anspruch nahm. Dann wurden die Bestimmungen und Extraktionen wie bei I durchgeführt. Die erhaltenen Werte wurden beim Farbstoff auf mg-Mole und beim Chrom auf mg-Atome umgerechnet und in die Tabelle 19 eingesetzt.

Demnach enthält die in der Faser beim Vorchromierungsfärbeverfahren entstehende Komplexverbindung zwei Farbstoffmoleküle, die an ein Chromatom gebunden sind.

B. Zur Bestimmung der Konstitution des auf der Faser beim Metachromverfahren gebildeten Farbstoffchromkomplexes wurden acht

---

[59]) C. ROBINSON u. H. A. T. MILLS, Proc. Roy. Soc. [London] Ser. A **131**, 576 (1931).

Muster konditionierte Wolle von je 2,300 g in siedendem Wasser genetzt und unter Rückfluß folgendermaßen gefärbt:
(a) Zwei Muster wurden für sich in Bädern gefärbt, die 4,0 cm³ einer 0,5 %igen Lösung von Metachrom-Brillantblau BL, 10 cm³ einer 0,6 %igen Lösung von Metachrombeize und 86 cm³ Wasser enthielten.

Tabelle 19

Bichromatkonzentration im Chromierungsbad	Volumenprozent der im Färbebad vorhandenen 0,5% Farbstofflösung Reinheit 76,7%	Farbstoffgehalt der Wolle in mg-Mol	Restchromgehalt der Wolle in mg-Atom	Verhältnis zwischen Farbstoffmolen und Chromatomen	Durchschnittsverhältnis
0,0025	4,0	0,0291	0,0133	2,19	
0,0025	8,0	0,0291	0,0148	1,97	
0,0025	4,0	0,0291	0,0142	2,05	
0,0025	8,0	0,0291	0,0148	1,97	2,09
0,005	4,0	0,0582	0,0268	2,17	
0,005	8,0	0,0582	0,0273	2,13	
0,005	4,0	0,0582	0,0279	2,08	
0,005	8,0	0,0582	0,0273	2,13	

(b) Zwei Muster wurden für sich in Bädern gefärbt, die 8,0 cm³ der 0,5 %igen Lösung von Metachrom-Brillantblau BL, 10 cm³ der 0,6 %igen Lösung von Metachrombeize und 82 cm³ Wasser enthielten.
(c) Zwei Muster wurden für sich in Bädern gefärbt, die 4,0 cm³ der 0,5 %igen Lösung von Metachrom-Brillantblau BL, 20 cm³ der 0,6 %igen Lösung von Metachrombeize und 76 cm³ Wasser enthielten.
(d) Zwei Muster wurden für sich in Bädern gefärbt, die 8,0 cm³ der 0,5 %igen Lösung von Metachrom-Brillantblau BL, 20 cm³ der 0,6 %igen Lösung von Metachrombeize und 72 cm³ Wasser enthielten.

Die Färbedauer bis zum völligen Ausziehen lag zwischen 53 Minuten bei den nach Fall (c), bis zu 6 Stunden bei den nach (b) behandelten Mustern. Jede der Färbungen wurde siebenmal mit je 100 cm³ destilliertem Wasser gespült, was insgesamt 48 Stunden dauerte. Die Bestimmungen und Extraktionen erfolgten wie bei I. Die erhaltenen Ergebnisse wurden in Tabelle 20 eingetragen.

Demnach werden beim Metachromverfahren in der Faser Komplexe gebildet, in welchen, analog zu den beim Vorchromierungsverfahren erzeugten, zwei Farbstoffmoleküle an ein Chromatom gebunden sind.

C. Zur Aufklärung der beim Nachchromierungsverfahren in der Faser gebildeten Farbstoffchromkomplexe wurden acht konditionierte Wollmuster von je 2,300 g gesondert in siedendem Wasser genetzt und unter Rückfluß wie folgt gefärbt:

(a) Vier Muster wurden für sich in Bädern gefärbt, die 4,0 cm³ der 0,5%igen Lösung von Metachrom-Brillantblau BL und 96 cm³ Wasser enthielten.

(b) Vier Muster wurden für sich in Bädern gefärbt, die 8,0 cm³ der 0,5%igen Lösung von Metachrom-Brillantblau BL und 92 cm³ Wasser enthielten.

Weil die Färbebäder nach fünfstündiger Färbezeit noch nicht völlig ausgezogen waren, wurden zu jedem 1,0 cm³ einer 10%igen Natrium-

Tabelle 20

Angewandte Menge der 0,5% Farbstofflösung Reinheit 76,7%	Volumenprozent der im Färbebade vorhand. 0,6% Metachrombeize	Farbstoffgehalt der Wolle in mg-Mol	Chromgehalt der Wolle in mg-Atom	Verhältnis zwischen Farbstoffmolen und Chromatomen	Durchschnittsverhältnis
4,0	10,0	0,0291	0,0139	2,09	
8,0	10,0	0,0582	0,0275	2,11	2,06
4,0	20,0	0,0291	0,0142	2,05	
8,0	20,0	0,0582	0,0292	2,00	

acetatlösung und 1,0 cm³ 2%ige Eisessiglösung zugesetzt. Danach erfolgte bei (a) nach 5 Minuten und bei (b) nach 30 Minuten völliges Ausziehen. Jedes der gefärbten Muster wurde siebenmal mit 100 cm³ destilliertem Wasser gespült, was insgesamt 48 Stunden dauerte, danach wurde wie bei I (B) chromiert. Die Bestimmungen und Extraktionen wurden wie bei I ausgeführt. Die so erhaltenen Werte sind in Tabelle 21 eingesetzt.

Tabelle 21

Angewandte Menge der 0,5% Farbstofflösung Reinheit 76,7%	Bichromatkonzentration im Chromierungsbad	Farbstoffgehalt der Wolle im mg-Mol	Chromgehalt der Wolle in mg-Atom	Verhältnis zwischen Farbstoffmolen und Chromatomen	Durchschnittsverhältnis
4,0	0,0025	0,0291	0,0145	2,00	
8,0	0,0025	0,0582	0,0273	2,12	2,05
4,0	0,005	0,0291	0,0146	1,99	
8,0	0,005	0,0582	0,0277	2,10	

In welcher Weise die Chromierung auch durchgeführt wurde, ob als Vorchromierung, im Metachrom- oder Nachchromierungsverfahren, immer wird auf der Faser beim Färben mit Metachrom-Brillantblau BL der 2:1 -Komplex gebildet, in welchem zwei Farbstoffmoleküle an ein Chromatom gebunden sind.

Ferner wurde festgestellt, daß der Farbstoff: 3,4,6-Trichlor-aminophenol → 1-Benzoylamino-8-naphthol-4-sulfonsäure 2 : 1 Chromkomplexverbindungen auf der Faser auch dann bildet, wenn das Färben und Chromieren unter Verwendung stöchiometrischer Mengen erfolgt. Wird ein erheblicher Chromüberschuß angewendet, dann wird ebenfalls der 2 : 1-Chromkomplex gebildet, aber die Färbung fällt trüber aus. Weil das Färben bei Verwendung stöchiometrischer Mengen zu lange dauert, läßt sich in der Färbereipraxis ein gewisser Chromüberschuß nicht umgehen, während die üblicherweise angewendete zehnfache Menge Chrom zu hoch erscheint. Diese Ergebnisse wurden sowohl bei Schurwolle erhalten, welche durch Licht- und Lufteinwirkung nur wenig geschädigt war, als auch bei solcher, deren Spitzen geschädigt waren.

Drew und Fairbairn[60]) haben vermutet, daß aller Wahrscheinlichkeit nach bei allen Chromierungsfärbungen in der Faser kein einheitlicher Lack gebildet wird. Wenn dies richtig wäre, müßte der in der Faser gebildete, gegen Oxalsäure beständige, als 2 : 1-Komplex analysierte Lack eine äquimolare Mischung aus 1 : 1- und 3 : 1-Komplexen sein. Es zeigte sich jedoch, daß der 1 : 1-Komplex bei der Extraktion mit Oxalsäure nicht beständig ist und fast sein ganzes Chrom abgibt. Außerdem müßte sich durch den Pottingtest feststellen lassen, ob eine Mischung aus zwei Komplexen vorliegt, weil beide Arten sich dabei in ihren Echtheiten unterscheiden. In dieser Richtung vorgenommene Pottingversuche konnten die Vermutung, daß die in der Faser erzeugten 2 : 1-Komplexverbindungen aus zwei verschiedenen Komplexarten bestünden, nicht bestätigen.

Weil in Abwesenheit von Chrom mit Metachrom-Brillantblau BL erzeugte Färbungen bei der Behandlung mit n-Oxalsäure augenblicklich eine weinrote Färbung annehmen, müßte sich auf solche Weise unchromiertes Metachrom-Brillantblau auf der Faser feststellen lassen. Wenn 95% der stöchiometrischen Chrommenge von der zur Bildung des 2 : 1 Komplexes erforderlichen angewandt wurden, wurde die chromierte Färbung durch die Einwirkung von n-Oxalsäurelösung sichtlich röter. Andererseits, wenn die zweifache Chrommenge angewendet wurde, verlor die Färbung bei Einwirkung von n-Oxalsäure genau die Hälfte der angewandten Chrommenge, und der 2 : 1-Chromkomplex blieb ohne sichtbare Veränderung seiner Farbe auf die Wolle zurück. Wenn Metachrom-Brillantblau BL mit der stöchiometrischen Chrommenge zur Bildung des 2 : 1-Komplexes gefärbt wird, erhält man die gleiche Nuance wie bei Anwendung eines zehnfachen Chromüberschusses.

---

[60]) H. D. K. Drew u. R. E. Fairbairn, J. chem. Soc. (London] 823—835 (1939).

Die Waschechtheiten solcher Färbungen, die durch die Anwendung fertiggebildeter 2 : 1 Chromkomplexe auf der Faser erhalten wurden, sind wesentlich geringer als mit den Beizenfarbstoffen auf Chrombeize erzeugter Färbungen. Dies kann in der Weise erklärt werden, daß beide Färbungen ungleich tief in die Faser eingedrungen sind. Möglicherweise dringen die Farbstoffmoleküle und Chromierungen in Intermicellarräume ein, in welche die fertig gebildeten 2 : 1 Komplexe infolge ihrer Größe nicht eindringen können. Bei der Bildung der 2 : 1-Komplexverbindungen ist das Chrom im Komplex völlig abgesättigt und kann infolgedessen keine Bindungen zur Faser ausüben.

Infolgedessen ist nur vorstellbar, daß der in der Faser gebildete Farbstoffkomplex sich wie ein Säurefarbstoff verhält, der mit seinen Sulfonsäuregruppen an die Aminogruppen der Faser und an das überschüssig in der Faser abgelagerte Chromoxydhydrat gebunden sein kann. Die Zunahme der Echtheitseigenschaften ist einesteils dadurch erklärbar, daß der in der Faser gebildete Lack ein Molekülgewicht besitzt, das mehr als doppelt so groß ist wie das des chromfreien Farbstoffes, andernteils dadurch, daß der so in der Faser gebildete Lack durch van der Waalsche Kräfte in der Faser festgehalten wird.

Die Vorteile der Verwendung von Beizenfarbstoffen in der Wollfärberei bestehen nicht allein in ihren hohen Echtheitseigenschaften, sondern sind auch anderer Art. So haben RACE, ROWE, SPEAKMAN und VICKERSTAFF[61]) gezeigt, daß Wollschädigungen durch Licht und Luft, auf dem Tier oder an verarbeiteter Wolle auf dem hydrolytischen Angriff der Cystinbindungen der Peptidketten beruhen. Infolge des Aufbrechens der Disulfidgruppe quellen belichtete Wollen in sauren und alkalischen Lösungen stärker als unbelichtete. Infolgedessen sind sie zugänglicher für kolloide Farbstoffe, und ihre belichteten Stellen färben sich dunkler als unbelichtete. Mit kristalloiden Farbstoffen erhält man primär zwar gleichmäßige Färbungen, die aber später ungleichmäßig werden, weil der Farbstoff von den stärker gequollenen belichteten Stellen wieder abgezogen wird. Ungleichmäßiges Färben wird weiter besonders bei kolloiden Farbstoffen durch das Fehlen der Schuppen bei belichteten Fasern begünstigt. In solchen Fällen lassen sich zwar durch Änderung der Dispersion des Farbstoffes im Färbebade mit sauren Farbstoffen gleichmäßigere Färbungen erzielen, immer aber besteht die Neigung zu ungleichmäßigem Färben beim Nachchromieren. Chromiert man derartige Wolle aber im essigsauren Bade vor, nachdem vorher gut genetzt wurde, dann zeigen solche Wollen kein ungleichmäßiges Anfärben. Anscheinend werden auf unbelichteter und auf belichteter Faser annähernd gleiche Chrommengen niedergeschlagen, wenn mit den üblichen Mengen Kalium-

---

[61]) E. RACE, F. M. ROWE, J. B. SPEAKMAN u. T. VICKERSTAFF, J. Soc. Dyers Colourists 54, 141—158 (1938).

bichromat gearbeitet wird. Bei der Verwendung stärkerer Säuren fixieren sich ungleiche Chrommengen auf belichteten und unbelichteten Fasern. Weil die belichteten Fasern SH- und Aldehydgruppen enthalten, wird in diesem Falle auf ihnen mehr Chrom reduziert als auf den unbelichteten.

Als die besten Bedingungen für die Verwendung von Chromacetat zur Erzielung egaler Färbungen mit sauren und Nachchromierfarbstoffen haben RACE, ROWE und SPEAKMAN[62]) die halbstündige Behandlung mit 3% Chromacetat und 4% Eisessig bei 40°C im Flottenverhältnis 50 : 1 festgestellt. Nach ihren Untersuchungen sind jedoch nicht alle Chromacetate für diesen Zweck in der gleichen Weise geeignet[63]). Ein sehr wirksames Chromacetat kann in der Weise hergestellt werden, daß 1 Mol $Cr_2(OH)_6$ mit 2 Mol Eisessig bis zur Lösung verrieben wird. Dieser setzt man so viel Wasser zu, daß eine Beize entsteht, welche 20% Cr-Triacetat enthält. Diese Beize läßt man bei Raumtemperatur 6 Stunden stehen, danach wird 10 Minuten auf 40° erwärmt. Die erhaltene Lösung wird dann im geschlossenen Gefäß aufbewahrt, ehe sie zur Vorbehandlung der Wolle verwendet wird. Bei der Verwendung von Solochromschwarz 6 BFA gab diese Beize die besten Ergebnisse, schlechtere Ergebnisse wurden mit einer Beize aus $CrCl_3$ erhalten, noch ungenügender waren die Ergebnisse mit Chromsulfat. Das Chromformiat läßt sich nur in 8%iger Lösung herstellen und kommt in seiner Wirkung dem Acetat nicht ganz gleich[64]).

SPEAKMAN und seine Mitarbeiter[65]) haben das Metachromfärbeverfahren deswegen günstiger als die übrigen beiden Verfahren beurteilt, weil in den Metachromfärbebädern ein End-p_H-Wert von 5,5 beim Färben in offenen Gefäßen gefunden wurde, wenn Ammoniak entweichen kann. Demgegenüber haben jedoch die inzwischen von PERYMAN[66]), SUTCLIFFE[67]) und GAUNT[68]) durchgeführten Untersuchungen ergeben, daß dies beim praktischen Färben in geschlossenen Gefäßen nicht der Fall ist und daß darin der p_H-Wert des Färbebades die ganze Färbezeit über bei wenigstens 8 liegt.

Als Vorteile des Nachchromierungsverfahrens hat GAUNT[69]) darum einesteils den niedrigeren p_H-Wert des Färbebades, die bessere Färbe-

---

62) E. RACE, F. M. ROWE u. J. B. SPEAKMAN, J. Soc. Dyers Colourists 54, 159—171 (1938).

63) E. RACE, F. M. ROWE u. J. B. SPEAKMAN, J. Soc. Dyers Colourists 55, 69—82, 82—86, 258—261 (1939).

64) E. RACE, F. M. ROWE u. J. B. SPEAKMAN, Textile Colourist 61, 599—600 (1939).

65) J. B. SPEAKMAN u. C. E. COKE, J. Soc. Dyers Colourists 54, 563—565 (1938). W. T. LIU, J. B. SPEAKMAN u. P. E. KING, J. Soc. Dyers Colourists 55, 183 (1939).

66) R. V. PERYMAN, J. Soc. Dyers Colourists 64, 283, 394 (1948).

67) SUTCLIFFE, J. Soc. Dyers Colourists 64, 393 (1948).

68) J. F. GAUNT, J. Soc. Dyers Colourists 65, 429—433 (1949).

69) J. F. GAUNT, J. Soc. Dyers Colourists 70, 46—57 (1954).

baderschöpfung bei dunklen Färbungen und die leichtere Kontrolle des p_H-Wertes im Färbebade angegeben.

Außerdem besitzt das Nachchromierungsverfahren den Vorteil, daß man zunächst mit gut egalisierenden Farbstoffen färbt und diese später durch das Nachchromieren in die walk- und lichtechten Komplexfärbungen überführt. Darum hat dieses Verfahren besonders beim Färben von Braun, Marine und Schwarz auf loser Wolle und Garn so große Bedeutung. Er hat die beim Nachchromieren gebundenen Chrommengen mitgeteilt und gefunden, daß die End-p_H-Werte nach dem Chromieren mittels Kaliumbichromat je nach Menge und Art der zugesetzten organischen Säure zwischen $p_H = 5{,}6$—$8{,}0$ und bei Schwefelsäurezusatz zwischen $p_H = 3{,}0$—$4{,}9$ liegen.

Die besten Arbeitsweisen beim Färben mit den Diamantschwarzfarbstoffen waren schon vorher von **********[70]) ausführlich beschrieben worden. Bei einer Untersuchung der Aufziehgeschwindigkeiten von Nachchromierungsfarbstoffen hat RATTEE[71]) festgestellt, daß das Egalisiervermögen der Nachchromierungsfarbstoffe durch zwei Faktoren bedingt wird: einesteils ihren „strike“, also ihre Aufziehgeschwindigkeit, und anderenteils ihr Egalisierungsvermögen im kochenden Färbebade. Nach diesen Kriterien hat er die Nachchromierungsfarbstoffe in Gruppen von gleichen Ziehgeschwindigkeiten eingeteilt.

Die Frage der Gebrauchstüchtigkeit der mit Beizenfarbstoffen gefärbten Tuche ist öfter untersucht worden. Während HARDY[72]) im Gegensatz zu KERTESZ die Küpenfärbung der Chromierungsfärbung deutlich überlegen fand, kam SOMMER[73]) zu dem Schluß, daß sowohl durch die Chromierung als auch durch die Küpenfärbung eine Verbesserung der Wetterfestigkeit erreicht wird. Die von FINK[74]) vorgenommenen umfassenden Untersuchungen über den Einfluß des Färbeverfahrens auf die Gebrauchstüchtigkeit der Wolle haben die Verbesserung der Beständigkeit gegen Belichtung und Wäsche bei der Chromierfärbung bestätigt.

Eine großangelegte Untersuchung von HAUSMANN[75]) über den Einfluß des Färbeverfahrens von Nachchromierungs- und Wollküpenfarbstoffen auf das Verhalten bei der Fabrikation und auf die Trageigenschaften von Lieferungstuchen hat ergeben, daß in der Fabrikation und bei den mechanisch-technologischen Prüfungen sich die Küpenfärbung fast durchweg günstiger verhält als die Chromfärbung, in den Tragechtheitseigen-

---

[70]) ....

[71]) I. D. RATTEE, J. Soc. Dyers Colourists **70**, 347—354 (1954).

[72]) A. HARDY, Mschr. Textil-Ind. **48**, 17, 36, 57, 82, 108, 131 (1933).

[73]) H. SOMMER, Mschr. Textil-Ind. **42**, 35, 96, 158, 206 (1927); Melliand Textilber. (**7**, 338 (1936); Abh. dtsch. Materialprüfungsamt 1. Folge, Heft 6 (1940).

[74]) P. FINK, Textil-Rdsch. [St. Gallen] **8**, 279—302, 346—368, 543—557, 613—622 (1953).

[75]) W. HAUSMANN, Melliand Textilber. **39**, 900—905, 1013—1017 (1958).

schaften jedoch zwischen küpen- und chromfarbigen Tuchen praktisch kein Unterschied besteht.

b) Polyamidfasern

Die von HADFIELD und SHARING[1]) durchgeführten Untersuchungen haben ergeben, daß Kaliumbichromat sich gegen Nylon anders verhält als bei Wolle. Dieses unterschiedliche Verhalten war deshalb nicht überraschend, weil Nylon im Gegensatz zu Wolle keine reduzierenden Gruppen enthält. Deswegen wurde anfangs dreiwertiges Chrom für das Beizen von Nylon verwendet, beim nachfolgenden Färben zeigte sich jedoch, daß dabei viel Chrom in das Färbebad diffundierte und bereits dort mit dem Farbstoff unter Bildung eines unlöslichen Lacks reagierte. Daraufhin wurde eine nichtreduzierte Chrombeize angewendet. Das so gebeizte Nylon wurde dann gefärbt und anschließend mit einem Reduktionsmittel behandelt. Bei dieser Behandlungsart erfolgte zwar eine sehr gute Komplexbildung, doch stehen gewichtige Gründe der Einführung dieser Arbeitsweise in die Praxis deswegen entgegen, weil mit Kaliumbichromat gebeiztes Nylon besonders bei Lichteinwirkung einen raschen Festigkeitsverlust erleidet. Darum wurde versucht, eine andere Beiztechnik zu finden.

Das Chromatverfahren befriedigt deswegen nicht, weil Nylon beim neutralen Färben nur eine geringe Affinität sowohl zu Kaliumbichromat als auch zu Farbstoffen besitzt.

Deswegen wurde eine Reihe von Säuren in der Hinsicht untersucht, ob eine von ihnen die gewünschte Färbebaderschöpfung geben würde, ohne dabei im Färbebade das Bichromat zu reduzieren. Weil keine Säure gefunden wurde, die diese gewünschten Eigenschaften hatte, wurde die Arbeit in dieser Richtung aufgegeben.

Das beim Färben von Wolle mit Beizenfarbstoffen am häufigsten verwendete Nachchromierungsverfahren gibt bei Nylon angewendet ziemlich zufriedenstellende Ergebnisse, wenn eine Reihe von Chromfarbstoffen in mittleren und dunklen Tönen so auf Nylon gefärbt wird. Indessen ist dabei erforderlich, größere Mengen von Bichromat und stärkere Säuren zu verwenden. Wenn diese Farbstoffe auf Nylon gefärbt werden, muß außerdem das Chromieren bei Kochtemperatur erfolgen, damit Lackbildung eintritt. Frühere Untersuchungen über das Färben von Nylon bestätigen diese Beobachtungen, doch eine sorgfältigere Untersuchung fand, daß dieses Verfahren nur begrenzt anwendbar ist, weil dabei die folgenden Gefahren bestehen:

a) Lösungen von niedrigem p_H-Wert, z. B. 2 oder niedrigere, verursachen bei höherer Temperatur merkliche Schädigungen von Nylon.

---

[1]) H. R. HADFIELD u. D. N. SHARING, J. Soc. Dyers Colourists **64**, 381—386 (1948.)

b) Eine vollständige Bildung des Farbstoffchromkomplexes wird nicht in allen Fällen erreicht. Dies geht daraus hervor, daß die erwartete Farbe dann nicht erhalten wird und eine ungewohnt niedrige Waschechtheit der Färbungen infolge unvollständiger Chromierung festzustellen ist.

c) Die nicht durch ein gesondertes Nachwaschen aus dem Nylon entfernten Bichromatreste bewirken die Gefahr einer Faserschwächung, die besonders dann eintritt, wenn eine Lichteinwirkung erfolgt.

d) Manche Chromierungsfarbstoffe können deswegen nicht nach dieser Methode gefärbt werden, weil die Chromierungsfarbstoffe in verschieden hohem Grade bei starken Oxydationseinwirkungen zersetzt werden. Selbst bei den für diese Arbeitsweise am besten geeigneten Chromierungsfarbstoffen werden keine sehr tiefen Färbungen erhalten.

Die Tatsache, daß Lackbildung eintritt, führte dazu, daß die Methode des Chromierens mit Bichromat unter starken Oxydationsbedingungen abgemildert wurde. Wenn Schwefelsäure beim Chromieren mitverwendet worden war, mußte eine Farbstoffzerstörung oder eine Oxydation des Nylon stattgefunden haben. Wenn dagegen Ameisensäure angewendet wurde, dann bestand außerdem die Möglichkeit, daß das Bichromat durch die Oxydation der Ameisensäure im Nylon reduziert werden konnte.

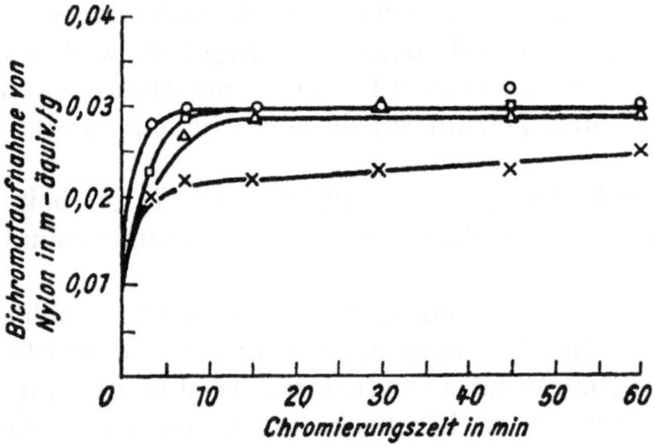

Abb. 3. Aufnahme von Kaliumbichromat bei ungefärbtem Nylon

Dieser Wert von 0,03 m-Äquiv. entspricht der Aufnahme von 44% Kaliumbichromat bei Anwendung von 1,0% $K_2Cr_2O_7$

○ 1,0% $K_2Cr_2O_7$ bei 95° C
□ 1,0% K_2Cr_2O „ 70° C
△ 2,0% $K_2Cr_2O_7$ „ 70° C
× 0,5% $K_2Cr_2O_7$ „ 70° C
} Flottenverhältnis 40 : 1 pH = 3

Der erste Schritt in der genaueren Untersuchung der Nachchromierungsmethode bei Nylon bestand in der Feststellung der Aufnahmefähigkeit von ungefärbtem und gefärbtem Nylon für Kaliumbichromat. Diese Bestimmungen erfolgten in Chromierungsbädern, die mit Ameisensäure auf die pH-Werte 2,8—3,0 eingestellt worden waren. Die Wahl dieses pH-Wertes erfolgte deshalb, weil die Untersuchungen von PETERS[2]) und FERN[3]) ergeben hatten, daß dabei Nylon ein Maximum an Farbstoffen oder Chrom ohne Faserschädigung aufnimmt. Die aufgenommene Menge Kaliumbichromat wurde kolorimetrisch unter Verwendung von Diphenylcarbazid bestimmt.

---

[2]) R. H. PETERS, J. Soc. Dyers Colourists **61**, 95 (1954).

[3]) P. W. CARLENE, A. S. FERN u. T. VICKERSTAFF, J. Soc. Dyers Colourists **63**, 388 (1947).

In Abbildung 3 sind die Adsorptionswerte von Kaliumbichromat aus saurer Lösung bei ungefärbtem Nylon angegeben. Man ersieht aus ihr, daß die Aufnahme bei Temperaturen über 70° C unabhängig von der Konzentration in den ersten fünf Minuten sehr rasch erfolgt und daß bei Anwendung von 1% oder 2% Kaliumbichromat vom Fasergewicht die Gleichgewichtsaufnahme in weniger als 10 Min. nahezu erreicht wird.

Bei Anwendung von 0,5% Kaliumbichromat ist die Aufnahme geringer als bei 1% oder 2%. Die Gesamtaufnahme von Kaliumbichromat beträgt bei diesem pH-Wert 0,03 Milliäquivalente pro Gramm Nylon und ist von der gleichen Größenordnung wie der Gehalt an freien Aminogruppen in Nylon, der annähernd 0,036 Milliäquivalente pro g beträgt. Daraus geht hervor, daß Kaliumbichromat in saurer Lösung von Nylon in der gleichen Weise aufgenommen wird wie Salzsäure (LEMIN[4]) und die Säuren von Egalisierungsfarbstoffen (PETERS[5])), d. h. an den positiv geladenen freien Aminoendgruppen. Diese Reaktion entspricht dem Schema:

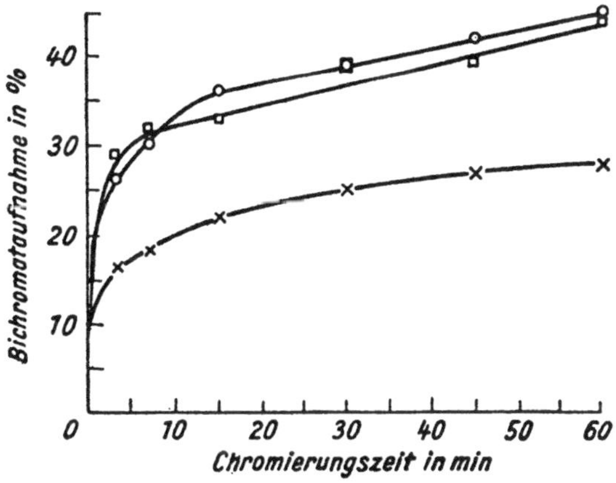

Abb. 4. Bichromataufnahme von gefärbtem Nylon bei 95° C

○ 1,0% Diamantbraun RH extra (By)
□ 1,0% Solochromrot ERS (ICI)
× 1,0% Diamantcorinth N(By)
} 1% $K_2Cr_2O_7$ Flottenverhältnis 40 : 1 pH = 3

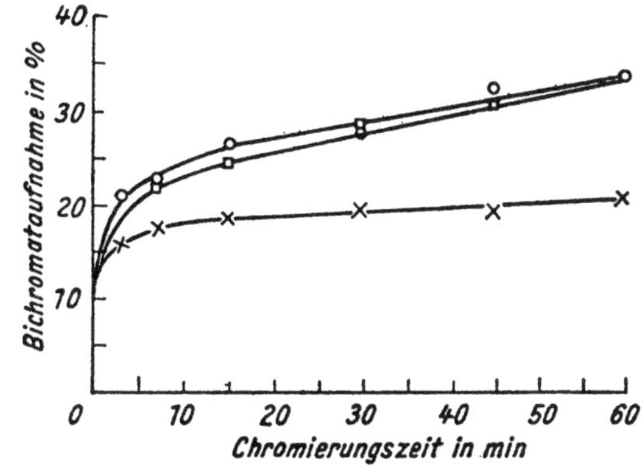

Abb. 5. Bichromataufnahme von gefärbtem Nylon bei 70° C

○ 1,0% Diamantbraun RH extra (By)
□ 1,0% Solochromrot ERS (ICI)
× 1,0% Diamantkorinth N (By)
} 1,0% $K_2Cr_2O_7$ Flottenverhältnis 40 : 1 pH = 3

$$Ny^+NH_2\} H\cdot COO^- + HCrO_4^- \rightleftharpoons Ny^+NH_2\} HCrO_4^- + H\cdot COO^-.$$

Zur Bestätigung dafür, daß die Chromsäure von den Aminogruppen gebunden wird, wurden Versuche mit acetyliertem Nylon durchgeführt.

[4]) D. R. LEMIN, J. Soc. Dyers Colourists **63**, 389 (1947).
[5]) R. H. PETERS, J. Soc. Dyers Colourists **61**, 95 (1945).

Diese Versuche ergaben, daß bei $p_H = 3$ praktisch kein Bichromat aufgenommen wird.

Die Abbildungen 4 und 5 zeigen die Bichromataufnahme beim p_H-Wert 3 von 1%igen Nylonfärbungen, die unter Verwendung Sulfonsäuregruppen enthaltender Chromfarbstoffe hergestellt waren. Anfangs wird bei 95°C und 70°C ein annähernd so hoher Betrag von Kaliumbichromat wie bei ungefärbtem Nylon aufgenommen, die in den ersten 10 Minuten aufgenommene Bichromatmenge ist jedoch geringer als bei ungefärbtem Nylon.

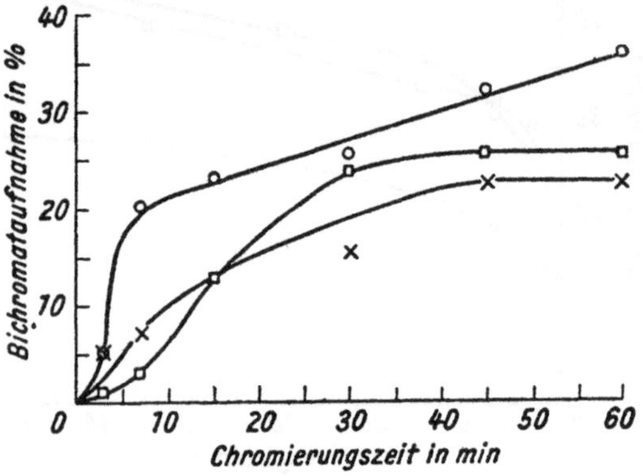

Abb. 6. Bichromataufnahme von gefärbtem Nylon bei 95° C

○ 6,0% Diamantbraun RH extra (By)
□ 6,0% Solochromrot ERS (ICI)
× 6,0% Diamantcorinth N (By)
} 1% $K_2Cr_2O_7$ Flottenverhältnis 40 : 1 $p_H = 3$

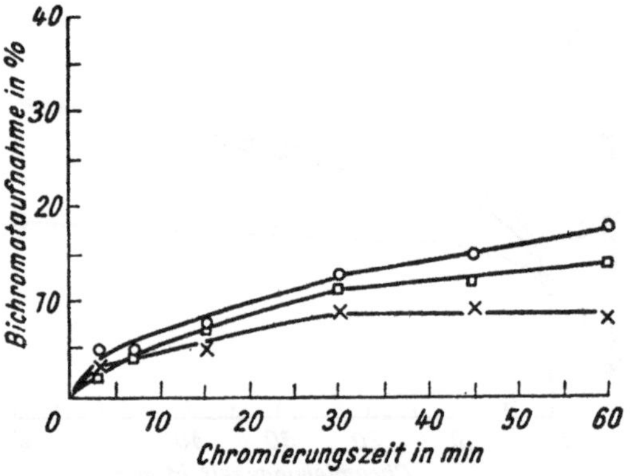

Abb. 7. Bichromataufnahme von gefärbtem Nylon bei 70° C

○ 6,0% Diamantbraun RH extra (By)
□ 6,0% Solochromrot ERS (ICI)
× 6,0% Diamantcorinth N (By)
} 1% $K_2Cr_2O_7$ Flottenverhältnis 40 : 1 $p_H = 3$

Infolgedessen kann man annehmen, daß die anfangs aufgenommene Menge der Bichromataufnahme derjenigen der positiv geladenen Aminogruppen entspricht, die nicht mit Farbstoffanionen besetzt sind. Danach erfolgt eine langsamere Bichromataufnahme, deren Ausmaß temperaturabhängig ist; je höher die Temperatur ist, um so rascher erfolgt die Aufnahme.

Man kann annehmen, daß diese Erscheinung einer langsamen Reduktion der Chromsäure im Nylon entspricht. Die nächste Folge dieser Umwandlung eines Chromsäureanions in ein Chromkation ist das Freiwerden einer positiv geladenen Aminogruppe in Nylon. Wenn dieser Vorgang sich wiederholt im Nylon abspielt, kann der normale Sättigungswert von 0,03 Milliäquivalent p. g. Nylon überschritten werden. Weil bei höherer Temperatur die Reduktion zunimmt, findet man, daß die Chromaufnahme infolge der eintretenden Reduktion der Chromsäure bei 95° rascher erfolgt als bei 70° C.

Die Abbildungen 6 und 7 zeigen die Chromaufnahme 6%iger Färbungen der gleichen Chromierungsfarbstoffe mit Sulfonsäuregruppen. Man sieht daraus, daß der Kurvenverlauf völlig anders ist als bei ungefärbtem Nylon, woraus hervorgeht, daß hier ein anderer Adsorptionsmechanismus erfolgt. In diesem Falle erfolgt die Aufnahme der Chromsäure entsprechend dem beschriebenen Reduktionsmechanismus, weil hier fast alle Aminoendgruppen bereits von Farbstoffmolekülen besetzt sind. Einen weiteren Beweis für diesen Reduktionsvorgang ergab die folgende Untersuchung:

Ein Farbstoffüberschuß wurde 15 Minuten mit bekannten Mengen von verdünnter Ameisensäure und Kaliumbichromat auf 60° C erhitzt. Nach dem Abkühlen wurde mittels elektrometrischer Titration mit Eisenammonsulfat die Menge des sechswertigen Chroms bestimmt. Dabei wurde gefunden, daß kein Kaliumbichromat bei dieser Behandlung reduziert wurde, wenn kein Farbstoff anwesend war; bei Farbstoffanwesenheit war die Menge der reduzierten Chromsäure von Farbstoff zu Farbstoff verschieden. So verursachte z. B. Diamantbraun RH mehr dreiwertiges Chrom als Solochromat ERS und dieses wiederum mehr als Diamantkorinth N. Die experimentell festgestellte Fähigkeit eines Farbstoffs Chromsäure zu reduzieren, entspricht demnach den Ausmaßen der von den gleichen Farbstoffen durch einen Reduktionsmechanismus bewirkten Chromaufnahmen in den Abbildungen 4—7. Außer der Bestimmung der in Gegenwart von Ameisensäure und Farbstoff reduzierten Menge Kaliumbichromat wurde auch die Menge der oxydierten Ameisensäure bestimmt. Obgleich die Unterschiede gering waren, nahm die Menge der zerstörten Ameisensäure in der gleichen Richtung ab: Diamantbraun RH > Solochromrot ERS > Diamantkorinth N. Demnach scheint der Farbstoff in irgendeiner Weise befähigt zu sein, bei der Reduktion von Kaliumbichromat durch Ameisensäure als Katalyt zu wirken.

Durch Vergleich mit den beim Färben von Wolle mit Chromfarbstoffen eintretenden Reaktionen wurde ersichtlich, daß die Unterschiede im Verhalten der beiden Fasern hauptsächlich aus den folgenden bestehen:

Erstens der niedrigen Aufnahmefähigkeit für Kaliumbichromat und zweitens der Unfähigkeit von ungefärbtem Nylon, das sechswertige Chrom des Bichromats in das dreiwertige Chrom zu reduzieren, es sei denn unter sehr stark sauren Oxydationsbedingungen.

Trotz der niedrigen Aufnahmefähigkeit von Nylon für Kaliumbichromat und obwohl die Farbstoffanionen und das Chromsäureanion die gleiche im Nylon nur in beschränktem Maße vorhandene Gruppe besetzen, haben die vorbeschriebenen Untersuchungen gezeigt, daß eine Bichromatmenge vom Nylon absorbiert wird, welche zur völligen Chelatbildung des im Nylon befindlichen Farbstoffes ausreicht, selbst bis zu Farbstoffgehalten von 10%; daß dies so ist, ergibt sich aus der Berücksichtigung des Gehaltes an reinem Farbstoff, rechnerisch bezogen auf die

Bichromataufnahme. Nylon besitzt jedoch im Gegensatz zu Wolle keine Disulfidgruppen und ist infolgedessen nicht fähig, Bichromat zu chromierendem Chrom zu reduzieren. Infolgedessen war die Schwierigkeit, auf Nylon voll chromierte Färbungen zu erhalten, offensichtlich dadurch verursacht, daß die Lackbildung der Farbstoffe mit dreiwertigem Chrom erfolgt. Demzufolge wurden befriedigendere Ergebnisse erhalten, wenn mit Kalium- oder Natriumbichromat chromiert und danach das Bichromat im Nylon durch ein rasch wirksames Reduktionsmittel wie Natriumthiosulfat, Natriumhydrosulfit oder Natriumsulfit zersetzt wurde. Nunmehr wurde diese Arbeitsweise angewendet, indem eine Anzahl von Chromfarbstoffen gefärbt und chromiert wurden, wonach reduziert wurde. Die so ausgearbeitete beste Arbeitsweise ist die folgende[6]):

Dem kalten Färbebade setzt man den Farbstoff und 3% Essigsäure 30%ig zu, geht dann mit der Ware ein und erwärmt unter Umziehen innerhalb zwanzig Minuten auf 95—100°C. Nachdem man diese Temperatur weitere zehn Minuten gehalten hat, setzt man 3% Ameisensäure 85%ig zu und färbt weitere zehn Minuten so weiter bzw. bis der Farbstoff völlig aufgezogen ist. Dann werden 0,5% Kalium- oder Natriumbichromat zugesetzt und eine Stunde weiterchromiert. Die Reduktion wird durch Zusatz von 2,5% Natriumthiosulfat bewirkt. Im allgemeinen tritt nach dreißig Minuten völlige Reduktion und Chelatbildung ein. Weil es beim Färben tiefer Farbtöne häufig vorkommt, daß der Farbstoff nicht völlig ausgezogen wird, ist es in solchen Fällen vorteilhafter, in einem mit 4% Ameisensäure 85%ig frisch angesetztem Bade zu chromieren. Für dunkle Färbungen sind 1% Bichromat empfehlenswert, und für Schwarz ist es ratsam, 2% Bichromat zu verwenden. In allen diesen Fällen soll der Zusatz von Natriumthiosulfat die fünffache Menge des Bichromatzusatzes betragen. Man kann auch in der Weise verfahren, daß man die Anfangsaufziehgeschwindigkeit des Farbstoffes dadurch herabsetzt, daß man das Färben in einem mit 3% Ammonacetat beschickten Färbebade oder einem mit 3% Ammonacetat und 0,5% Ammoniak (spez. Gew. 0,910) beginnt.

Diese neue Arbeitsweise eignet sich besonders zum Färben von Nylongarnen, während das Färben von Stückwaren nur dadurch beeinträchtigt wird, daß das Chromieren bei wenigstens 90°C erfolgen muß, was bei offenen Färbejiggern nicht möglich ist.

Weil eine Anzahl Chromfarbstoffe scheinbar bereits vor erfolgtem Thiosulfatzusatz fast völlig chromiert wird, erschien es angebracht, die Bildung des Farbstoffchromkomplexes im Nylon mit und ohne Thiosulfatbehandlung quantitativ zu bestimmen. Infolgedessen wurde nach der spektrophotometrischen Methode von SELLING[7]) aus den Durch-

---

[6]) Zum Patent angemeldet.

[7]) H. J. SELLING, J. Soc. Dyers Colourists **63**, 419—424 (1947).

lässigkeitskurven der Färbungen das Verhältnis zwischen dem nichtchromierten Farbstoff und chromierten Farbstoff bestimmt. Bei Solochrombrillantviolett BR ergab dieser Vergleich von Färbungen, die einesteils nur chromiert, anderntheils chromiert und reduziert worden waren, die in Abbildung 8 eingetragenen Werte. Man ersieht daraus die Vorteile der Anwendung von Natriumthiosulfat als Reduktionsmittel.

Ein Vergleich des Chromierungsgrades von solchen Färbungen auf Nylon, die mit 6% Diamantcorinth N hergestellt worden waren, in Abbildung 9 zeigt, daß die Einwirkung von Natriumthiosulfat zwar die Komplexbildung fördert, sonst aber keine merklichen Unterschiede der Chromierungskurven bewirkt. Wenn bei 70° C chromiert wird, ist die Komplexbildung, wie erwartet, geringer als bei 90° C. Weil bei dunklen Färbungen nur wenige freie Aminogruppen im Nylon vorhanden sind, ist das Ausmaß der Bichromataufnahme abhängig von der Menge des durch Reduktion gebildeten dreiwertigen Chroms, welches zur Chelatbildung verbraucht wird. Bei 70° C bei milderen Reduktionsbedingungen wird demnach weniger Bichromat reduziert, und demzufolge tritt beträchtlich weniger Chelatbildung zwischen Farbstoff und dreiwertigem Chrom ein. Bei helleren Ausfärbungen ist der Kurvenverlauf etwas anders, wie aus Abbildung 10 ersichtlich ist.

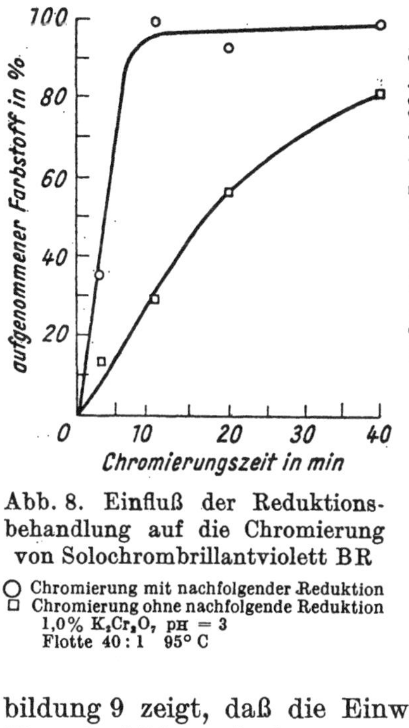

Abb. 8. Einfluß der Reduktionsbehandlung auf die Chromierung von Solochrombrillantviolett BR

○ Chromierung mit nachfolgender Reduktion
□ Chromierung ohne nachfolgende Reduktion
1,0% $K_2Cr_2O_7$ pH = 3
Flotte 40 : 1 95° C

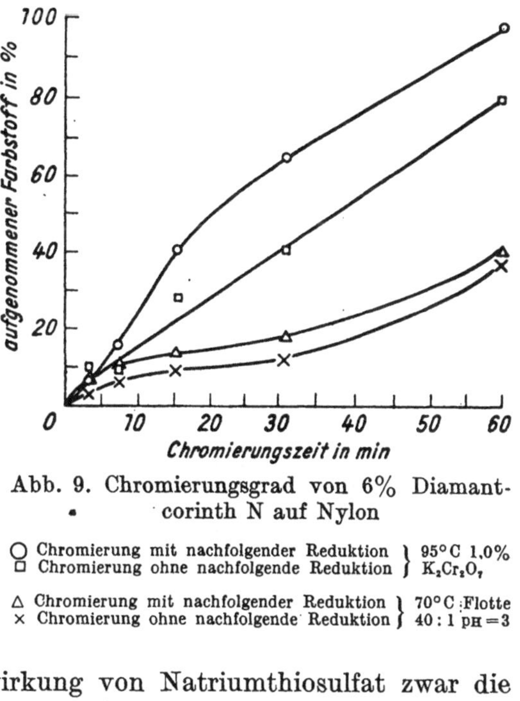

Abb. 9. Chromierungsgrad von 6% Diamantcorinth N auf Nylon

○ Chromierung mit nachfolgender Reduktion } 95° C 1,0%
□ Chromierung ohne nachfolgende Reduktion } $K_2Cr_2O_7$

△ Chromierung mit nachfolgender Reduktion } 70° C Flotte
× Chromierung ohne nachfolgende Reduktion } 40 : 1 pH = 3

Daß die Aufnahmefähigkeit von Perlon infolge des größeren Säurebindungsvermögens größer als die von Nylon und Rilsan sein muß, läßt sich aus den vorstehenden Untersuchungen mit zwingender Notwendigkeit ableiten. WÜRZ[8]) hat mitgeteilt, daß beim Rilsan, welches bekanntlich noch weniger freie Aminogruppen im Molekül enthält als die beiden anderen Polyamide, sich mit ausgewählten Chromierungsfarbstoffen leichter mittlere und dunkle Farbtöne erzielen lassen als mit Egalisierungsfarbstoffen. Er führt dies darauf zurück, daß sich bei Chromierungsfarbstoffen beim Färben aus neutralem oder schwachsaurem Bad Wasserstoffbrücken zwischen den Hydroxylgruppen der Farbstoffmoleküle und den Amidgruppen der Faser ausbilden können.

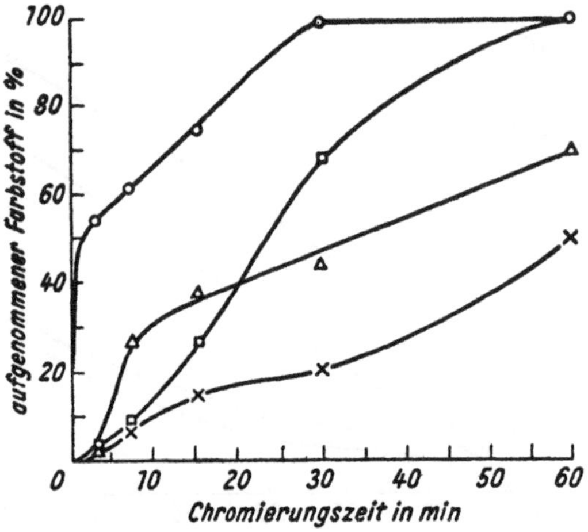

Abb. 10. Chromierungsgrad von 1,0% Diamantcorinth N auf Nylon

○ Chromierung mit nachfolgender Reduktion } 95° C
□ Chromierung ohne nachfolgende Reduktion } 1,0% $K_2Cr_2O_7$
△ Chromierung mit nachfolgender Reduktion } 70°C Flotte
× Chromierung ohne nachfolgende Reduktion } 40 : 1 pH = 3

Zum Färben von Rilsan hat WÜRZ die folgende Färbeweise empfohlen, die der von HADFIELD und SHARING für Nylon beschriebenen entspricht: Man beginnt zunächst im neutralen Bad, um ein gleichmäßiges Aufziehen des Farbstoffs zu erreichen, weil Chromierungsfarbstoffe auf Rilsan genauso wie auf anderen Polyamidfasern nur ein geringes Migrationsvermögen aufweisen. Bei dunkleren Färbungen empfiehlt es sich, das Bad später etwas anzusäuern. Nachdem der unmetallisierte Farbstoff aufgezogen ist, wird am besten in einem frischen Bade nachchromiert. Hierzu wird die Faser eine Stunde mit Bichromat und Ameisensäure kochend behandelt. Danach setzt man zur Reduktion der Chromsäure Natriumthiosulfat zu und kocht eine weitere halbe Stunde.

Die oben beschriebene Arbeitsweise gibt die Gewähr, daß kein Bichromat in der Faser zurückbleibt. Dies ist deswegen sehr wichtig, weil Bichromat bzw. Chromsäure in Polyamidfasern bei Belichtung zu Faserschädigungen führen kann, während bereits ganz geringe Mengen an dreiwertigem Chrom die Lichtstabilität von Polyamidfasern erheblich vergrößern.

c) Cellulosefasern

Bei der Behandlung der direkten Färbungen von Oxyazofarbstoffen auf Baumwolle in sehr verdünntem Kupfersulfatbade hat JUSTIN-

---

[8]) A. WÜRZ, Milliand Textilber. 6, 691 (1956).

MUELLER[9]) eine Farbtonveränderung beobachtet, die von einer Verbesserung der Lichtechtheit und in einigen Fällen auch der Waschechtheit begleitet war. Die erhöhten Echtheitseigenschaften verschwinden beim einfachen Spülen der Färbung nicht.

In Zusammenfassung der Umstände bei der Nachbehandlung von Färbungen mit Kupfersalzen fand er, daß

1. die Behandlung in einem verhältnismäßig verdünntem Bade stattfindet,
2. die Wirkung besser in der Wärme als in der Kälte eintritt,
3. die Färbungen ihre Nuancen mehr oder weniger ändern,
4. die Beständigkeit gegen Lichtwirkung verändert wird,
5. die Farbstoffe vielfach unlöslicher werden, wodurch die Waschechtheit erhöht wird,
6. ein energisches Waschen mit Alkalien den ursprünglichen Farbton und Echtheit wiederherstellt.

Unter diesen Gegebenheiten sei die Annahme berechtigt, daß bei der Nachbehandlung eine Umsetzung zwischen dem Natriumsalz der Farbstoffsulfosäure und dem Kupfersulfat stattfindet. Er vermutete, daß das Kupfer in erster Linie mit der Sulfogruppe in doppelter Umsetzung reagiere, doch hat JUSTIN-MUELLER auch schon die Möglichkeit in Betracht gezogen, daß das Kupfer auch an die dem Chromophor benachbarten Hydroxyle treten kann, nachdem er festgestellt hatte, daß p-Nitranilinrot und Dianisidinblau ebenfalls mit Kupfersulfat reagieren. Weil Nitranilinrot und Dianisidinblau keine Sulfogruppen enthalten, können ihre Kupferverbindungen nur unter Vermittlung ihrer phenolischen Hydroxylgruppen zustande gekommen sein. Nach dem Untersuchungsbefund von SCHAPOSCHNIKOFF und SVIENTOSLAVSKI[10]) enthalten diese Verbindungen 1 Molekül Kupfer auf 2 Moleküle Farbstoff.

Für die analoge Verbindung des Glykokolls hat LEY[11]) in Übereinstimmung mit TSCHUGAEFF[12]) die folgende Konstitutionsformel aufgestellt:

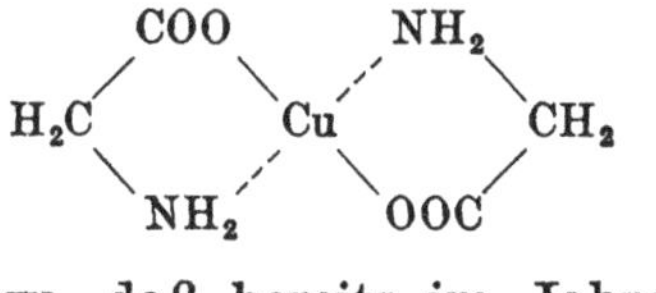

Berücksichtigt man dazu, daß bereits im Jahre 1903 ERDMANN und BORGMANN[13]) aus dem o-Aminophenol und Derivaten desselben Azofarb-

[9]) ED. JUSTIN-MUELLER, Bull. Soc. ind. Rouen. **1904** 100. Z. Farben-Textilind. **3**, 300—303 (1904).

[10]) W. SCHAPOSCHNIKOW u. V. SVIENTOSLAVSKI, Z. Farben-Textilind. **3**, 422—426 (1904).

[11]) H. LEY, Z. Elektrochem. **10**, 954—956 (1904).
H. LEY u. P. KRAFFT, Ber. dtsch. chem. Ges. **40**, 697—704 (1907).

[12]) L. TSCHUGAEFF, Ber. dtsch. chem. Ges. **40**, 1973—1980 (1907).

[13]) E. ERDMANN u. O. BORGMANN, DRP. 78 409.

stoffe hergestellt hatten, welche durch Metallbeizen auf der Faser in auffallender Weise verändert werden, indem sie licht- und alkaliechte Farbtöne liefern und die von JUSTIN-MUELLER untersuchten Benzidinfarbstoffe zum Teil die gleichen Atomgruppierungen enthalten, dann ist man berechtigt, dies als Bestätigung der Regel von MÖHLAU[14]) anzusehen, welche besagt:

„Wenn in einer hydroxylierten aromatischen Verbindung eine Hydroxylgruppe in benachbarter (Ortho- oder Peri-) Stellung zum Chromophor sich befindet, ist dieselbe ein Beizenfarbstoff."

Dementsprechend hat WERNER[15]) diese Verbindungen ebenfalls als Komplexverbindungen, in denen das Wasserstoffatom der Oxygruppe durch das Metall ersetzt und das eine Stickstoffatom der Azogruppe durch eine Nebenvalenz an das Metallatom gebunden ist, aufgefaßt. Weil das o-Oxyazobenzol keine Sulfogruppe im Molekül enthält, sein von BAMBERGER[16]) hergestelltes Kupfersalz nur unter Vermittlung seiner Hydroxylgruppe reagieren kann und infolge seiner Konstitution die Beizenregel von MÖHLAU erfüllt, hat BAUDISCH[17]) diese Verbindung im Sinne von WERNER als Komplexverbindung angesehen und folgendermaßen formuliert:

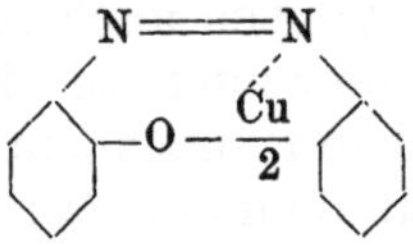

wobei der zur inneren Komplexsalzbildung nötige Ringschluß zwischen dem Wasserstoffatom der o-Hydroxylgruppe und dem einen tertiären Stickstoffatom erfolgt.

In Fortführung dieser Untersuchungen haben DREW und LANDQUIST[18]) festgestellt, daß die Oxyazoverbindungen mit Kupfer in sehr mannigfacher Weise reagieren können und daß die im Benzolkern bzw. Naphthalinkern enthaltenen Substituenten die Stabilität der entstehenden Komplexverbindungen beeinflussen. Für die aus o-Oxyazobenzol erhaltenen Kupferlacke haben sie eine der folgenden Formulierungen vorgeschlagen:

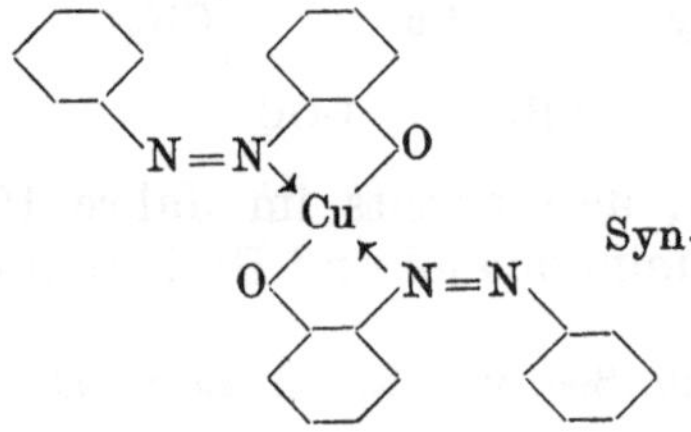

Syn-Form

---

[14]) R. MÖHLAU u. F. STEIMMIG, Z. Farben-Textilind. **3**, 361 (1904).

[15]) A. WERNER, Ber. dtsch. chem. Ges. **41**, 1062—1074 (1908).

[16]) E. BAMBERGER, Ber. dtsch. chem. Ges. **33**, 1951 (1900).

[17]) O. BAUDISCH, Z. angew. Chem. **30**, A 133—135 (1917).

[18]) H. D. K. DREW u. J. K. LANDQUIST, J. chem. Soc. [London] 292—304 (1938).

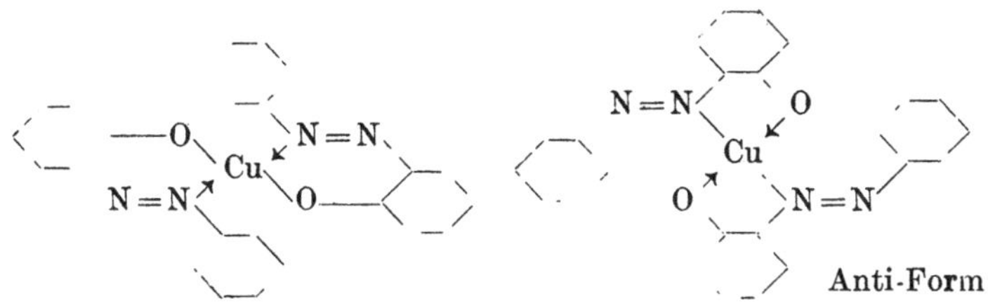

Anti-Form

je nachdem, ob die Azogruppe in der Syn- oder Antiform vorliegt. Sie fanden, daß die übrigen isomeren Oxyazoverbindungen keine Komplexverbindungen geben. Das o-Oxyazobenzol dagegen bildet ebenso wie das o-Aminoazobenzol mit den zweiwertigen Metallen Kupfer, Cobalt und Nickel Komplexe. Mit den dreiwertigen Metallen Aluminium, Chrom und Eisen, dem vierwertigen Vanadium oder dem zweiwertigen Mangan und Zinn werden jedoch keine Komplexverbindungen gebildet.

Außer bei o-Oxyazofarbstoffen haben Beech und Drew[19]) auch bei o,o'-Dioxyfarbstoffen, o-Oxy-o'-Aminoazobenzol, o-Oxyazobenzoesäure und o-Aminoazobenzoesäure komplexe Kupferverbindungen erhalten.

In Übereinstimmung damit hat Pfitzner[20]) darauf hingewiesen, daß in solchen o-Oxyazomethinen, den o-Oxy- oder o-Aminoazofarbstoffen, die in dem am tertiären Stickstoff stehenden Rest ebenfalls eine metallbindende Gruppe wie z. B. eine Hydroxyl-, Amino- oder Carboxylgruppe enthalten, die Bindung des Metalls unter Ausbildung eines zweiten Nebenvalenzringes erfolgen kann. Die wichtigsten Farbstoffe dieser Reihe sind nach ihm die o,o'-Dioxyfarbstoffe.

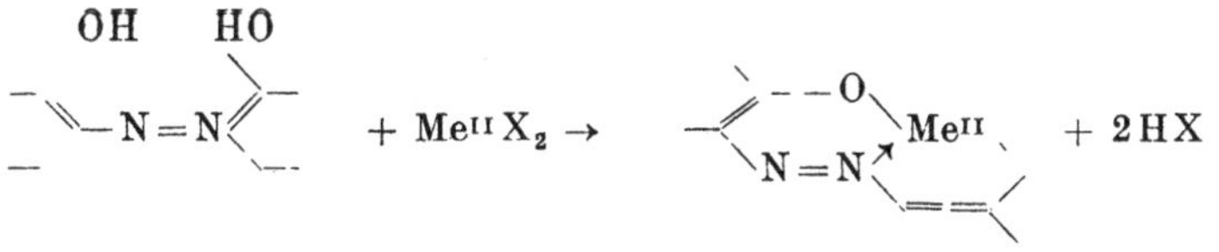

„In diesem Komplex ist ein zweiwertiges Metall mit der Koordinationszahl 4 weitgehend abgesättigt, es bleibt nur eine freie Koordinationsstelle unbesetzt, an die ein weiterer Ligand treten kann." Analog sind die Komplexverbindungen von zweiwertigen Metallen mit o,o'-Dioxyazomethinen, o-Oxy-o'-amino- oder o-Oxy-o'-carboxyazofarbstoffen aufzufassen.

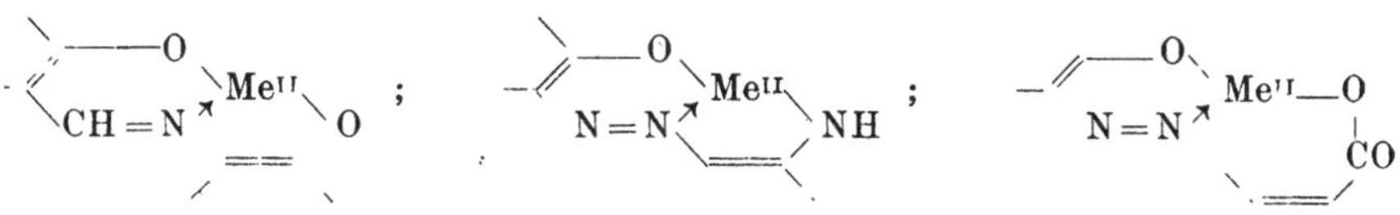

19) W. F. Beech u. H. D. K. Drew, J. chem. Soc. [London] 608—612 (1940).
20) H. Pfitzner, Angew. Chem. 62, 244 (1950).

Farbstoffe dieser Konstitution liefern sehr beständige Chrom- und Kupferkomplexe, und die freien Natriumsalze dieser Farbstoffgruppe lassen sich leicht nachkupfern, wobei einesteils ein Farbtonumschlag erfolgt und anderenteils die Lichtechtheit bedeutend verbessert wird.

In Übereinstimmung mit JUSTIN-MUELLER hat KRÄHENBÜHL[21]) mitgeteilt, daß die Eigenschaft der nachkupferbaren Farbstoffe durch eine Nachbehandlung mit Kupfersulfat in schwach essigsaurer Lösung bedeutend lichtechter und auch etwas waschechter zu werden, als spezifische Wirkung anzusehen ist. Wenn im Falle des Vorhandenseins einer orthoständigen Hydroxylgruppe zur Azogruppe ein echter Cu-Komplex gebildet wird, ist es nach ihm jedoch noch nicht gesagt, daß dieser Cu-Komplex unter allen Umständen technisch wertvoll sein muß.

So kann z. B. ein durch das Kupfern bewirkter Umschlag zu einem unerwünschten Farbton oder eine mangelhafte Beständigkeit des gebildeten Komplexes, die sich darin äußert, daß die Waschechtheit nicht merklich verbessert wird, die Kupferung gänzlich entwerten. Bekanntlich zeigen die meisten substantiven Farbstoffe, wenn man ihre Färbungen mit Kupfersalzen nachbehandelt, Farbtonveränderungen. Man muß daher annehmen, daß in solchen Fällen, vor allem, wenn keine Hydroxyle in Orthostellung vorhanden sind, wie z. B. beim Chrysophenin G nicht Komplexsalze, sondern echte Kupfersalze entstehen, wobei die Sulfogruppe des Farbstoffes ihren Natriumgehalt durch Kupfer ersetzt. Dieses Kupfer ist aber leicht abspaltbar, so daß die gekupferten Färbungen weder Säuren und Alkalien noch Waschflüssigkeiten widerstehen. Dementsprechend ist die Kupferbehandlung solcher Farbstoffe wertlos. In Übereinstimmung mit PFITZNER hat WITZINGER[22]) darauf hingewiesen, daß die inneren Metallkomplexe solcher Oxyazoverbindungen, welche nur eine Oxygruppe im Molekül enthalten, nicht beständig genug sind, um in der Färberei Anwendung finden zu können. Sie sind dafür zu säureempfindlich, während die Alkalibeständigkeit gut ist.

Wie bereits erwähnt, bilden diejenigen Farbstoffe, welche zwei Hydroxylgruppen in Nachbarstellung zur Azogruppe im Molekül besitzen, beständigere Kupferkomplexe, wie an den folgenden drei Beispielen deutlich erkennbar ist. Bei diesen drei Benzidinfarbstoffen war die durch Kupfernachbehandlung bewirkte große Verbesserung der Lichtechtheit seit langer Zeit bekannt.

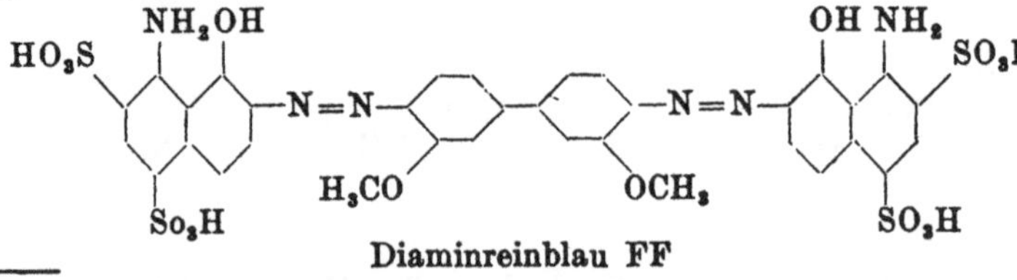

Diaminreinblau FF

[21]) E. KRÄHENBÜHL, Textil-Rdsch. [St. Gallen] 4, 157—169 (1949).

[22]) R. WITZINGER, Textil-Rdsch. [St. Gallen] 4, 216—219 (1949).

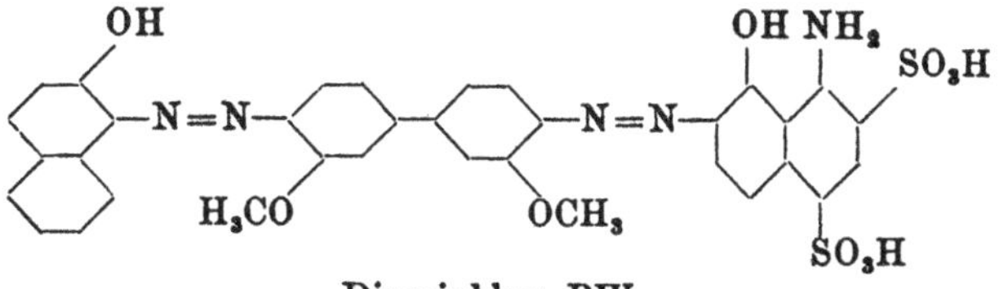

Diaminblau RW

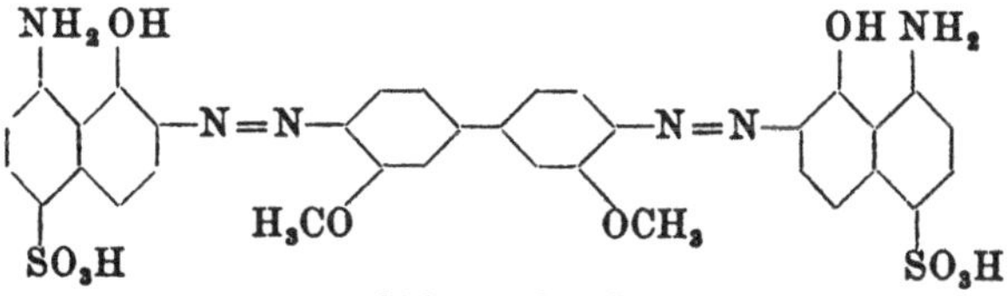

Chicagoblau B

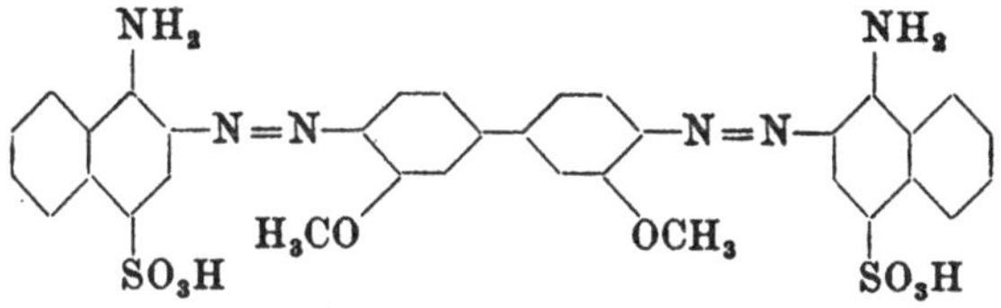

Benzopurpurin 10 B

Beim vierten der hier angegebenen Farbstoffe, dem Benzopurpurin 10 B, ist der gebildete Kupferkomplex im Vergleich zu den Kupferkomplexen der anderen drei Farbstoffe so wenig beständig, daß bei diesem Farbstoff eine Kupfernachbehandlung nicht empfohlen wird.

Später hat Paltzer[23]) mitgeteilt, daß bei den üblichen Baumwollfarbstoffen durch das Nachkupfern zwar die Lichtechtheit bedeutend erhöht wird, die Waschechtheit aber nur wenig. Zur Verbesserung der Waschechtheit muß demnach das Farbstoffmolekül in der Weise abgeändert werden, daß dieses an Stelle der o,o'-Dioxyazostruktur die o-Oxy-o'-Carboxy-azogruppe, die o-Oxy-o'-Glykolsäuregruppe, die 8-Oxychinolingruppe oder die Salicylsäurestruktur enthält.

Als Beispiel hat er den Farbstoff folgender Konstitution angegeben:

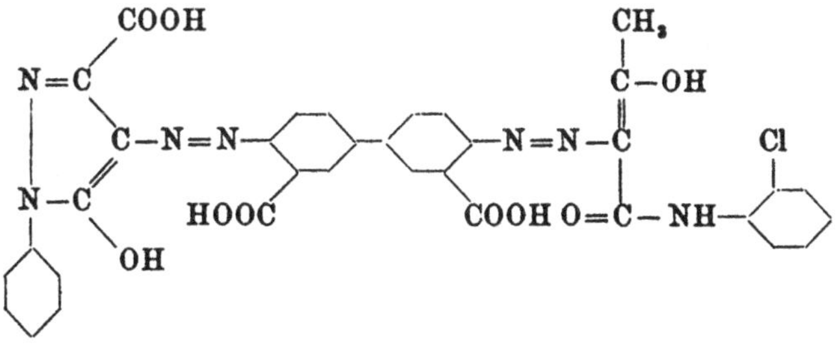

---

[23]) R. Paltzer, Z. ges. Textilind. 55, 799–802 (1953).

die beim Kupfern in den folgenden Komplex übergeht:

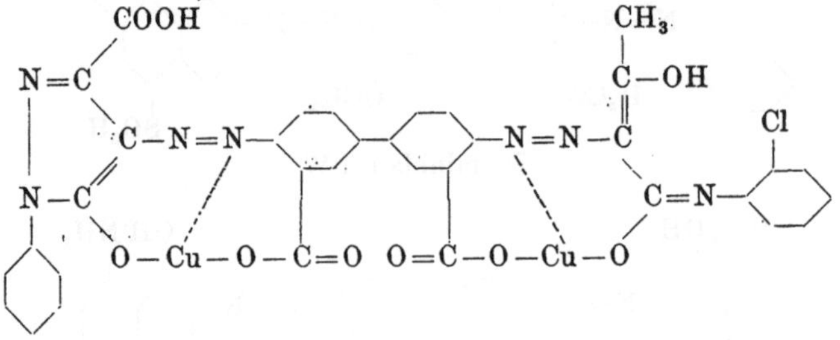

Durch die Kupferung sind somit zwei Sechserringe in dem Farbstoffkomplex entstanden, und außerdem sind zwei Carboxylgruppen gebunden worden, so daß der Farbstoff durch die Kupferung unlöslich geworden ist.

FRAHM[23a]) hat mitgeteilt, daß die im Handel befindlichen direktziehenden Nachkupferungsfarnstoffe keineswegs immer frei von Sulfosäuregruppen sein müssen, wie der obige von PALTZER erwähnte Farbstoff, der in dieser Hinsicht dem Siriusgelb GG (Sch. 341) nahesteht. Färbungen von Siriusgelb GG können sowohl durch Nachkupfern als auch durch Chromierung wasserechter gemacht werden. Wie FRAHM unter Bekanntgabe ihrer chemischen Konstitution vorher gezeigt hatte, haben auch andere substantiv ziehende Azofarbstoffe, welche eine Salicylsäuregruppe im Molekül enthalten, die Eigenschaft, durch Nachkupfern licht- und wasserechtere Färbungen zu geben.

Ausgesuchte Direktfarbstoffe für Cellulose und Regeneratfasern, welche nach diesem Prinzip durch eine Kupfernachbehandlung in ihren Echtheitseigenschaften stark verbessert werden, sind von den Herstellerfirmen unter den folgenden Bezeichnungen zusammengefaßt worden*).

Benzocuprolfarbstoffe (früher Benzoechtkupferfarbstoffe)	Bayer
Coprantinfarbstoffe	Ciba
Cuprofinfarbstoffe	Sandoz
Cuprophenylfarbstoffe	Geigy.

Mit diesen Farbstoffen sind durch Nachbehandlung der Färbungen mit Kupfersulfat in essigsaurer Lösung Echtheiten auf Cellulosefasern erzielbar, die mit direktziehenden Farbstoffen nicht erreichbar sind. HANSEN[24]) hat die guten bis sehr guten Lichtechtheiten und die gute Wasser-, Wasch-, Walk- und Seewasserechtheit der Benzocuprolfarbstoffe besonders hervorgehoben. Er hat außerdem darauf hingewiesen, daß die neutrale bis schwach alkalische Färbeweise sich besonders vorteilhaft bei Färbegut aus regenerierter Cellulose auswirkt. Eine Anzahl

---

23a) E. D. G. FRAHM, Chem. Weekbl. 48, 127—131 (1952).

*) Eingetragene Warenzeichen.

24) H. HANSEN, Dtsch. Färberkalender 1954.

Benzocuprolfarbstoffe deckt auch tote bzw. unreife Baumwolle. Außerdem hat er die Ätzbarkeit, das Verhalten bei der Knitterfestausrüstung und bei der Everglaze-Ausrüstung genau angegeben.

Die Firma Geigy A.G.[25]) hat auf die Eignung der Cuprophenylfarbstoffe in der Halbwollfärberei hingewiesen und das Aufziehen dieser Farbstoffe auf Zellwolle und Wolle genau illustriert. Auch Wojatschek[26]) hat angegeben, daß mit den Benzocuprolfarbstoffen ein Sortiment zur Verfügung steht, welches bei der Mitverwendung von entsprechenden Wollfarbstoffen auf Halbwolle Färbungen sehr guter Lichtechtheit und sonstiger Allgemeinechtheiten ergibt.

Nachdem Ender und Müller[27]) darauf hingewiesen hatten, daß zwischen den Säurefarbstoffen und den substantiven Cellulosefarbstoffen möglicherweise keine prinzipiellen, sondern nur graduelle Unterschiede bestehen, hat Schaeffer[28]) neuerdings geltend gemacht, daß das Ziehvermögen der Azofarbstoffe ausschlaggebend für die Verwendung als Proteinfaser- oder Cellulosefarbstoff ist.

Infolgedessen ist es nicht überraschend, daß man substantive, auf Cellulosefasern aufgezogene Farbstoffe nicht nur durch Kupferung, sondern auch durch Nachchromierung in die lichtechteren und naßechteren Metallkomplexverbindungen überführen kann. Wie bereits erwähnt wurde, ist dabei einesteils die Bereitschaft des Farbstoffanions Metallkomplexverbindungen unter textiltechnisch durchführbaren Bedingungen zu bilden, ausschlaggebend, anderenteils aber auch der Farbton und die Echtheitseigenschaften der gebildeten Komplexfarbstoffe. Darum kann man die Bildung von Chromkomplexverbindungen von solchen substantiven Cellulosefarbstoffen, welche Monooxyazoverbindungen sind, nicht erwarten. Zwar hat Zaunbauer[29]) mitgeteilt, daß Benzocuprolfarbstoffe auch mit Kupfervitriol und Chromkali nachbehandelt werden können. Man erhält dabei im allgemeinen jedoch trübere Färbungen, die bei gleicher Lichtechtheit gegenüber nur gekupferten Färbungen eine wenig bessere Waschechtheit aufweisen. Es gibt jedoch Cellulosefarbstoffe, die durch Nachbehandlung mit Chromkali eine Verbesserung ihrer Wasser-, Wasch-, Walk- und Schweißechtheit erfahren. Zu diesen gehören beispielsweise Siriuslichtgelb RT, Benzochromschwarzblau B, Benzochrombraun B und Diaminechtrot F. Diese und die von Collé[30]) angegebenen Halbwollmetachromfarbstoffe lassen sich in die echten Chromkomplexverbindungen überführen. Bei den Halbwollmetachromfarbstoffen wird die Nachbehandlung mit Chromkali durch eine Mitver-

---

[25]) I. R. Geigy A.G., Textil-Rdsch. [St. Gallen] **11**, 116—121 (1951).
[26]) K. Wojatscheck, Melliand Textilber. **33**, 157—160 (1952).
[27]) W. Ender u. A. Müller, Melliand Textilber. **18**, 907 (1937).
[28]) A. Schaeffer, Textil-Praxis **12**, 809 (1957).
[29]) B. Zaunbauer, Dtsch. Färberkal. 70—73 (1936).
[30]) H. Collé, Dtsch. Färberkal. 44—49 (1940).

wendung von Metachrombeize im Färbebade ersetzt. Die Handelsfarbstoffe dieser Reihe sind aus den vorerwähnten Metachromfarbstoffen für Wolle und chromierbaren Cellulosefarbstoffen in der Art der Benzochromfarbstoffe zusammengesetzt, während bei den chromierbaren substantiven Farbstoffen wie Plutoorange G oder Siriusbraun RT die durch die Nachbehandlung erzielte Verbesserung der Wasser- und Waschechtheit weniger beständig ist. Darum hat MOOSMANN[31]) mit Recht darauf hingewiesen, daß nur bei denjenigen substantiven Farbstoffen, welche analog den Benzocuprolfarbstoffen gebaut sind, durch das Nachchromieren eine Verbesserung der Lichtechtheit und eine bedeutende Erhöhung der Waschechtheit eintritt.

---

[31]) F. MOOSMANN, Z. ges. Textilind. 54, 922 (1952).

VI. Das Färben von Protein- und Polyamidfasern mit 1:1 Komplexfarbstoffen

Während die bisher beschriebenen Verfahren darauf beruhen, daß der metallhaltige Farbstofflack aus der Beize und dem metallfreien Farbstoff auf bzw. in der Faser erzeugt wird, sind in neuerer Zeit auch Färbeverfahren ausgearbeitet worden, bei denen fertig gebildete metallhaltige Komplexverbindungen zum Färben von Textilfasern verwendet werden. Diese zum Färben von Proteinfasern und Polyamiden geeigneten Komplexfarbstoffe werden bevorzugt aus sulfonsäuregruppenhaltigen o,o'-Dioxyazofarbstoffen hergestellt. Beim Chromieren mit ausreichenden Mengen Chromisalz in stärker saurem Medium entstehen vorzugsweise Chrom-Komplexe, die auf ein Mol Farbstoff ein Atom Chrom enthalten. Zu diesem allgemeinen Typ gehören die Palatinechtfarbstoffe der BASF, die Neolanfarbstoffe der Ciba und andere[1]). Der dipolare Charakter dieser Farbstoffe bietet die Möglichkeit zur Bestätigung weiterer Restvalenzen durch das koordinativ nicht abgesättigte Chrom[2]).

Später hat WIDMER[3]) darauf hingewiesen, daß o,o'-Dioxyazofarbstoffe schon von Peter Griess im Jahre 1878 hergestellt worden sind, daß dieser Farbstofftyp aber lange Zeit als färberisch uninteressant galt, weil man damit unechte und unschöne Färbungen erhält. Erst um die Jahrhundertwende wurde erkannt, daß Azofarbstoffe dieser Art als Beizenfarbstoffe hervorragende Eigenschaften besitzen. Als Ausgangsstoffe für die Neolane haben außer den o,o'-Dioxyazofarbstoffen noch die o-Oxy-o'-amino-, die o-Oxy-o'-carboxy-azofarbstoffe und die Farbstoffe mit einer Salicylsäuregruppierung Bedeutung erlangt.

Komplexe Chromverbindungen von Azofarbstoffen mit einer lackbildenden Gruppierung waren zuerst im Jahre 1912 von der Badischen Anilin- und Sodafabrik hergestellt worden[4]).

Für die Erzeugung der Neolanfarbstoffe war die im Jahre 1914 in der Ciba gemachte Beobachtung[5]) entscheidend, daß sich in Substanz hergestellte Chromverbindungen von beizenziehenden Azofarbstoffen zum

---

[1]) Eingetragene Warenzeichen.
[2]) H. PFITZNER, Angew. Chem. 62, 244 (1950).
[3]) W. WIDMER, Chimia [Zürich] 5, 77–79 (1951).
[4]) DRP. 282987 BASF.
[5]) DRP 416379 Ciba.

Färben von tierischen Fasern aus saurem Bade eignen, wenn die bei Säurefarbstoffen übliche Schwefelsäuremenge etwas erhöht wird.

Die Gewinnung dieser 1 : 1 Komplexe ist vor allem dann mit Schwierigkeiten verbunden, wenn die Ausgangsstoffe im sauren Medium schwer löslich sind. Eine weitere Schwierigkeit besteht darin, daß je nach der Herstellungsart ein 1 : 2 Komplex, vor allem bei der Chromeinwirkung in alkalischer und neutraler Lösung zum mindesten in erster Stufe entstehen kann. Das Verhalten der beiden Komplextypen von sulfogruppenhaltigen Azofarbstoffen ist aus folgender Gegenüberstellung Widmers ersichtlich:

1 : 2 Komplex	1:1 Komplex
In saurer Lösung $p_H < 4$ unbeständig, wird mit größerer Azidität in chromfreien Farbstoff plus 1 : 1 Komplex zerlegt.	In saurer Lösung (schwefelsaures Färbebad) beständig.
Egalisiert schlecht.	Egalisiert gut.
Nuance gewöhnlich trübe, praktisch übereinstimmend mit den auf der Faser erzeugten Komplexen.	Reine Nuance, im Farbton ziemlich stark abweichend von der 1 : 2 Komplexnuance.
In saurer Lösung[6]) durch Chromzusatz in 1 : 1 Komplexe überführbar.	In alkalischer (Natriumcarbonatlösung) bei erhöhter Temperatur (120—130° C) in 1 : 2 Komplexe überführbar.
Keine Umsetzung mit unchromierten Beizenfarbstoffen.	Durch Einwirkung auf unchromierte Beizenfarbstoffe entstehen in alkalischer bis schwach saurer Lösung leicht symmetrische oder asymmetrische 1 : 2 Komplexe.
Lichtechtheit im allgemeinen geringer als bei 1 : 1 Komplexen.	
Löslichkeit in Wasser besser als bei 1:1 Komplexen.	Die freien Farbsäuren von Monosulfosäurefarbstoffen sind im allgemeinen auch in heißem Wasser sehr schwer löslich.

Aus dieser Gegenüberstellung geht hervor, daß die 1 : 1 Komplexe die wertvolleren Erzeugnisse sind. Darum haben die 1 : 2 Typen nur ausnahmsweise für Schwarznuancen Bedeutung erlangt.

Bei den beiden Chromkomplextpyen des Farbstoffes aus diazotiertem 1-Oxy-2-aminobenzol-4-sulfonsäureamid und 2-Oxynaphthalin-6-sulfonsäure hat Widmer folgende Konstitution angenommen: Formel s. S. 125.

Demnach wird das Chromatom bei der 1 : 1 Komplexverbindung unter Vermittlung der Hydroxylgruppen durch einen Fünfer- und einen Sechserring festgehalten. Analog gebaute Komplexe haben BEECH und DREW[7]) aus β-Naphthol-azo-o'-oxybenzol-m-sulfosäure mit Aluminium-

[6]) Ausgenommen komplexbildende Säuren wie Oxalsäure usw.

[7]) W. F. BEECH u. H. D. K. DREW, J. chem. Soc. [London] 603—607 (1940).

sulfat in Gegenwart von Natronlauge hergestellt. Die dabei entstehende in Wasser lösliche 1 : 1 Komplexverbindung kristallisiert in roten Nadeln und enthält 8 Moleküle Wasser. Diese Verbindung wurde jedoch beim Trocknen, ebenso wie das ihr entsprechende Chromihexahydrat, das

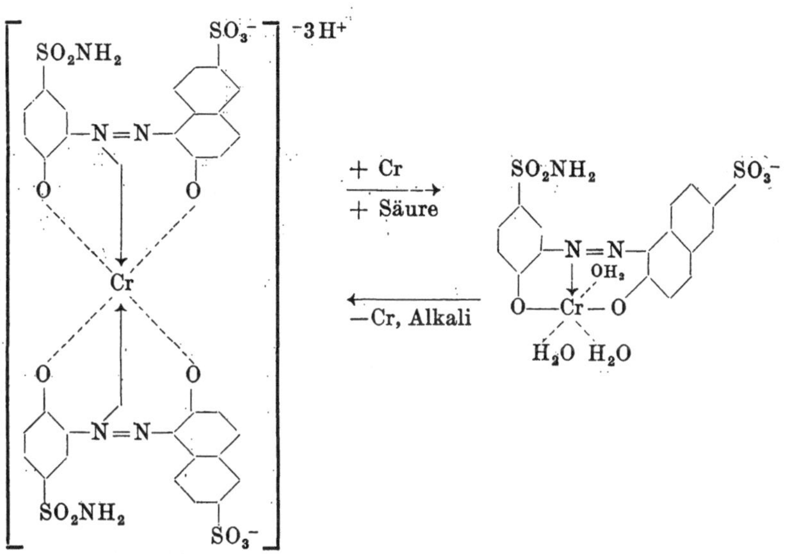

1 : 2 Komplex
Stumpfes, schwärzliches Violett.
Nuance übereinstimmend mit der
nachchromierten Färbung.

1 : 1 Komplex
Neolanviolett 3989,
Reines Violett.

DREW und FAIRBAIRN[8]) hergestellt haben, wasserunlöslich. Ähnlich verhält sich die 1 : 1 Chromkomplexverbindung aus Naphtholsulfonsäure-azo-oxyphenol-methylpyrazolon, welche beim Trocknen ebenfalls Wasser verliert und dadurch unlöslich wird. Weil die aus Chrom oder dreiwertigem Cobalt gebildeten Komplexverbindungen im allgemeinen stabiler sind als die aus Aluminium oder Eisen gebildeten, sind bisher nur Chrom- und Cobaltikomplexverbindungen für die praktische Färberei hergestellt worden.

Grundlegende Untersuchungen über das chemische und färberische Verhalten dieser Farbstoffklasse sind von ENDER und MÜLLER[9]) durchgeführt worden. Sie haben zunächst die reinen freien Farbsäuren von solchen sulfogruppenhaltigen Komplexfarbstoffen hergestellt, die Chrom im Verhältnis 1 : 1 im Komplex enthalten. Dabei wurden sowohl Farbstoffsäuren mit zwei Sulfogruppen als auch solche mit nur einer Sulfo-

---

[8]) H. D. K. DREW u. R. E. FAIRBAIRN, J. chem. Soc. [London] 823—835 (1939).
[9]) W. ENDER u. A. MÜLLER, Melliand Textilber. 19, 65—67 (1938).

gruppe in diese Untersuchungen einbezogen. Zur Anwendung kamen die Farbsäuren von:

1. Palatinechtblau GGN	2 Sulfogruppen
2. Palatinechtviolett 5 RN	2 Sulfogruppen
3. Palatinechtbordo BN	2 Sulfogruppen
4. Palatinechtrosa BN	2 Sulfogruppen
5. Palatinechtblau BN	1 Sulfogruppe
6. Palatinechtviolett 3 RN	1 Sulfogruppe
7. Palatinechtgelb GRN	1 Sulfogruppe
8. Palatinechtorange GEN	1 Sulfogruppe

Sie ermittelten den Säurecharakter der freien Farbsäuren dieser Verbindungen durch die Aufnahme einer Titrationskurve in der gleichen Weise wie bei der von ihnen durchgeführten Untersuchung der freien Farbsäuren gewöhnlicher Azofarbstoffe[10]). In der Abbildung 11 ist die Titrationskurve der Farbsäure von Palatinechtbordo BN wiedergegeben. Die Titrationskurven der anderen Palatinechtfarbsäuren, die zwei Sulfogruppen enthalten, zeigen alle einen ähnlichen Verlauf.

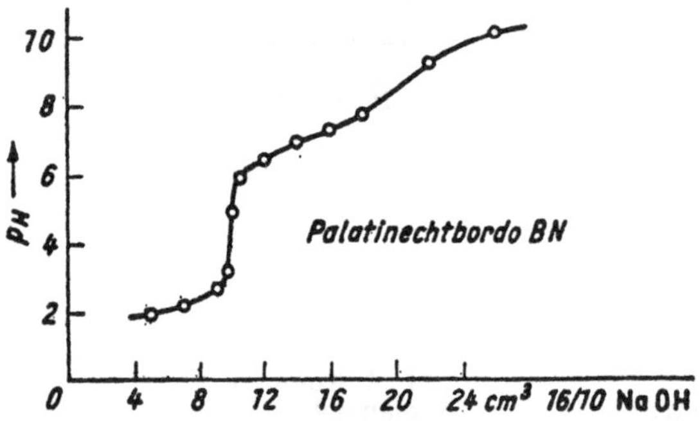

Abb. 11. 50 cm³ n/50 Farbsäurelösung wurden unter gutem Rühren mit n/10 Natronlauge unter Verwendung einer Antimonelektrode potentiometrisch titriert

„Verfolgt man den Verlauf der Titrationskurve, so sieht man, daß schon nach Absättigung der einen Sulfogruppe ein Potentialsprung erfolgt. Die Kurve biegt dann bei p_H-Werten zwischen 5 und 6 ab und verläuft weiterhin ansteigend bis in das alkalische Gebiet, in welchem noch ein zweiter schwächerer, aber deutlich erkennbarer Potentialsprung erfolgt. Der zweite Teil der Kurve entspricht der Titration sehr schwacher Säuren bzw. der Titration einer gepufferten Lösung." Dieses Verhalten läßt sich mit ihnen zwanglos in der Weise deuten, daß die Farbsäure durch die Einführung einer Chromgruppe und die dadurch bewirkte Bildung eines Chromkomplexes den Charakter eines Zwitterions mit einer überschüssigen Sulfogruppe angenommen hat. „Bei der Titration verhält sich diese Verbindung wie das saure Salz einer starken Säure mit einer schwächeren Base, demnach ähnlich Ammoniumbisulfat. Je größer der Unterschied zwischen dem Dissoziationsgrad der sauren und dem der basischen Gruppen ist, um so größer wird auch die Hydrolyse des ‚inneren Salzes' sein." Diese Verhältnisse sind von Ender und Mül-

[10]) W. Ender u. A. Müller, Melliand Textilber. 18, 906–907 (1937).

LER durch das folgende Schema formelmäßig veranschaulicht worden:

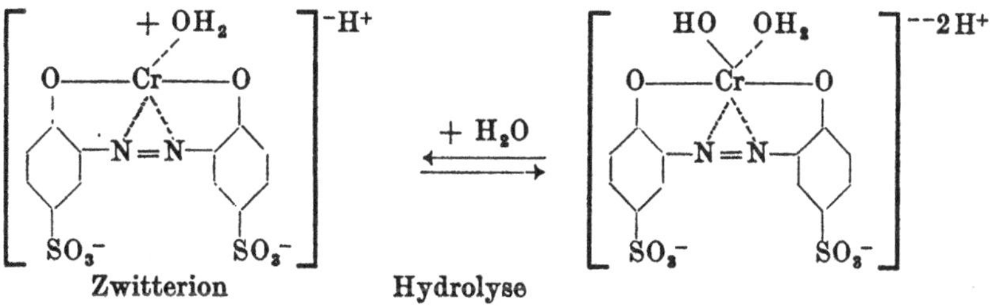

Mit ihnen kann man aus den Beobachtungen, die an Disulfosäuren aus Palatinechtfarbstoffen gemacht wurden, schließen, daß auch bei den Monosulfosäuren ähnliche Verhältnisse vorliegen werden. Die Untersuchung der Monosulfosäuren macht allerdings deswegen größere Schwierigkeiten, weil es sich hierbei fast stets um Verbindungen handelt, die in Wasser erheblich schwerer löslich sind als die Disulfosäuren. „Gesättigte Lösungen der Säuren beispielsweise von Palatinechtblau BN oder Palatinechtviolett 3 RN enthalten etwa 0,17 g bzw. 0,3 g im Liter. Das entspricht bei Palatinechtblau BN einer 1/3000 normalen, beim Palatinechtviolett 3 RN einer 1/1000 normalen Lösung. In dieser Verdünnung lassen sich exakte Titrationen kaum noch durchführen.

Die Fehlergrenze wird so groß, daß Aussagen über den Hydrolysengrad des Zwitterions vorläufig nicht gemacht werden können."

Demnach sind die Palatinechtfarbsäuren, wie die Wolle, das Seidenfibroin und die Polyamidfasern auch, amphotere Körper. Die in ihnen enthaltene Chromgruppe ist eine basisch einwertige Gruppe. Durch deren Vorhandensein wird aber die Untersuchung der Vorgänge beim Färben von Wolle mit diesen Farbsäuren komplizierter als bei der früher von ENDER und MÜLLER[11]) durchgeführten Untersuchung des Verhaltens der Farbsäuren von Azofarbstoffen. Bei den gewöhnlichen Azofarbstoffen war von ENDER und MÜLLER die Bindung von Farbsäuren an Wolle als ionide Bindung (Salzbildung) zwischen den Sulfogruppen der Farbsäuren und den basischen Gruppen der Wolle angenommen und die Verfestigung dieser Bindung durch weitere, von anderen Gruppen der beiden Komponenten ausgehende adsorptive Kräfte für möglich gehalten worden. Die Bindungsmöglichkeiten der Farbstoffe der Chromkomplexverbindungen bestehen nach ihnen nicht nur als ionide Bindung zwischen den basischen Gruppen der Wolle und den Sulfogruppen der Chromkomplexfarbstoffe, sondern auch als Salzbildung zwischen den basischen Chromkomplexgruppen der Farbsäuren und den Carboxylgruppen der Wolle als heteropolare ionide Bindung. Außerdem besteht noch die Möglichkeit

[11]) W. ENDER u. A. MÜLLER, Melliand Textilber. 18, 633–637, 732–733, 809–810 (1937).

einer Komplexbildung zwischen dem Farbsäure-Chromkomplex und der Wollsubstanz als homöopolare bzw. koordinative Bindung.

„Um alle diese Möglichkeiten auseinanderhalten zu können, mußte die bei den gewöhnlichen sauren Farbstoffen beschriebene Versuchsmethodik daraufhin geprüft werden, ob die mit ihr gewonnenen Resultate Schlüsse auf die Vorgänge beim Färben mit Palatinechtfarbsäuren erlauben."

Bei der Untersuchung der Vorgänge beim Färben mit gewöhnlichen sauren Farbstoffen hatte sich gezeigt, daß die gravimetrische Bestimmungsmethode der von der Wolle aufgenommenen Farbsäuremenge brauchbare Ergebnisse liefert. Es wurden daher auch bei den Palatinechtfarbsäuren, wie üblich, 2 g Wolle (gereinigter Kammzug, Wasserbestimmung parallel) mit 150 cm³ 1/50 molarer Lösungen der reinen Farbsäuren bei 90° C ausgefärbt. Bei den schwerer löslichen Farbsäuren wurden Aufschlämmungen, die einer n/50 Lösung entsprachen, benutzt. Die Versuche wurden bei verschieden langen Zeiten (1, 3, 5 und 8 Stunden) durchgeführt. Die Versuchsergebnisse werden durch die Kurvenbilder in Abb. 12 wiedergegeben.

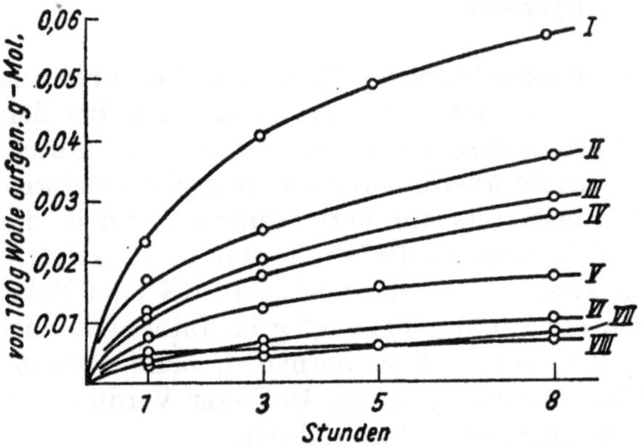

Abb. 12

I = Palatinechtblau GGN
II = Palatinechtviolett 5 RN
III = Palatinechtbordo BN
IV = Palatinechtrosa BN
V = Palatinechtgelb GRN
VI = Palatinechtorange GEN
VII = Palatinechtviolett 3 RN
VIII = Palatinechtblau BN

Die Aufziehgeschwindigkeit der Palatinechtfarbsäuren (Abb. 12) mit nur einer Sulfogruppe ist äußerst klein, kleiner als z. B. die der langsam ziehenden sauren Farbstoffe (Walkfarbstoffe), obgleich das Molekulargewicht der Palatinechtmonosulfosäuren im allgemeinen nicht größer ist als das vieler Farbsäuren, die erheblich schneller aufziehen.

Die Palatinechtdisulfosäuren ziehen wesentlich rascher auf als die Monosulfosäuren und unterscheiden sich in dieser Hinsicht nicht mehr nennenswert von manchen gewöhnlichen langsam ziehenden sauren Farbstoffen (Walkrot G, Säureanthracenrot G).

Aus den von VALKÓ[12]) an den freien Farbstoffsäuren von sauren Farbstoffen und Palatinechtfarbstoffen durchgeführten Diffusionsmessungen ergibt sich, daß der Aggregationszustand der Palatinechtfarbsäuren in einem p_H-Bereich von 5,5—1,3 zwischen 1 und 2 liegt und im Mittel

[12]) E. VALKÓ, Österr. Chemiker-Ztg. 40, 465—472 (1937).

ungefähr 1,2 beträgt. Demnach ist die Aggregation der Palatinechtfarbstoffe in dem untersuchten p_H-Bereich kaum stärker als die von gewöhnlichen sauren Farbstoffen wie Orange II oder Azogrenadin S. Die nicht chromierte Farbsäure von Palatinechtblau GGN, welche folgende Konstitution besitzt:

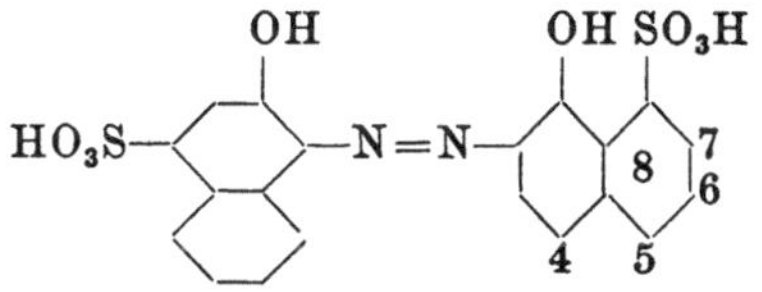

und die hier als Farbsäure von Chromierblau GGN bezeichnet worden ist, zeigte die Aggregationszahl von 2,4. Daher nimmt VALKÓ an, daß das besondere Verhalten der Palatinechtfarbstoffe mit der Teilchengröße nicht in Zusammenhang steht und daß die Rolle der Wasserstoffionen nicht auf einer Beeinflussung des Assoziationszustandes beruhen kann.

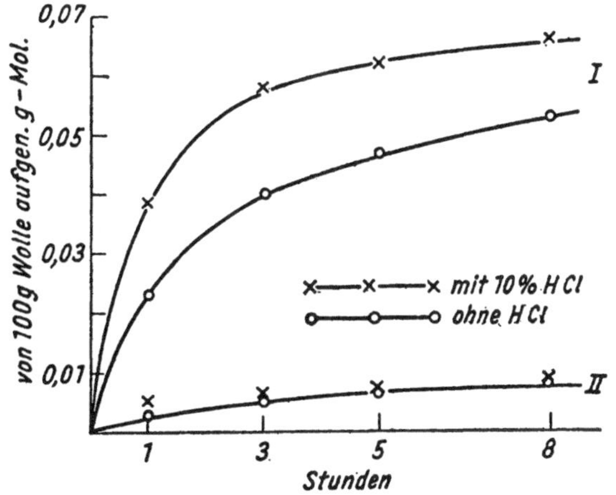

Abb. 13

Wie *I* verhalten sich: Palatinechtblau GGN, Palatinechtviolett 5 RN, Palatinechtbordo BN, Palatinechtrosa BN und Palatinechtgelb GRN.
Wie *II* verhalten sich: Palatinechtblau BN, Palatinechtviolett 3 RN, Palatinechtorange GEN

Bei den von ENDER und MÜLLER durchgeführten Untersuchungen zeigte sich, daß innerhalb der üblichen Versuchsbedingungen bei 90 bis 100°C bis zu 8 Stunden bei den Palatinechtfarbstoffen ein Stillstand in der Farbsäureaufnahme nicht beobachtet werden konnte. Bei längerer Versuchsdauer wurden die Bestimmungen infolge Wollabbau ungenau. Im Falle der Monosulfosäuren läßt sich nicht entscheiden, ob es sich um einen Stillstand oder um ein sehr langsames Weiteraufziehen handelt.

„Der p_H-Wert der Lösungen von Palatinechtmonosulfosäuren liegt allerdings wegen des zwitterionigen Charakters und der Schwerlöslichkeit dieser Farbsäuren ziemlich hoch. Man könnte daher annehmen, daß dies der Grund für ihr sehr langsames Aufziehen sei.

Es wurde in einer weiteren Versuchsreihe festgestellt, in welcher Weise eine Erhöhung der Wasserstoffionenkonzentration der Färbeflotte die Aufziehgeschwindigkeit beeinflußt. Es wurden jeweils 2 g gereinigter Kammzug mit 150 cm^3 einer n/50-Farbsäurelösung bzw. Aufschlämmung unter Zusatz von 10% Salzsäure (auf Fasergewicht berechnet) bei 90°C ausgefärbt.

Aus den Kurvenbildern (Abb. 13) geht hervor, daß Erniedrigung des p_H-Wertes der Färbeflotte durch HCl-Zusatz in einigen Fällen überhaupt keine, in anderen Fällen, insbesondere bei den Disulfosäuren, eine deutliche Erhöhung der Aufziehgeschwindigkeit bewirkt. Demnach ist der höhere p_H-Wert der Lösungen der Palatinechtmonosulfosäuren nicht die Hauptursache dafür, daß diese Farbsäuren in so erheblich geringerem Maße aufziehen als die Palatinechtdisulfosäuren. Auf diese Verhältnisse soll an anderer Stelle näher eingegangen werden.

Es mußte außer den Mengen der aufgenommenen Farbsäure auch noch festgestellt werden, inwieweit die basischen Gruppen der Wolle an der Bindung der Palatinechtfarbsäuren an die Wolle beteiligt sind.

Bei den gewöhnlichen sauren Farbstoffen hatte die Methode der Nachbehandlung mit n/10 H_2SO_4 in $1^1/_2$ Stunden bei Zimmertemperatur in Flotte 1 : 50 gute Dienste geleistet[13]), wenn es festzustellen galt, wieviel der basischen Gruppen der Wolle durch die Sulfogruppen der Farbsäuren besetzt waren. Diese Methode wurde auch hier wieder angewendet. Die auf diese Weise erhaltenen Versuchsergebnisse sind in der Tabelle 22 zusammengestellt.

In den Spalten 3 und 4 der Tabelle 22 ist die aufgenommene Farbsäure in g-Äquivalenten (auf 100 g Wolle berechnet) wiedergegeben. Bei der Berechnung der g-Äquivalente wurden sowohl eine als auch beide Sulfogruppen berücksichtigt. Die nächste Spalte enthält die in der Nachbehandlung aufgenommene Menge Schwefelsäure (ebenfalls in g-Äquivalenten). Schließlich sind in den letzten Spalten die Summen aus Farbsäure und Schwefelsäureäquivalenten zusammengestellt.

Man kann aus den Werten der Tabelle 22 entnehmen, daß die Schwefelsäureaufnahme immer mehr zurückgeht, je mehr Farbsäure aufzieht[14]). Das gleiche gilt für die Palatinechtdisulfosäuren, wenn man die Farbsäureäquivalente unter Berücksichtigung nur einer Sulfogruppe (der freien SO^3H-Gruppe) berechnet. Betrachtet man die Disulfosäuren als zweibasische Säuren, so steigen die Äquivalentsummen allmählich, teilweise bis weit über das normale Säureäquivalent der Wolle hinaus, an.

---

[13]) W. Ender u. A. Müller, Melliand Textilber. 18, 732—733, 809—810 (1937).

[14]) Palatinechtgelb GRN bildet insofern eine Ausnahme, als es in mancher Hinsicht mehr den Palatinechtdisulfosäuren ähnelt.

Tabelle 22

Farbstoff	Zeit Std.	Aufgenommene Farbsäure (in Äquivalenten auf 100 g trockene Wolle berechnet) 1bas.ber.	2bas.ber.	Aufgenommen H_2SO_4 (in Äquiv. auf 100 g tr. Wolle ber.)	Summe der Äquivalente (Farbsäure 1bas. ber.	(Farbsäure 2bas. ber.
Palatinechtblau GGN	1	0,023	0,046	0,049	0,072	0,095
	3	0,040	0,080	0,031	0,071	0,111
	5	0,047	0,094	0,021	0,068	0,115
	8	0,053	0,106	0,017	0,070	0,123
Palatinechtviolett 5 RN	1	0,017	0,034	0,052	0,069	0,086
	3	0,025	0,050	0,043	0,068	0,093
	5	—	—	—	—	—
	8	0,037	0,074	0,027	0,064	0,101
Palatinechtbordo BN	1	0,012	0,024	0,059	0,071	0,083
	3	0,020	0,040	0,049	0,069	0,089
	5	—	—	—	—	—
	8	0,030	0,060	0,033	0,063	0,093
Palatinechtrosa BN	1	0,011	0,022	0,050	0,061	0,072
	3	0,017	0,034	0,042	0,059	0,076
	5	0,024	0,048	0,032	0,056	0,080
	8	0,027	0,054	0,031	0,058	0,085
Palatinechtblau BN	1	0,005		0,071	0,076	
	3	0,006		0,069	0,075	
	5	0,006		0,067	0,073	
	8	0,007		0,067	0,074	
Palatinechtviolett 3 RN	1	0,003		0,074	0,077	
	3	0,005		0,071	0,076	
	5	0,006		0,069	0,075	
	8	0,008		0,065	0,073	
Palatinechtgelb GRN	1	0,008		0,072	0,080	
	3	0,012		0,069	0,081	
	5	0,016		0,064	0,080	
	8	0,017		0,061	0,078	
Palatinechtorange GEN	1	0,005		0,074	0,079	
	3	0,007		0,069	0,076	
	5	0,009		0,066	0,075	
	8	0,010		0,064	0,074	

Wenn die Palatinechtfarbsäuren einerseits als Zwitterionen vorliegen (z. B. Monosulfosäuren neutral oder infolge geringer Hydrolyse schwach saurer reagierend), andererseits aber bei der Umsetzung mit Wolle wie die gewöhnlichen sauren Farbstoffe nur mit der Sulfogruppe unter Bildung eines schwer hydrolysierbaren (irreversiblen) Salzes „aufziehen", dann muß die basische Chromkomplexgruppe „frei" werden. Für jede basische Gruppe der Wolle, die infolge mehr oder weniger irreversibler Salzbildung mit der Sulfogruppe der Palatinechtmonosulfosäure verschwindet (d. h. mit Schwefelsäure nicht mehr nachweisbar ist), erscheint eine andere basische Gruppe, nämlich die Chromkomplexgruppe, der ja keine Sulfogruppe mehr als Anion im Farbsäuremolekül gegenübersteht. Beim Färben mit Palatinechtdisulfosäuren werden zwei basische Gruppen der Wolle durch nur eine basische Chromgruppe ersetzt, wenn die Sulfogruppen des Farbstoffes mit den basischen Gruppen der Wolle unter Bildung des schwer hydrolysierbaren Woll-Farbsäuresalzes reagieren.

Unter dieser Voraussetzung müßte das Säurebindungsvermögen der mit Palatinechtmonosulfosäuren gefärbten Wolle bei der Nachbehandlung mit n/10 Schwefelsäure stets unverändert gleich dem der ungefärbten Wolle bleiben[15]). Das Säurebindungsvermögen der mit Palatinechtdisulfosäuren gefärbten Wolle dagegen müßte von etwa 0,085 g Äquivalenten (auf 100 g Wolle berechnet) absinken, bis es bei vollständiger Absättigung der basischen Gruppen der Wolle die Hälfte dieses Wertes erreicht hätte. Außerdem müßte die Summe aus Farbsäure- und Schwefelsäureäquivalenten bei den Monosulfosäuren bis auf maximal 0,170, bei den Disulfosäuren bis auf etwa 0,128 Äquivalente bei vollständiger Absättigung der Wolle ansteigen.

Diese Forderungen, die sich auf die Voraussetzung stützen, daß die Palatinechtfarbsäuren *nur* mit ihren Sulfogruppen aufziehen, konnten durch die Versuche nicht bestätigt werden (Tabelle 22).

Zwar nimmt die Summe aus Farbsäure- und Schwefelsäure-Äquivalenten noch über 0,085 hinaus zu, wenn man die Palatinechtdisulfosäuren als zweibasische Säuren betrachtet. Die Berechnung des Farbsäureäquivalents unter Zugrundelegung beider Sulfogruppen ist jedoch von dem Punkt an nicht mehr zulässig, wo allein schon die aufgenommene Palatinechtsäuremenge bei dieser Berechnungsweise das normale Säureäquivalent der Wolle übersteigt (Palatinechtblau GGN)[16]).

Die Palatinechtfarbsäuren verhalten sich demnach anders als die gewöhnlichen sauren Farbstoffe, bei denen nur die Zahl der Sulfogruppen der Farbsäure bzw. die Zahl der basischen Gruppen der Wolle für den

---

[15]) Das für diese Versuche benutzte Wollmaterial hatte ein Säureäquivalent von 0,080 bis 0,085.

[16]) Nimmt man aber an, daß die bei der irreversiblen Bindung der Sulfogruppen an die Wolle „freigewordene" basische Chromgruppe ihrerseits weitere Palatinechtdisulfosäure über deren freie Sulfogruppe bindet, kommt man rechnerisch zu demselben Resultat, das man erhält, wenn die aufgenommene Farbsäure als einbasische Säure betrachtet wird. Es ist dann in diesem Falle auch wieder das Verhältnis von aufgenommenen Farbsäuremolekülen zu verbrauchten basischen Gruppen der Wolle 1:1, was durch die Versuche nicht bestätigt werden konnte (Tabelle 22).

quantitativen Verlauf der Farbsäureaufnahme maßgebend ist, d. h. wo die Summe aus aufgenommenen Farbsäure- und Schwefelsäure-Äquivalenten konstant bleiben muß."

Daraufhin wurden von ENDER und MÜLLER[17]) die Verhältnisse beim Färben mit Palatinechtmonosulfosäuren eingehender untersucht, weil sie am übersichtlichsten sind und daher am besten über die Art der Farbstoffbindung Aufschluß geben können.

„Aus der Beobachtung, daß beim Aufziehen der Palatinechtfarbsäuren mit nur einer Sulfogruppe das Säurebindungsvermögen der gefärbten Wolle gegen Schwefelsäure abnimmt, kann geschlossen werden, daß auch das Chrom sich an der Bindung der Farbsäure an die Wolle irgendwie beteiligt.

Für eine Bindung der Farbsäure an Wolle über die Chromkomplexgruppe sind mehrere Möglichkeiten offen:

1. Salzbildung zwischen dem basischen Chrom und den Carboxylgruppen der Wolle.
2. Komplexbildung zwischen Chrom und Wolle
   a) unter Beteiligung der Aminogruppe,
   b) unter Beteiligung anderer Gruppen.

Zu 1. ist zu sagen, daß die Salzbildung zwischen den Carboxylgruppen der Wolle und dem basischen Chrom an sich möglich ist. Bei einer Wasserstoffionenkonzentration, wie sie bei der Nachbehandlung mit n/10 Schwefelsäure vorliegt, sind aber die Carboxylgruppen nicht oder nur sehr wenig, das im Farbstoffkomplex einbasische Chrom dagegen vollständig ionisiert, was auch aus den Titrationskurven der Palatinechtfarbstoffe hervorgeht. Es müßte in diesem Falle bei der Nachbehandlung mit n/10 H_2SO_4 noch Schwefelsäure vom Chrom gebunden werden, d. h. das Säurebindungsvermögen der gefärbten Wolle dürfte nicht so stark zurückgehen, wie es bei den Versuchen beobachtet wurde.

Da die Salzbildung zwischen Chrom und den Carboxylgruppen aus der Betrachtung (als einzige Bindungsmöglichkeit zwischen Wolle und Chromkomplex) ausscheidet, kommen nur noch die unter 2. erwähnten Komplexbildungen in Frage.

Im Falle der Palatinechtmonosulfosäuren sind zwei basische Gruppen der gefärbten Wolle nicht mehr nachweisbar, wenn ein Molekül Farbsäure aufgezogen ist. *Das fast neutrale Zwitterion der Palatinechtmonosulfonsäuren verhält sich also anscheinend wie eine zweibasische freie Säure.* Werden die Äquivalente der von der Wolle aufgenommenen Farbsäure so berechnet, als handle es sich tatsächlich um eine zweibasische Säure (ohne basisches Chrom), so bleiben die Summen aus Farbsäure und Schwefelsäure-Äquivalenten konstant und erreichen wieder das normale

---

[17]) W. ENDER u. A. MÜLLER, Melliand Textilber. **19**, 181—183 (1938).

Säureäquivalent der Wolle (Tabelle 23). Nur das Palatinechtgelb GRN macht eine Ausnahme, es verhält sich wie eine einbasische freie Säure (ohne basisches Chrom).

Diese in Tabelle 23 durchgeführte Berechnung gibt natürlich nur die Bilanz der sauren und basischen Gruppen der gefärbten Wolle (soweit sie unter den Versuchsbedingungen der Nachbehandlung dissoziiert sind) wieder. Diese Bilanz beweist, daß Komplexbildung zwischen Wolle und Farbsäure stattfindet und daß hierbei ein Teil der basischen Gruppen der Wollfarbsäureverbindung, vielleicht auch des vorher basischen Chroms, seine Basizität verliert (Rückgang der Dissoziation).

Tabelle 23

Farbstoff	Zeit in Std.	Summe der Äquivalente aus aufgen. Farbsäure (zweibasisch ber.) und Schwefelsäure	Äquivalent-summen Farbsäure einbasisch ber.
Palatinechtblau BN . .	1	0,081	
	3	0,081	
	5	0,079	
	8	0,081	
Palatinechtviolett 3 RN	1	0,080	
	3	0,081	
	5	0,081	
	8	0,081	
Palatinechtgelb GRN . .	1	0,088	0,080
	3	0,093	0,081
	5	0,096	0,080
	8	0,095	0,078
Palatinechtorange GEN	1	0,084	
	3	0,083	
	5	0,084	
	8	0,084	

An der Komplexbildung Wolle—Chromgruppe der Farbsäure sind daher zweifellos basische Gruppen der Wolle betetligt. Dieser Befund bestätigt die Annahme VALKÓS[18]), daß das Chrom eine feste Brücke zwischen dem Keratinmolekül und dem Palatinechtfarbstoffmolekül bildet in Anlehnung an die von GUSTAVSON[19]) sowie KÜNTZEL und RIESS[20]) entwickelte neue Gerbtheorie.

In welcher Weise eine Verknüpfung von Wolle und Palatinechtfarbsäure gedacht werden kann, zeigt die folgende schematische Darstellung:

[18]) E. VALKÓ, Österr. Chemiker-Ztg. 40, 465—472 (1937).
[19]) K. H. GUSTAVSON, Collegium [Darmstadt] 775—793 (1932).
[20]) A. KÜNTZEL u. C. RIESS, Collegium [Darmstadt] 138—170 (1936).

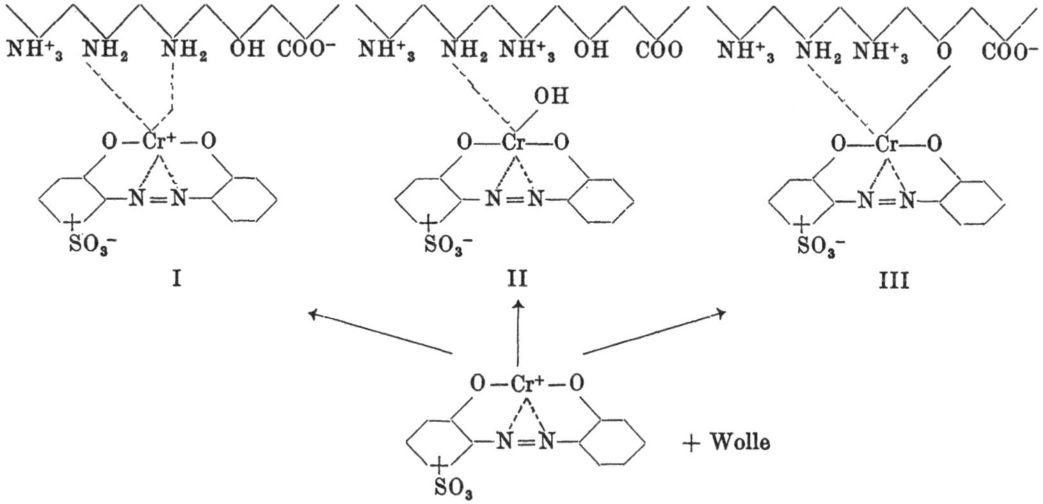

In Schema I sind zwei basische Gruppen der Wolle in den Chromkomplex eingetreten, das Chrom ist noch positiv geladen.

In Schema II ist das Chrom nicht mehr ionisiert und es ist nur eine basische Gruppe der Wolle in den Komplex eingetreten.

Schema III zeigt auch noch die Möglichkeit einer Bindung zwischen Chrom und Wolle über eine Oxygruppe der Wolle, wobei das Chrom ebenfalls seine positive Ladung verliert. Auch in Schema III steht eine basische Gruppe der Wolle in der Komplexsphäre des Chroms und ist dann nicht mehr dissoziiert. Die Bilanz der sauren und basischen Gruppen der gefärbten Wolle ergibt bei allen drei Anordnungen das gleiche Resultat.

Welches der oben angedeuteten Bindungsverhältnisse tatsächlich vorliegt, kann nicht entschieden werden. Es steht aber fest, daß *Komplexbildung* unter Beteiligung basischer Gruppen der Wolle stattfindet.

Nun sind aber die basischen Gruppen der Wolle nicht alle gleichwertig[21]) und können somit auch nicht alle in gleicher Weise zur Komplexbildung geeignet sein.

Wenn nur ein Teil der basischen Gruppen der Wolle zur Komplexbildung mit dem Chromkomplex fähig ist, dann muß die Farbsäureaufnahme zum Stillstand kommen, bevor alle basischen Gruppen reagiert haben, oder aber die über diesen Teilbetrag hinaus aufgefärbte Palatinechtfarbsäure kann nur noch mit ihren Sulfogruppen unter Salzbildung aufziehen.

Damit stimmt die Beobachtung überein, daß Palatinechtmonosulfosäuren (ohne freie Sulfogruppe) sich nur mit einem relativ kleinen Teil der basischen Gruppen der Wolle umsetzen und dann nicht mehr weiter

[21]) K. H. Meyer u. H. Fikentscher, Melliand Textilber. 7, 605—610 (1926).

aufziehen. Die Palatinechtdisulfosäuren (mit einer freien Sulfogruppe) dagegen ziehen erheblich stärker auf.

Für die eingehende Untersuchung des Verhaltens der Disulfosäuren wurde von zwei gut aufziehenden Farbstoffen (Palatinechtblau GGN und Palatinechtviolett 5 RN) eine größere Anzahl Ausfärbungen in den verschiedensten Stärken hergestellt und die Farb- und Schwefelsäureaufnahme bestimmt.

In Abbildung 14 sind die gefundenen Werte in Kurvenbildern wiedergegeben. Auf der Abszisse sind die aufgenommenen Farbsäuremengen

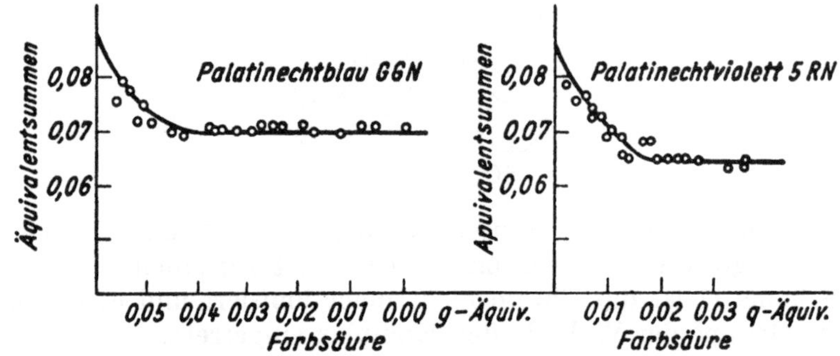

Abb. 14

in Grammäquivalenten (auf 100 g trockene Wolle berechnet), auf der Ordinate die Summen der aufgenommenen Farb- und Schwefelsäureäquivalente aufgetragen. Die Äquivalente der Farbsäuren sind unter Berücksichtigung nur einer (der „freien“) Sulfogruppe berechnet, d. h. so, als wenn die Farbsäure einbasisch wäre.

Die beiden Kurven fallen zunächst ab und zeigen einen deutlich ausgeprägten Knick. Nach dem Knick verlaufen sie waagerecht, die Äquivalentsummen bleiben konstant.

Beim Palatinechtviolett 5 RN ist der waagerechte Teil der Kurve nicht so deutlich ausgeprägt, da sich innerhalb der höchst zulässigen Versuchszeit nur etwa 0,037 g-Äquivalente Farbstoff auffärben lassen. Beim Palatinechtblau GGN dagegen, von dem unter denselben Bedingungen fast die doppelte Anzahl Farbsäureäquivalente aufgenommen werden kann, ist der waagerechte Verlauf der Kurve sehr gut zu erkennen.

Aus dem Kurvenverlauf geht hervor, daß die Palatinechtdisulfosäuren bei der Umsetzung mit der Wolle am Anfang mehr basische Gruppen verbrauchen, als dies der Fall wäre, wenn sie nur wie gewöhnliche saure Farbstoffe unter Salzbildung zwischen den Sulfogruppen der Farbsäuren und den basischen Gruppen der Wolle reagieren würden. Es findet also beim Färben mit Palatinechtdisulfosäuren ebenfalls Komplexbildung zwischen dem Chromkomplex und den basischen Gruppen der Wolle statt, wie es schon bei den Monosulfosäuren gefunden wurde.

Diese Komplexbildung hört aber von einem bestimmten Punkt ab auf, und weitere über diesen Betrag hinaus aufgefärbte Palatinechtdisulfosäure zieht nunmehr nur noch wie ein gewöhnlicher saurer Farbstoff mit der einen „freien“ Sulfogruppe auf. Die Menge der basischen Gruppen der Wolle, die mit der jeweils aufgefärbten Palatinechtfarbsäure unter Komplexbildung reagieren können, wird natürlich nicht in allen Fällen gleich groß sein, sondern wird auch in gewissem Umfange von der Konstitution des angewandten Farbstoffes abhängen.

In der Praxis werden niemals so große Farbsäuremengen auf die Wolle gebracht, wie dies in einigen Fällen bei der vorliegenden Untersuchung getan werden mußte. Der Punkt, oberhalb dessen Palatinechtfarbsäuren (Disulfosäuren) nur noch wie gewöhnliche saure Farbstoffe mit der „freien“ Sulfogruppe aufziehen, wird daher beim normalen praktischen Färben kaum erreicht oder gar überschritten werden. Dieser Punkt würde ungefähr einer 4—6%igen Färbung entsprechen (auf reinste, nicht durch Stellmittel verdünnte Farbsäure berechnet).

Man kann daher über die Art der Fixierung von Palatinechtfarbstoffen beim praktischen Färben allgemein sagen, daß die Farbstoffe mit den im Molekül vorhandenen Sulfogruppen unter Salzbildung (mehr oder weniger irreversibel, hydrolysierbar) aufziehen und daß sich das Chrom des Farbstoffes unter Komplexbildung mit weiteren basischen Gruppen der Wolle umsetzt und dadurch die Bindung Farbstoff-Wolle verfestigt.

Die aus den Versuchsergebnissen abgeleitete Theorie der Komplexbildung zwischen Chrom und Wolle kann durch folgende Überlegungen weiter gestützt werden:

1. Die Aminogruppen der Aminosäuren dürfen als die Gruppen angesehen werden, die am ehesten eine Komplexbildung mit dem Chrom eingehen können. Es sind in der Literatur eine ganze Anzahl von Komplexverbindungen zwischen Aminosäuren und Schwermetallen beschrieben.

2. Der Chromkomplex der Farbsäuren ist zu weiterer Komplexbildung befähigt. Für diese Ansicht sprechen auch folgende Tatsachen: Wenn man chromierbare Farbstoffe in Gegenwart von Aminen mit Chromsalzen behandelt, etwa nach DRP 623347, dann entstehen, wie B. Eistert festgestellt hat[22]), Komplexverbindungen, die außer dem Farbstoff und dem Metall auch *Amin* in fester Bindung enthalten. Diese Chrom-Amin-Komplexe sind als Modelle für die Chromfarbstoff-Wolle-Verbindungen anzusehen. Die sogenannten „Chromentwicklungs“-Färbeverfahren sind nach B. Eistert „Chromierungen in Gegenwart von Aminen“, nämlich der Aminogruppen der Wolle. Weil beim Nachbehandeln mit Chromsalzen das Chrom sich gleichzeitig an den Farbstoff

und an Aminogruppen der Wolle bindet, darum ist die entstehende Färbung so echt: Das Metall verknüpft beide miteinander. Mit dieser Ansicht stimmt der Befund von B. EISTERT überein, daß sulfogruppenhaltige Chrom-Pyridin-Komplexe nicht wie Palatinechtfarbstoffe, sondern nur wie gewöhnliche saure Wollfarbstoffe waschunecht auf Wolle ziehen: Hier ist die freie Koordinationsstelle des Chroms bereits durch einen stickstoffhaltigen Rest besetzt, deshalb besteht kein Bindungsvermögen für Wolle mehr, die Wollfärbung beruht dann also nur auf der Salzbildung der Sulfogruppe mit Wolle."

Nach ihren hier wörtlich wiedergegebenen scharfsinnigen Untersuchungen haben ENDER und MÜLLER noch darauf hingewiesen, daß beim gleichzeitigen Ausfärben eines chromhaltigen Palatinechtfarbstoffes und eines chromierbaren Säurefarbstoffes man nicht die zu erwartende Mischfarbe erhält. Am Beispiel Anthrachinonviolett als nicht chromierbarem Farbstoff gegenüber dem Orthodioxyazofarbstoff Chromierblau GGN haben sie gezeigt, daß Anthrachinonviolett mit Palatinechtgelb GRN die erwarteten Mischfarben gibt, während Chromierblau GGN, das für sich allein fast die gleiche Farbe wie Anthrachinonviolett hat, viel grünstichigere Mischfarben mit Palatinechtgelb GRN erzeugt. Dies zeigt, daß in diesem Falle der chromhaltige Farbstoff Palatinechtgelb und das Chromierblau sich miteinander umgesetzt haben müssen.

Daß die Palatinechtfarbstoffe von Wolle in anderer Weise fixiert werden als die üblichen Azofarbstoffe, geht nach ENDER und MÜLLER[23]) auch daraus hervor, daß bei den Azofarbstoffen die Hydrolyse der salzartigen Wolle-Farbsäure-Verbindungen durch Erhöhung der Säurekonzentration in steigendem Maße zurückgedrängt wird. Wie ANACKER[24]) gezeigt hat, nimmt dagegen die Haftfestigkeit der Palatinechtfarbstoffe bei höheren Wasserstoffionenkonzentrationen ab. Infolgedessen muß man mit ENDER und MÜLLER daraus schließen, daß an der Bindung der Palatinechtfarbstoffe an die Wollsubstanz auch gewisse basische Gruppen der Wolle unter Komplexbildung sich beteiligen. Diese treten aber nicht als aktivierte positiv geladene Gruppen in den Komplex ein, sondern ausschließlich als neutrale Liganden des Chroms. EISTERT[25]) hat hierzu die sehr wohl begründete Vermutung ausgesprochen, daß es sich bei dieser Komplexbildung um die schwer aktivierbaren ringförmig gebundenen Aminogruppen der Histidin- und Tryptophan-Bausteine des Keratins handeln dürfte.

Darum muß diese Art der Bindung um so stärker zurückgehen, je höher die Wasserstoffionenkonzentration des Färbebades und je höher

---

[22]) Nach einer noch nicht veröffentlichten Mitteilung von B. EISTERT.
[23]) W. ENDER u. A. MÜLLER, Melliand Textilber. 19, 272–273 (1938).
[24]) K. ANACKER, Melliand Textilber. 17, 332–334 (1936).
[25]) B. EISTERT, Bios PBR 20855, 2485.

die Ionisation der basischen Gruppen der Wolle ist. Demnach ist die Stabilität der beiden Brücken zwischen Farbstoff und Wolle, nämlich der komplexen aus Chromkomplex und den basischen Gruppen der Wolle bestehenden und der salzartigen Gruppe aus Farbstoffanion und Aminogruppe erfolgten Bindung im entgegengesetzten Sinne vom p_H-Wert des Färbebades abhängig.

Eine von FRÖHLICH[26]) durchgeführte Untersuchung hat später bestätigt, daß die Farbstoffaufnahmen acetylierter und desaminierter Proteinfasern geringer sind als diejenigen der unbehandelten Proteinfasern, Wolle, Seide, Ardil- und Zeinfaser, woraus hervorgeht, daß die Aminogruppen dieser Fasern die Farbstoffbindung bewirken. Wird durch Desaminierung oder Acetylierung ein Teil der freien Aminogruppen der erstgenannten drei Proteinfasern ausgeschaltet, dann sinkt auch die Farbstoffaufnahme dementsprechend ab. Daß nicht nur die freien Aminogruppen, sondern auch die freien Hydroxylgruppen der unbehandelten Proteinfasern sich bei der Bindung des 1 : 1 Chromkomplexfarbstoffes beteiligen, kann daraus geschlossen werden, daß die maximale Farbstoffaufnahme bei Ardil die größten Werte zeigt, bei Wolle und Seide fast nahezu gleich ist, während die Zeinfaser wesentlich weniger Farbstoff aufnimmt. Dagegen nimmt Perlon L im p_H-Bereich 2,2—2,5 ebensoviel Farbstoff wie Salzsäure beim gleichen p_H-Wert auf.

Weiterhin hat CASTY[27]) bestätigt, daß die Aufgabe des erhöhten Schwefelsäurezusatzes im Färbebade darin besteht, auch die schwer aktivierbaren ringförmig gebundenen Aminogruppen möglichst zu aktivieren und somit ihren Eintritt in den Komplex zu bremsen. Andererseits hat CASTY wie auch ENDER und MÜLLER darauf hingewiesen, daß anionische Egalisierungsmittel, auch wenn sie sich beim Färben mit direktziehenden Farbstoffen bewährt haben, Färbebädern, welche 1 : 1 Komplexfarbstoffe enthalten, nicht zugesetzt werden sollen. Bei solchen Hilfsmitteln besteht die Gefahr, daß ihre Sulfosäuregruppe mit dem positiv geladenen Chrom des dipolaren Farbstoffs reagiert und dessen Bindung durch die Wollsubstanz dadurch verhindert wird. Auch Egalisier- und Enthärtungsmittel, welche Zwitterionen bilden können, soll das Färbebad nicht enthalten, weil diese unter Umständen manchen Grünmarken das Chrom entziehen können. Dieser fürsorglichen Empfehlung hat sich auch TAYLOR[28]) später mit dem Hinweis angeschlossen, daß solche Textilhilfsmittel wie z. B. Äthylentetraminessigsäure und ähnliche, welche mit Metallen stabile Komplexe bilden können, nicht als Färbereihilfsmittel verwendet werden sollen, wenn man mit Metallkomplexfarbstoffen färbt. Unter Nichtbeachtung dieser Tatsachen hat

---

[26]) H. G. FRÖHLICH, Z. ges. Textilind. 55, 1267—1273 (1953).
[27]) R. CASTY, Melliand Textilber. 33, 950—954 (1952).
[28]) E. M. TAYLOR, Amer. Dyestuff Reporter 45, 381—384 (1956).

WEIBLE[29]) dagegen unlängst die Mitverwendung zwitterionischer Egalisiermittel beim Färben mit 1 : 1 Chromkomplexfarbstoffen empfohlen.

Wenn man beim Färben von Wolle mit fertig gebildeten 1 : 1 Komplexfarbstoffen keine gegenüber dem Normalfärbeverfahren I erhöhten Schwefelsäurezusätze verwenden will, ist man auf die Mitverwendung eines nichtionogenen Egalisierungsmittels angewiesen. In diesem Falle erfolgt das Bremsen der Farbstoffaufnahme dadurch, daß der Farbstoff zunächst von dem farbstoffaffinen nichtionogenen Hilfsmittel festgehalten wird und dann erst langsam und somit egal auf die Faser ziehen kann. VALKÓ[30]) hat durch Diffusionsmessungen die Existenz solcher Kolloidionen nachgewiesen. MILLSON und TURL[31]) ist es sogar gelungen, ähnliche Aggregationen während des Färbeprezesses optisch sichtbar zu machen.

Nachdem RATTEE[32]) die Bildung solcher Aggregationen aus Chromkomplexfarbstoffen und Äthylenoxydpolymeren bestätigt hatte, sind diese von WÜRZ[33]) in der Weise erklärt worden, daß der Farbstoff primär durch seine Sulfogruppe über eine Wasserstoffbrücke an das Färbereihilfsmittel gebunden wird.

Diese Erklärung findet eine Stütze darin, daß bei neueren Untersuchungen[34,35]) gefunden wurde, daß jede dritte Äthergruppe der sogenannten nichtionogenen Oxyäthylierungskörper kationischen Charakter trägt. Im weiteren Verlauf des Färbevorganges spaltet sich diese Anlagerungsverbindung in ein Hilfsmittelkation und ein Farbstoffanion, wonach das Farbstoffanion im Ionenaustausch mit anorganischen Anionen bei der Wechselwirkung mit der Faser von dieser gebunden wird.

Um festzustellen, ob Polyamidfasern sich in gleicher Weise wie Wolle mit 1 : 1 Chromkomplexfarbstoffen färben lassen, was für das Färben von Mischfasern aus Wolle und Polyamiden wichtig ist, hat ANACKER[38]) die entsprechenden Untersuchungen durchgeführt. Es wurden von ihm Mischungen aus jeweils 1 g Perlonseide und 10 g Wolle in 250 cm³ dest. Wasser unter Zusatz von:

1. mit 10% Schwefelsäure 66° Bé allein,
2. mit 5% Schwefelsäure 66° Bé unter Zusatz von 0,2% Peregal ON hochkonzentriert gefärbt.

Beide Male wurde bei 40° C eingegangen, innerhalb einer halben Stunde zum Kochen gebracht und 1½ Stunde bei etwa 95° C behandelt.

---

[29]) K. WEIBLE, Melliand Textilber. **37**, 831–833 (1956).
[30]) E. VALKÓ, Österr. Chemiker-Ztg. **40**, 465–472 (1937).
[31]) H. E. MILLSON u. L. H. TURL, Textile Res. J. **10**, 685–702 (1951).
[32]) I. D. RATTEE, J. Soc. Dyers Colourists **69**, 288–295 (1953).
[33]) A. WÜRZ, Melliand Textilber. **36**, 274 (1955).
[34]) W. WURZSCHMITT, Z. analyt. Chem. **130**, 105–185 (1949).
[35]) W. KLING u. H. LANGE, Kolloid-Z. **127**, 22–23 (1952).

Die beiden Färbeweisen unterscheiden sich im Ausfall insofern, als bei Anwendung von 10% Schwefelsäure allein die Wollanfärbung weniger stark ist als bei Anwendung von 5% Schwefelsäure unter Zusatz von Peregal ON hochkonz. Infolgedessen ist im ersteren Falle der Ausgleich in der Tiefe der Anfärbung zwischen Wolle und Perlon besser und diese Färbeweise vorzuziehen. Die ursprünglich vorhandenen Bedenken, daß das Färben von Perlon und Nylon im stark sauren Bade sich nachteilig auf diese Fasern auswirken würde, sind dadurch eingeschränkt worden, daß FIDELL, ROYER und MILSON[36]) sowie VICKERSTAFF[37]) gezeigt haben, daß nicht zu vernachlässigende Säureschädigungen erst dann eintreten, wenn nach dem Färben nicht gründlich gespült wird und dadurch Säurereste in der Faser zurückbleiben, die sich beim anschließenden Trocknen konzentrieren. Infolgedessen ist es ratsam, dem letzten Spülbad etwas Natriumacetat (etwa 0,5 g p. l) zuzusetzen.

Das trifft auch zu, wenn Polyamidfasern für sich allein unter Verwendung von Schwefelsäure mit 1:1 Komplexfarbstoffen gefärbt werden, wobei der Schwefelsäurezusatz unbedenklich auf 4% gesenkt werden kann, weil Polyamide weniger Aminogruppen als Wolle enthalten. Bei einer Perlonseide mit dem Säurebindungsvermögen 0,008 hat ANACKER[38]) folgende Arbeitsweise mit gutem Erfolg verwendet:

Es wurden jeweils 5 g Perlonseide in 250 cm^3 destilliertem Wasser unter Zusatz von 4% Schwefelsäure 66° Bé gefärbt, bei 40° C eingehend und $2^1/_2$ Stunde kochend.

Zur Bestimmung des Ziehvermögens der angewandten Farbstoffe wurden diese in ihrer Handelsform in ansteigenden Mengenverhältnissen den Färbebädern zugesetzt und wie oben angegeben ausgefärbt. Die nach dem Färben im Bade zurückgebliebenen Farbstoffmengen wurden kolorimetrisch oder, wo diese Methode keine Anwendung finden konnte, durch Nachzüge mit Wolle, deren Tiefe dann gegen eine Färbung von bekannter Stärke verglichen wurde, bestimmt. Wenn auch die letztere Arbeitsweise nicht absolut genau ist, so erschien sie ANACKER ausreichend, um die Größenordnung der Farbstoffaufnahme festzustellen.

In der nachstehenden Tabelle sind die aufgezogenen Farbstoffmengen in % bei verschiedenen Mengen angewandten Farbstoffes zusammengestellt. Die so erhaltenen Werte können aus den vorstehend angegebenen Gründen nur als angenähert betrachtet werden, außerdem auch deswegen, weil nicht für alle Versuche Perlonmaterial aus der gleichen Betriebspartie stammte. Die in der Tabelle 24 unterstrichenen Farbstoffe sind Disulfosäuren.

---

36) L. J. FIDELL, G. L. ROYER u. H. E. MILSON, Amer. Dyestuff Reporter **37**, 166 bis 182 (1948).

37) T. VICKERSTAFF, The Physical Chemistry of Dying, London 389 (1950).

38) K. ANACKER, Melliand Textilber. **30**, 256—258 (1949).

Tabelle
Palatinecht-

Angewandte Farbstoffmenge in %	Gelb		Orange		Rot			
	ELN	GRN	GEN	RN	LBN	BEN	GRN	RN
1	—	0,8	—	—	—	—	0,99	0,88
2	0,7	1,7	1,6	1,7	1,8	1,2	1,9	1,8
4	1	3,5	3,3	3,4	3,7	2,7	2,8	3,5
6	—	5,2	4,9	4,9	5,5	4	3,7	5,1
8	1,6	7	—	—	—	—	—	—
10	—	8,7	7,8	8,1	9,3	8,6	4,5	8
15 ca.	3	11	11,2	—	11	9,6	5,7	12

Bei Kombinationsfärbungen zeigte sich, daß das Verdrängen eines Farbstoffes durch einen anderen bei den Palatinechtfarbstoffen eine wesentlich geringere Rolle spielt als bei den gewöhnlichen sauren Farbstoffen. Dies gilt besonders in solchen Fällen, in welchen nur Monosulfosäuren als Kombinationsfärbungen angewendet werden. Wenn tiefe Färbungen hergestellt werden, ist das Ziehvermögen der Monosulfosäuren im allgemeinen besser als das der Disulfosäuren. Bei Palatinechtbordo RN, das nur eine Sulfogruppe hat, ist das schlechte Aufziehen aus konzentrierteren Färbebädern nicht eine Funktion der Sulfogruppe, sondern wird durch das Ausfallen des Farbstoffs im sauren Bade bewirkt. Beim Färben von Wolle zieht dieser Farbstoff trotz des Ausfallens normal auf. Bei Perlon dagegen scheint durch das geringe Quellungsvermögen dieser Faser die Aufnahme des nicht gelösten bzw. des nicht genügend fein dispergierten Farbstoffs zum mindesten sehr erschwert zu sein. Gibt man dagegen ein geeignetes Lösungsmittel in das Färbebad oder färbt mit einer schwächeren Säure als Schwefelsäure aus, dann erhält man mit Palatinechtbordo RN auf Perlon viel stärkere Färbungen als mit Schwefelsäure allein. Wie bereits angegeben, sind in der Tabelle 24 diejenigen Werte angeführt, die bei diesem Farbstoff ohne weiteren Zusatz im schwefelsauren Bade erhalten wurden.

Danach haben Ender und Wenger[39]) mitgeteilt, daß es bei 100%igem Perlon genügt, die Ware mit 4% Ameisensäure oder mit 2% Schwefelsäure und 2% Ameisensäure vom Warengewicht zu färben, wenn 1:1 Chromkomplexfarbstoffe zur Anwendung kommen.

Die Gesamtechtheit der Palatinechtfarbstoffe auf Perlon ist recht gut. Wenn der schlechteste Echtheitsgrad mit 1 bezeichnet wird, liegt ihre Lichtechtheit notenmäßig über 5. Die Schweiß-, Wasser- und Seewasserechtheit sind mit etwa 4 zu bewerten.

---

[39]) W. Ender u. F. Wenger, Textil-Praxis 7, 632 (1952).

24

farbstoffe

Rosa	Bordo		Violett		Blau		Grün BLN konz.	Braun RN	Schwarz WAN extra
BN	RN*)	BN	3 RN	5 RN	BN	GGN			
—	0,5	0,7	0,84	0,79	0,95	0,98	0,98	0,95	1
1,9	0,9	1,2	1,6	1,5	1,9	1,9	1,95	1,9	2
3,7	1,8	2,1	3,3	2,3	3,8	3,9	3,4	3,7	4
5,2	2,1	2,4	5,4	3,1	5,8	4,5	5	4,3	5,9
—	—	—	—	—	—	—	—	—	—
7,7	3	2,5	6,7	3,9	7,3	6,4	8,1	6,6	9,4
10,4	3	3	8,7	4,6	10	7,8	12,4	8,8	12,4

*) Ohne Zusatz eines Lösungsmittels.

Bekanntlich zeichnet sich der Farbstoff Palatinechtblau GGN durch sein gutes Egalisiervermögen und die Fähigkeit aus, nach der stark schwefelsauren Färbemethode einen ruhigen, nicht schipprigen Ausfall zu geben. Wie SCHETTY[40]) in Einklang mit ENDER und MÜLLER[41]) gezeigt hat, ist diese Eigenschaft durch das gute Ziehvermögen dieses Farbstoffes bedingt, und dadurch, daß einbasische Säuren besser als zwitterionische Komplexe ziehen, deren Ladungssumme Null ist.

Ferner hat SCHETTY darauf hingewiesen, daß isomere Komplexe, in denen die zur metallisierten Oxygruppe peri-ständige Sulfonsäuregruppe in die 7-, 6-, 5- oder 4-Stellung verschoben worden ist, sich färberisch anders verhalten. „Es fehlt ihnen sowohl das gute Egalisier- und Ziehvermögen (in stark schwefelsaurem Bade) als auch der stark nach der grünen Seite hin verschobene Farbton. Dagegen sind sie alkaliechter. Diese Unterschiede lassen der peri-(8-)ständigen Sulfonsäuregruppe eine besondere Bedeutung zukommen. Für das Verstehen der Zusammenhänge zwischen Konstitution und unselektivem Ziehvermögen war die Erkenntnis, wonach das besondere Wesen der peri-ständigen Sulfonsäuregruppe in stark verminderter Hydrophilie, bedingt durch Chelation der Sulfonsäuregruppe mit der Oxygruppe, zu suchen ist.“

Der große Umfang der Verwendung von sulfonsäuregruppenhaltigen 1 : 1 Metallkomplexfarbstoffen in der Wollfärberei sowie zum Färben von Perlon und Nylon ist von WÜRZ[42]) einesteils mit den hohen Echtheitsgraden der Färbungen, anderenteils damit erklärt worden, daß die meisten von ihnen weiß ätzbar sind. Wie ENDER und MÜLLER hat WÜRZ die hohe Affinität dieser Farbstoffe zu Wolle und Polyamidfasern, wie z. B. Perlon und Nylon, damit erklärt, daß neben der salzartigen Bin-

[40]) G. SCHETTY, Textil-Rundsch. [St. Gallen] 11, 216—226 (1956).
[41]) W. ENDER u. A. MÜLLER, Melliand Textilber. 19, 65—67 (1938).
[42]) A. WÜRZ, Melliand Textilber. 37, 691—692 (1956).

dung zwischen den Sulfonsäuregruppen des Farbstoffs und den Ammoniumgruppen der Faser auch noch koordinative Bindungen zwischen dem koordinativ ungesättigten Chromatom des Farbstoffs und den zur Komplexbildung befähigten Gruppen der Faser eintreten. „Während bei Wolle hierfür neben ungeladenen Amino- und ähnlichen Gruppen vor allem eine beachtliche Anzahl Carboxyl- und phenolische Hydroxylgruppen zur Verfügung stehen, können Polyamidfasern hierfür nur ungeladene Aminoendgruppen und Amidgruppen liefern. Rilsan verfügt aber nicht nur über verhältnismäßig wenig freie Aminoendgruppen, sondern auch über halb so viel Amidbindungen wie Perlon und Nylon. Außerdem sind diese Gruppen bei der kompakten Struktur dieser schwer quellbaren Faser nur schwer zugänglich. Das bewirkt, daß mit sulfogruppenhaltigen 1 : 1 Metallkomplexfarbstoffen auf Rilsan, ebenso wie mit den meisten sauren Wollfarbstoffen, nur ganz helle Nuancen ausgefärbt werden können, da bei Palatinechtfarbstoffen im Gegensatz zu den Chromierfarbstoffen die zur Bildung von Wasserstoffbrücken befähigten phenolischen Hydroxylgruppen bei der Vormetallisierung ausgeschaltet worden sind.“

VII. Die Herstellung und Anwendung von 1:2 Komplexfarbstoffen

In Übereinstimmung mit PFITZNER[1]) und WIDMER[2]) hat SCHETTY[3]) mitgeteilt, daß o,o'-Dioxyazofarbstoffe im Prinzip zwei Typen von Chromkomplexen, nämlich 1:1 und 2:1 Komplexe bilden können. Die Bildung des einen oder anderen Typs hängt vorwiegend von der Chromierungsmethode, aber auch von der Farbstoffkonstitution ab. Beim Chromieren eines Farbstoffes mittels Chromsalicylsäure verläuft die Chromierung nach ihm wahrscheinlich im Sinne der symbolischen Gleichungen 1 und 2:

Gleichung 1, S—Cr—S+F=F—Cr—S+S,

Gleichung 2, 2F—Cr—S=F—Cr—F+S—Cr—S.

(S = Salicylsäure, F = Farbstoff.)

Mit diesen zwei Typen sind aber die konstitutionellen Möglichkeiten nicht erschöpft. Nachdem bereits Chromkomplexe von o,o'-Dioxyazofarbstoffen bekannt geworden waren, die auf 3 Farbstoffmoleküle 2 Atome Chrom enthalten, hat er ebenfalls die Existenzfähigkeit solcher Komplexe nachgewiesen. Andererseits konnte er zeigen, daß manche o,o'-Dioxyazofarbstoffe mit Chromsalicylsäure nach der Gleichung 1 entstandene beständige Chromkomplexe bilden, welche 1 Farbstoffmolekül, 1 Salicylsäuremolekül und ein Chromatom enthalten.

Diejenigen 2:1 Chromkomplexverbindungen, die durch Einwirkung von Chromsalicylsäure auf o,o'-Dioxyazoverbindungen mit einer Sulfonsäuregruppe im Molekül erhalten wurden, ergeben nach SCHETTY[4]) vollauf befriedigende Wollfärbungen, wenn sie mit 3—4% Ameisensäure gefärbt werden. Bei diesen asymmetrischen Chromkomplexverbindungen läßt sich das Chrom durch Überfärben mit chromierbaren Farbstoffen nachweisen.

Asymmetrische 2:1 Komplexe, in denen nur einer der beiden an das Chromatom gebundenen Farbstoffe eine Sulfonsäuregruppe enthält, zerfallen in sauren Lösungen in den sulfonsäurehaltigen 1:1 Komplex und in den metallfreien o,o'-Dioxyazofarbstoff. Sie verhalten sich demnach

---

1) H. PFITZNER, Z. angew. Chem. **62**, 242 (1950).
2) W. WIDMER, Chimia [Zürich] **5**, 77—79 (1951).
3) G. SCHETTY, Helv. chim. Acta **35**, 716—729 (1952).
4) G. SCHETTY, Textil-Rdsch. [St. Gallen] **11**, 216—226 (1956).

ähnlich wie die von WIDMER[5]) beschriebenen symmetrischen 2:1 Komplexe, die aus zwei o,o'-Dioxyazofarbstoffen mit je einer Sulfonsäuregruppe entstanden sind, welche in saurer Lösung ebenfalls in die 1:1 Chromkomplexverbindung und den chromfreien Farbstoff zerfallen (vgl. S. 125).

Stellt man 2:1 Chromkomplexverbindungen aus sulfonsäuregruppenfreien o,o'-Dioxyazoverbindungen her, dann erhält man symmetrisch gebaute Komplexverbindungen, die sich gegenüber den aus sulfonsäuregruppenhaltigen analogen 2:1 Chromkomplexen als säurestabiler erweisen. Die Zusammensetzung solcher Komplexe ist im Prinzip erstmals von DREW und FAIRBAIRN[6]) bekanntgegeben worden.

Die aus zwei Molekülen einer o,o'-Dioxyazoverbindung ohne Sulfonsäuregruppen und einem Chromatom gebildeten Komplexverbindungen sind in Wasser und den meisten organischen Lösungsmitteln unlöslich, in wäßrigen Alkalien, in Ammoniak oder mit organischen Basen bilden sie jedoch wasserlösliche Salze, demnach ist ein solcher Komplex als einwertiges Anion aufzufassen.

ZOLLINGER und WITTWER[7]) haben später mitgeteilt, daß diejenigen 2:1 Chromkomplexverbindungen, welche aus o,o'-Dioxyazoverbindungen ohne dissoziierende Substituenten entstanden, durch Haupt- und Nebenvalenzen gleichstark an das Chromatom gebunden sind. Dies geht daraus hervor, daß die moderne Theorie der chemischen Bindung eindeutig ergeben hat, daß Haupt- und Nebenvalenzen das gleiche sind, nämlich Elektronenpaarbindungen, entstanden durch Überlappung von atomaren Elektronenwolken. In diesen 2:1 Chromkomplexverbindungen stehen die beiden planar gebauten Azobenzolreste im Raum senkrecht aufeinander und sind durch das im Zentrum befindliche Chromatom in der Weise miteinander verbunden, daß die vier Sauerstoffatome der o,o'-Dioxygruppen in einer Ebene liegen. Die senkrechte Anordnung der beiden Azoteile um das Chromoktaeder entspricht demnach derjenigen der Chromkomplexe einfacher Azo- und Azomethinverbindungen, die PFEIFFER und SAURE[8]) in optische Antipoden aufspalten konnten. Dies schließt einen planaren Bau des ganzen Metallkomplexions aus.

Wie PFITZNER[9]) mitgeteilt hat, kann man über die Schwierigkeit, daß die 1:2 Komplexverbindungen selbst in Form ihrer Alkalisalze eine meist nur geringe Wasserlöslichkeit besitzen, hinwegkommen, einmal durch die Verwendung lösungsvermittelnder Hilfsmittel oder zum andern durch die Verwendung solcher 1:2 Komplexfarbstoffe, in die Gruppen eingebaut sind, welche die Wasserlöslichkeit erhöhen, ohne an

---

[5]) W. WIDMER, Chimia [Zürich] 5, 77–79 (1951).
[6]) H. D. K. DREW u. R. F. FAIRBAIRN, J. chem. Soc. [London] 823–835 (1939).
[7]) H. ZOLLINGER u. C. WITTWER, Helv. chim. Acta 39, 347–356 (1956).
[8]) P. PFEIFFER u. S. SAURE, Ber. dtsch. chem. Ges. 74, 935–941 (1941).
[9]) H. PFITZNER, Melliand Textilber. 35, 649–651 (1954).

dem schwach sauren Charakter des Gesamtkomplexes etwas zu ändern. Die Sulfonsäuregruppe scheidet für diesen Zweck von vornherein aus, und auch die Carboxylgruppe erweist sich als wenig geeignet. Dagegen wurde in der Badischen Anilin- und Sodafabrik im Jahre 1941 die Sulfonamidgruppe ($—SO_2NH_2$) als ein sehr brauchbarer Substituent gefunden, der den 1:2 Komplexfarbstoffen die gewünschten Eigenschaften in bezug auf die Wasserlöslichkeit unter Erhaltung der nur geringen Acidität des Farbstoffkomplexes verleiht. Letzteres ist entscheidend für das färberische Verhalten dieser Komplexsäuren, welche die wertvolle Eigenschaft haben, bereits aus schwach saurem bis neutralem Bade echt auf Wolle aufzuziehen. Dieser Weg ist später auch von anderen Farbstoffherstellern beschritten worden, und außer der Sulfonamidgruppe sind noch die Carbonsäureamidgruppe und die Acylaminogruppe neben anderen hydratisierenden Gruppen von SCHETTY[10]) genannt worden. ZOLLINGER und WITTWER[11]) haben nachgewiesen, daß die Alkylsulfongruppen ebenfalls als löslichmachende Substituenten geeignet sind, was von SCHETTY[12]) mit dem Hinweis darauf, daß die Alkylsulfonsäuregruppen geeigneter sind als die Arylsulfonsäuregruppen, bestätigt worden ist. Innerhalb der Alkylsulfonsäuregruppen nimmt die Methylsulfongruppe eine Sonderstellung ein, die sich auch in Vergleichen der Wasserlöslichkeit von p-Chlorbenzolalkylsulfonen auswirkt.

SCHETTY hat für die Konstitution eines gut ziehenden, Wolle nicht schipprig färbenden Chromkomplexfarbstoffs folgende Forderungen aufgestellt:

a) Der Komplex muß negativ geladen sein.

b) Die Nebenvalenzen des Metallatoms müssen ganz oder weitgehend abgesättigt sein.

c) Die wasserlöslich machenden Gruppen müssen möglichst wenig hydrophil sein.

d) Das Komplexmolekül soll keine weiteren oder möglichst wenig hydrophile Gruppen enthalten.

Er konnte feststellen, daß unselektives egales Färbevermögen bei Wolle dann eintritt, wenn der Farbstoff ein hohes Ziehvermögen besitzt. Erhöht man das Molekulargewicht schrittweise, dann steigen bei den Komplexfarbstoffen sowohl die Naßechtheiten als auch das neutrale Ziehvermögen und bei einem Molekulargewicht von rund 600 werden die besten färberischen Eigenschaften erreicht. Aus diesem Ergebnis könnte geschlossen werden, daß Ziehvermögen und Naßechtheiten als einfache Funktionen des Molekulargewichtes zu verstehen sind. Es zeigt sich

[10]) G. SCHETTY, Textil-Rdsch. [St. Gallen] 11, 216–226 (1956).
[11]) H. ZOLLINGER u. C. WITTWER, Helv. chim. Acta 39, 347–356 (1956).
[12]) G. SCHETTY, Textil-Rdsch. [St. Gallen] 11, 263–276 (1956).

jedoch, daß die hydratisierenden Gruppen die Ziehgeschwindigkeit des Farbstoffkomplexes entscheidend beeinflussen.

Sulfonsäuregruppenfreie 1:2 Komplexverbindungen für die Textilfärberei können sowohl aus o,o'-Dioxyazoverbindungen als auch Oxyazomethinen hergestellt werden. Die aus sulfonsäuregruppenfreien Verbindungen hergestellten 2:1 Chromkomplexe verhalten sich in bezug auf ihre Stabilität ähnlich wie die aus dreiwertigem Cobalt erhaltenen. Diese sind jedoch im Vergleich zu den Chromkomplexen hypsochromer und lichtechter, ziehen im neutralen Bade aber meistens weniger rasch auf Wolle. Die Komplexe des koordinativ sechswertigen Ferri- und Aluminiumions sind zu wenig stabil.

Als erste haben BRASS und WITTENBERGER[13]) einen sulfonsäuregruppenfreien 2:1 Chromkomplex, nämlich die aus Alizaringelb 2 G erhaltene Komplexverbindung, zum Färben von Wolle verwendet. Weil der zwei Farbstoffmoleküle und ein Chromatom enthaltende Lack sehr rasch aufzieht, wurde die von ihnen verwendete Schwefelsäure nicht sofort zugesetzt, sondern erst, nachdem mit Glaubersalz allein schon $^1/_2$ Stunde gefärbt worden war. Die so erhaltene Färbung ist dunkler als die Farbe des Farbstoffes selbst, d. h. der Farbton wird also nicht nur durch das Nachbehandeln der Färbung des nichtchromierten Farbstoffes mit Bichromat oder beim Färben des Farbstoffes auf chromgebeizte Wolle dunkler, sondern auch dann, wenn mit der Chromverbindung des Farbstoffes gefärbt wird. Diese letzteren Färbungen unterscheiden sich voneinander aber dadurch, daß die mit dem Chromlack erhaltenen lebhafter sind als die „nachchromierten" Färbungen des Farbstoffes oder seine Färbungen auf mit Chromsalzen vorgebeizter Wolle. Die Echtheiten der Färbung der Chromverbindung des Farbstoffes sind sehr gut.

Die vorstehend wiedergegebene Arbeitsweise ist für das Färben von Wolle und von Polyamidfasern weder mit 2:1 Chromkomplexfarbstoffen, welche wie die vorerwähnte Komplexverbindung keine löslichmachenden Gruppen, noch mit solchen, welche löslichmachende Gruppen im Komplex enthalten, empfehlenswert. Die für die Färbereipraxis ausgearbeiteten Arbeitsweisen, welche auf eine bessere Egalität der Färbung zugeschnitten sind, werden bei der Behandlung des Färbens mit sulfonsäuregruppenfreien 2:1 Metallkomplexfarbstoffen ohne löslichmachende Gruppen wiedergegeben werden.

Mit Recht hat WÜRZ darauf hingewiesen, daß die gegenwärtig gebräuchliche Systematik, die eine Gliederung in 1:1 und 1:2 Komplexe vornimmt, aus der chemischen Zusammensetzung dieser Farbstoffe zwar gerechtfertigt erscheint, die Unterschiede im färberischen Verhalten der 1:2 Komplexverbindungen aber nicht berücksichtigt. Deswegen ist bei

---

13) K. BRASS u. W. WITTENBERGER, Mschr. Textil-Ind. 50, 241—243 (1935).

der Behandlung der färberischen Eigenschaften dieser 1:2 Komplexfarbstoffe deren Unterteilung in drei Gruppen vorzunehmen:

a) Sulfonsäuregruppenfreie Metallkomplexfarbstoffe mit löslichmachenden Gruppen.
b) Metallkomplexfarbstoffe ohne löslichmachende Gruppen.
c) Asymmetrische Metallkomplexfarbstoffe, die aus einer Dioxyazoverbindung und Salicylsäure bestehen.

a) Sulfonsäuregruppenfreie 1:2 Metallkomplexfarbstoffe mit löslichmachenden Gruppen

Die sulfonsäuregruppenfreien 1:2 Komplexverbindungen mit löslichmachenden Gruppen werden unter den folgenden Bezeichnungen, die eingetragene Warenzeichen sind, in den Handel gebracht:

Capracylfarbstoffe	Du Pont
Cibalanfarbstoffe	Ciba
Irgalanfarbstoffe	Geigy
Isolanfarbstoffe	Bayer
Lanasynfarbstoffe	Sandoz
Neutralanfarbstoffe	Pharma Chem. Corp.
Ortolanfarbstoffe	BASF
Solilanfarbstoffe	Franken Donder's NV.
Supralanfarbstoffe	Gen. Dyestuff Corp.
Remalanechtfarbstoffe	M. L. B. Höchst

Ihre Herstellungsweisen sind durch zahlreiche Patentschriften geschützt worden.

Die theoretischen Folgerungen aus dem färberischen Verhalten der 1:2 Chromkomplexfarbstoffe gegenüber Wolle sind von HIRSBRUNNER[14] so überzeugend dargelegt worden, daß sie anschließend fast ungekürzt wiedergegeben werden, zumal das färberische Verhalten der auf Beizen ziehenden metallfreien Farbstoffe von ihm gleichzeitig mitberücksichtigt worden ist.

Mit Recht hat er dargelegt, daß für das Zustandekommen einer Färbung zunächst das Aufziehen der Farbstoffmoleküle aus dem Färbebad auf der Faseroberfläche wesentlich ist. Dieses Aufziehen erfolgt als Wirkung gewisser Anziehungskräfte, die sowohl von der Faser als auch vom Farbstoffmolekül ausgehen. Dabei ist zu unterscheiden zwischen

A. Anziehungskräften mit großer Reichweite (max. 100 Å), das sind elektrostatische Kräfte (von Coulombscher Natur) zwischen Ionen entgegengesetzter Ladung.

---

[14]) H. R. HIRSBRUNNER, Textil-Rdsch. [St. Gallen] 8, 12—21 (1953); Melliand Textilber. 38, 205 (1957).

Beispiel: Salzartige Bindung zwischen Wolle (W) und Farbstoff (F)

$$W-NH_3^+-O_3S-F$$

B. Anziehungskräfte mit kurzer Reichweite (max. 5 Å), das sind van der Waalsche Kräfte, Wasserstoffbrücken und kapillaraktive Kräfte.

„Es sind Kräfte, die in erster Linie die Unterschiede in den Affinitätsverhältnissen (oder auch Naßechtheiten) der einzelnen Farbstoffe bedingen; sie werden als spezifische Affinitätskräfte bezeichnet.

Bei anionischen Farbstoffen ist das Farbstoffanion Träger dieser Kräfte — man spricht daher in diesem Zusammenhang von der ‚Anionenaffinität' des sauren Farbstoffs. Je echter der saure Farbstoff ist, um so größer ist seine Anionenaffinität und um so größer ist auch sein neutrales Ziehvermögen."

Wie der Verfasser[15]) im Einklang mit Ender und Müller[16]) gezeigt hat, wäre demnach bei den starken Säuren eine größere Affinität zu erwarten. Weil dies jedoch nicht immer der Fall ist, wird die Wasserechtheit der echteren sauren Wollfarbstoffe durch ihre Molekülgröße und ihr Diffusionsvermögen mitbestimmt.

Betrachtet man mit Hirsbrunner zunächst die Verhältnisse beim Färbevorgang von gewöhnlichen Säurefarbstoffen. (Beispiel: Farbsäure von Säureorange A.)

„Bei der Reaktion mit Säuren werden die Salzbrücken der Wolle gelöst, indem die Carbonylgruppen im Sinne der nachstehenden Umsetzung entladen werden:

$$W-COO^-NH_3^+-W+H^+ \rightarrow W-COOH + H_3N^+-W.$$

Diese Entladung erfolgt somit auf Grund einer chemischen Vereinigung von ionisierten Carboxylgruppen mit Wasserstoffionen; sie verläuft, wenn wir die Einzelfaser betrachten, sukzessiv von außen nach innen, so daß zunächst die Faseroberfläche positiv geladen wird. Das Aufziehen der sauren Farbstoffe beruht auf der Betätigung der elektrostatischen Anziehungskräfte zwischen der durch die Aufnahme von Wasserstoff-Ionen positiv aufgeladenen Faseroberfläche und den negativ geladenen Farbstoff-Ionen in der Flotte. Dabei wird das Aufziehen des Farbstoffes durch diese elektrostatischen Anziehungskräfte „gesteuert", wobei zu berücksichtigen ist, daß nur die an der Oberfläche liegenden polaren Gruppen die elektrostatischen Eigenschaften der Faser als Ganzes kontrollieren, während die im Innern liegenden polaren Gruppen keine „Fernwirkung" ausüben, jedoch durch ihre numerische Überlegenheit, vor allem die Titrationskurve bzw. den Gleichgewichtszustand Faser-Farbstoff, wesentlich beeinflussen.

---

15) H. Gerstner, Das Verhalten der direktziehenden Farbstoffe gegen tierische Fasern, Cellulose- und Kunstspinnfasern, Berlin, 41—47 (1957).

16) W. Ender u. J. Müller, Melliand Textilber. 18, 633—637, 732—733, 809—810, 906—907, 991—992 (1937).

Ein ganz anderer Mechanismus tritt beim Färben von Walkfarbstoffen in schwachsaurer ($p_H > 4{,}4$) Flotte in Funktion. Im vorliegenden Fall wird das Prinzip der elektrostatischen Anziehung entgegengesetzt geladener Elemente durchbrochen: Die Faseroberfläche ist nämlich bei p_H-Werten $> 4{,}4$ negativ geladen*), wobei naturgemäß die negative Ladungsdichte der Oberfläche mit steigendem p_H-Wert stetig zunimmt. Es sind nunmehr die spezifischen Affinitätskräfte des Farbstoffanions, die in den Vordergrund des kinetischen Geschehens treten. Dem ausgesprochen anionaffinen Charakter der Walkfarbstoffe ist es zuzuschreiben, daß diese Farbstoffe das negative Potential der Faseroberfläche bis zu einem gewissen Grad zu überwinden vermögen. Mit zunehmender Farbstoffadsorption vergrößert sich jedoch die negative Ladungsdichte und damit das negative Potential der Faseroberfläche.

Dadurch wird der Adsorptionsvorgang im steigenden Maße als Folge des Zusammenpralls negativer Ladungen an der Grenzfläche Faser/Flotte gehemmt. Die beim Zusatz von Neutralsalz (Glaubersalz, Kochsalz) bewirkte Pufferung hebt diese Hemmung auf, die Farbstoffmoleküle können wiederum dichter an die Oberfläche herankommen und so in die Reichweite der kurzen Anziehungskräfte gelangen.

Es gibt nun Walkfarbstoffe, die die negative Potentialschranke infolge ihrer enormen Anionaffinität leicht überwinden; trifft dies zu, dann ist die Salzempfindlichkeit sehr gering. Solche Farbstoffe können ohne weiteres in Mischung gefärbt werden und eignen sich auch zur Kombination mit Irgalanfarbstoffen. Dagegen zeigen Walkfarbstoffe mit großer Salzempfindlichkeit selektives Färben, indem sie sich gegenseitig schlecht ertragen. Als Folge hiervon die Färbungen ein schippriges, unruhiges Bild.

Das färberische Verhalten der neuartigen Metallkomplexfarbstoffe kommt denjenigen Walkfarbstoffen am nächsten, welche eine nur geringe Salzempfindlichkeit aufweisen. Das Verschwinden der Salzempfindlichkeit ist ohne weiteres aus der Konstitution der neuartigen Metallkomplexfarbstoffe verständlich.

Weil keine ionogenen Gruppen im Molekül der neuartigen Metallkomplexe enthalten sind, ist eine salzartige Bindung dieser Farbstoffe mit der Wolle nicht möglich. Diese Komplexfarbstoffe nähern sich direkt den Polypeptidketten des Wollmoleküls, gelangen auf diese Weise relativ ungehindert in den Wirkungsbereich der spezifischen Affinitätskräfte und werden sodann sorbiert. Durch diese enorme Vergrößerung der

*) Dieser Faktor wird oft übersehen. Die Aufladung der Faseroberfläche der Wolle kann mit Hilfe der Bestimmung der elektrophoretischen Beweglichkeit ermittelt werden. Der elektrophoretisch gemessene isoelektrische Punkt fällt nicht mit dem titrimetrisch gemessenen zusammen; der erste entspricht einem p_H-Wert von 4,4, der letztere einem p_H-Wert von etwa 6. Dies beweist, daß die Anzahl der negativen sauren Gruppen in der Oberfläche der Wollfaser größer ist als diejenige der positiven basischen Gruppen.

Sorptionsflächen kommt es nicht zu einer gegenseitigen Beeinflussung der sorbierten Farbstoffmoleküle:

Ein „blocking-effect“ ist ausgeschlossen und somit das Kombinieren der Farbstoffe kein färberisches Problem. Auch die Sensibilität der sulfonsäurefreien Metallkomplexfarbstoffe gegenüber Schwankungen des Amino- und Carboxylgruppengehaltes von Wolle ist naturgemäß geringer als bei sulfonsäurehaltigen Farbstoffen: Dies bedingt die große Nuancenkonformität auf verschiedenen Wollqualitäten und das ausgeglichene Färben von „tippy wool“.

Zu berücksichtigen ist ferner, daß die elektrostatische Eigenladung der Faser im schwachsauren p_H-Bereich sehr gering ist. Daher ist die Möglichkeit einer elektrostatischen, der Coulombschen Kraftwirkung folgenden Anziehung oder Abstoßung zwischen Faser und Farbstoff nur sehr beschränkt vorhanden. Diese Wechselwirkung der Kräfte ist immerhin stark genug, eine effektive Steuerung von Ziehvermögen und Ziehgeschwindigkeit durch eine p_H-Regulierung zu ermöglichen.

Es muß auch damit gerechnet werden, daß die negative elektrische Ladung der Irgalan- und Cibalankomplexe nicht auf der Oberfläche, sondern im Zentrum sitzt, dadurch wird ihre „Fernwirkung“ gleich wie bei den polaren Gruppen im Innern der Wollfaser abgeschwächt. Die Bedeutung dieser Feststellung liegt hauptsächlich darin, daß das elektrostatische Eigenpotential der Faser — welches in erster Linie durch den p_H-Wert des Bades bestimmt wird — durch das Aufziehen des Farbstoffes kaum beeinflußt wird. Das Verschwinden der Salzempfindlichkeit kann in der Hauptsache auf die stabilen Ladungsverhältnisse der Faser zurückgeführt werden.

An der Zwischenfläche Faser/Flotte treten also nur sehr geringe Potentialsprünge auf, während das Faserinnere als äquipotentielle Sphäre betrachtet werden kann. In dieser Beziehung ergibt sich eine klare Differenzierung gegenüber salzempfindlichen, sulfonsäuregruppenhaltigen Walkfarbstoffen, deren Durchfärbevermögen gegenüber den sulfonsäurefreien Metallkomplexfarbstoffen deutlich abfällt. Letztere können sowohl Einzelfasern als auch Fasermassen (Filze) gleichmäßig und ungehindert durchdringen (freie Diffusion).“

Im gleichen Sinne führt die stabile Wechselwirkung der zwischen Faser und Farbstoff auftretenden Kräfte, deren Einfluß einerseits durch die p_H-Regulierung, andererseits durch die spezifische Konstitution der neuartigen Metallkomplexe abgeschwächt erscheint, zu einem egalen „strike“.

Auf Grund dieser Überlegungen kommt man mit HIRSBRUNNER zu folgender Differenzierung mit sauren Farbstoffen:

a) „Das Aufziehen der sulfonsäurefreien Metallkomplexe wird in nur beschränktem Ausmaß durch die Wechselwirkung starker Coulombscher Dipolkräfte beeinflußt;

b) das elektrostatische Eigenpotential der Faser wird durch die Sorption dieser Metallkomplexe praktisch kaum beeinflußt, es steht in mehr oder weniger einfacher Abhängigkeit zum p_H-Wert des Färbebades;

c) es sind die spezifischen Affinitätskräfte des Metallkomplexes einerseits und das elektrostatische Potential der Faser andererseits, die den Sorptionsvorgang steuern, wobei die Kräfte, die von der Faser ausgehen, in ihrer Wirkung ausgeprägter erscheinen."

Bei den metallfreien Wollfarbstoffen mit Sulfonsäuregruppen im Molekül hat man bekanntlich im allgemeinen ein großes Diffusionsvermögen in wäßrigen Lösungen festgestellt. Wenn sich bei dieser Farbstoffklasse stärkere Unterschiede im Diffusionsvermögen zeigen, dann berücksichtigt man im allgemeinen diese in der Weise, daß man die rascher diffundierenden Farbstoffsulfosäuren in stärker sauren Färbebädern färbt als die langsamer diffundierenden. Solche Unterschiede der Aufziehgeschwindigkeit, insbesondere die Schnelligkeit der am Anfang des Färbens erfolgenden Farbstoffaufnahme, bezeichnen die Engländer bekanntlich mit dem Fachausdruck „strike", für den es im Deutschen keine wörtliche Übersetzung gibt. HIRSBRUNNER empfiehlt, sich dabei den ersten Strich eines Malerpinsels vorzustellen, bei welcher Deutung der Beginn der Anfärbung in geradezu prägnanter Weise charakterisiert ist, und er kommt zu der Feststellung:

„Saure Egalisierfarbstoffe haben einen äußerst unregelmäßigen ‚strike' oder Strich, aber ein großes Wandervermögen."

Untersucht man färbegutfreie wäßrige Lösungen von sulfonsäuregruppenfreien 1:2 Chromkomplexfarbstoffen in einer der üblichen Diffusionsapparaturen in bezug auf ihr Diffusionsvermögen, so findet man, daß dieses gering ist. Trotzdem hat die Erfahrung im kleinen wie im großen bewiesen, daß diese Farbstoffe in bezug auf die Egalität der Färbungen sogar den sauren Egalisierungsfarbstoffen nicht nachstehen. Letztere zeigen jedoch in der Regel ein Optimum an Ausgleichsvermögen, d. h. sie wandern während des Färbeprozesses von höherkonzentrierten Anfärbungen zu weniger konzentrierten Färbestellen, was für den egalen Ausfall einer Färbung bei diesen sauren Farbstoffen als grundlegend angesehen wird.

Im Gegensatz dazu haben die neuartigen Metallkomplexfarbstoffe ein geringes Wandervermögen, der „strike" ist jedoch sehr gleichmäßig. Ihr „strike" hängt ab vom p_H-Wert zu Beginn der Färbung sowie von der Temperatur, bei der eingegangen wird. HIRSBRUNNER hat folgende Relationen in dieser Hinsicht angegeben:

$$\text{„strike"} \cong \frac{1}{p_H\text{-Wert zu Beginn der Färbung}}$$

d. h. der „strike" ist um so größer, je kleiner der p_H-Wert ist, bei dem eingegangen wird.

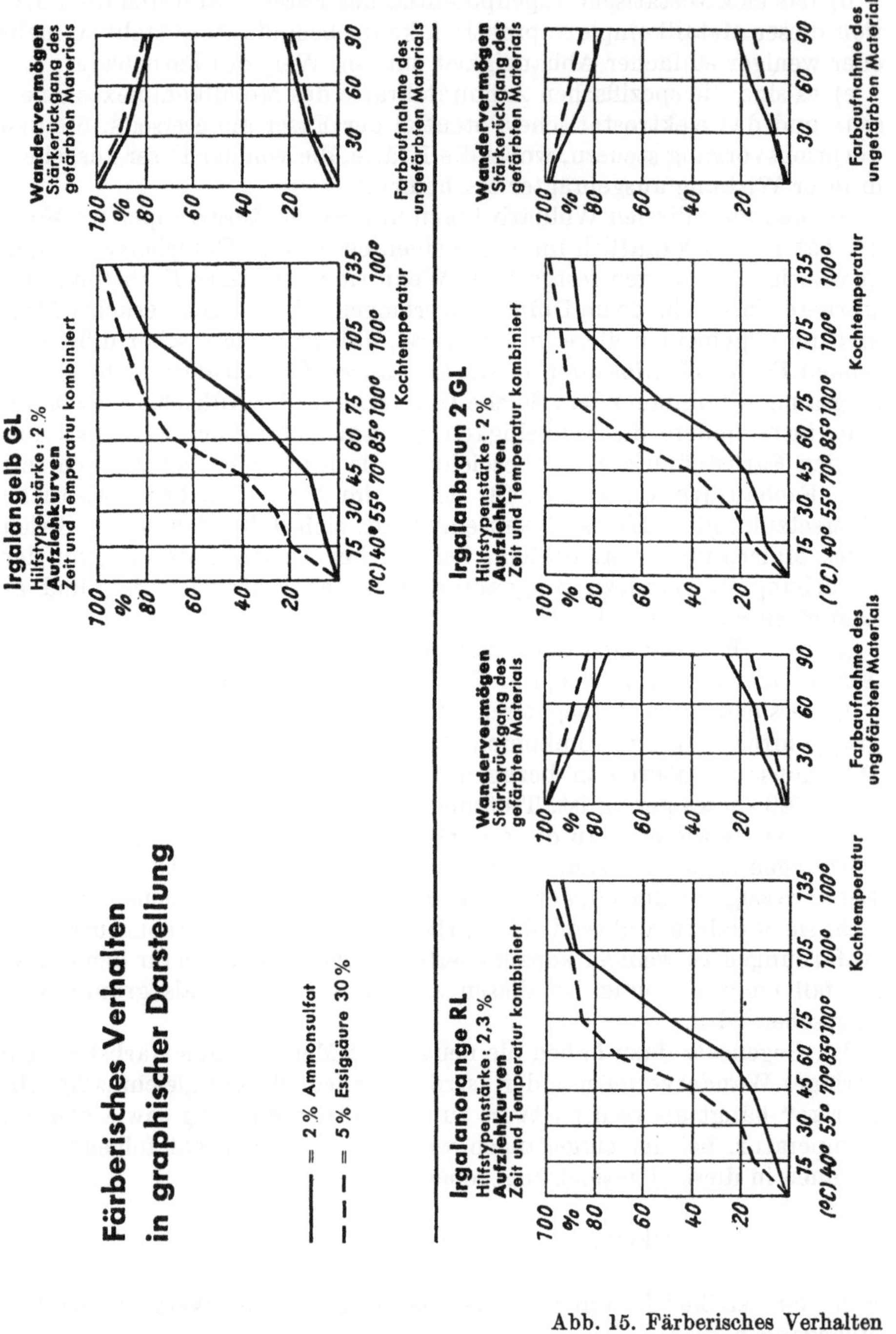

Abb. 15. Färberisches Verhalten

—— 2% Ammonsulfat

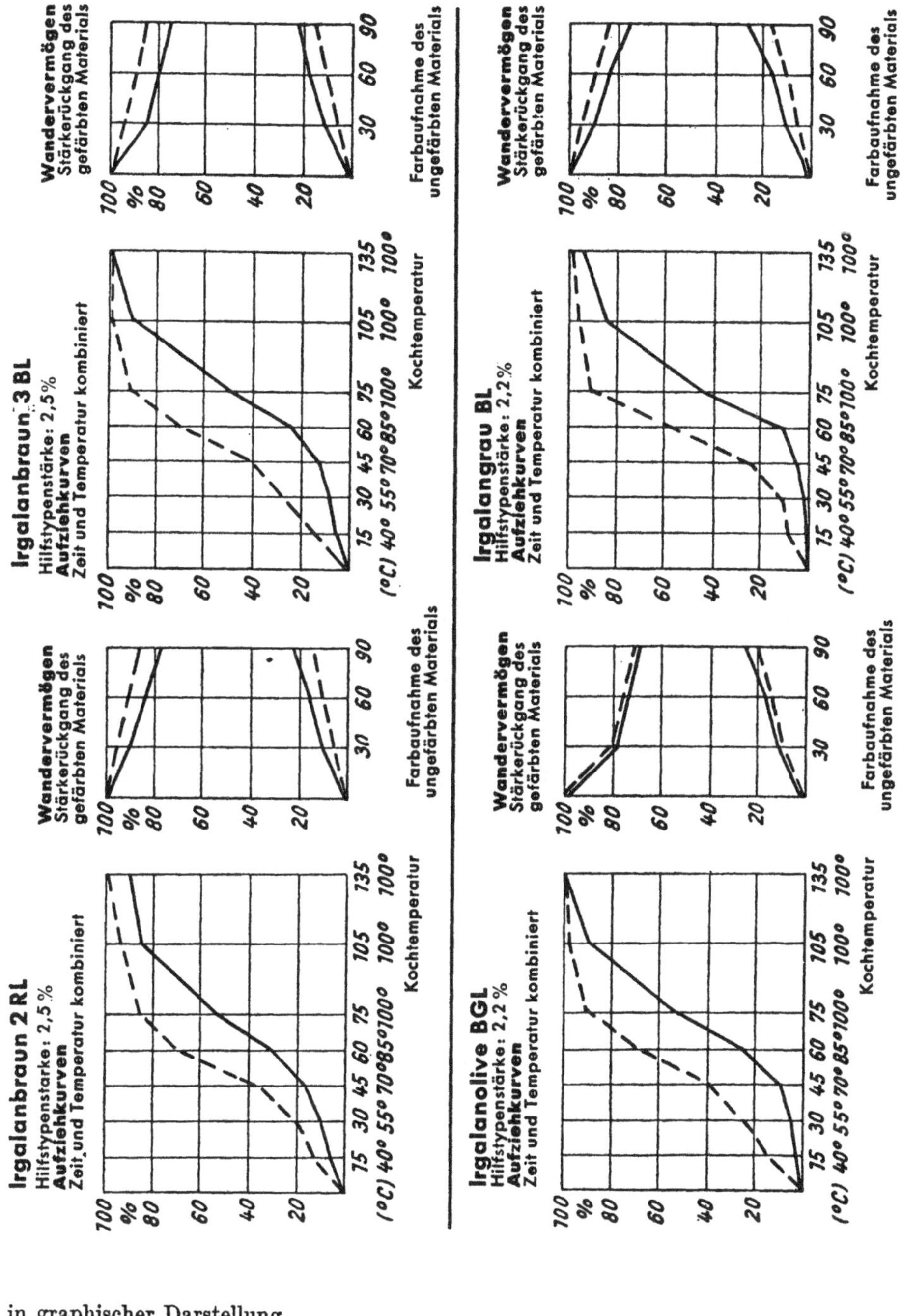

in graphischer Darstellung

— — — = 5% Essigsäure 30%

„strike“ ≙ Temperatur zu Beginn der Färbung.

Für die Ziehgeschwindigkeit gelten näch ihm dieselben Relationen auch bei verschiedenen Faserarten.

Dagegen ist es zweckmäßig, sowohl den Anfangs-p_H-Wert des Färbebades als auch die Anfangstemperatur dem jeweils vorliegenden Färbegut anzupassen. Die günstigsten Bedingungen sind aus Tabelle 25 ersichtlich.

Tabelle 25

p_H- und Temperaturbedingungen vor der Zugabe des Farbstoffes

Natur des Färbegutes	p_H-Wert (zu Beginn der Färbung)	Temperatur (zu Beginn der Färbung)
Wolle	5,5—7,5	50—60° C
Naturseide	6,0—7,0	30° C
Nylon	7,0—7,5	30° C
Perlon	8,0—8,5	30° C
Halbwolle	7,0	50—60° C

„Aus der Tabelle geht u. a. hervor, daß Nylon und Perlon in neutralen bis leicht alkalischen Bädern zu färben sind. Dies hängt mit dem größeren Ziehvermögen der Irgalanfarbstoffe zusammen. Auf Perlon ziehen diese Farbstoffe sogar noch schärfer als auf Nylon. Die Einstellung der Färbebäder mit Trinatriumphosphat ist spezifisch, man darf nicht ein beliebiges Alkali verwenden.“

Zum Ausgleich des p_H-Zustandes ist es in jedem Fall empfehlenswert, die zu färbende Ware in einem vorgewärmten, mit Ammonsulfat oder Ammonacetat beschickten Bade 15—20 Minuten vorlaufen zu lassen und erst nach dieser Zeit den Farbstoff zuzusetzen. Wie aus den Ziehkurven der Abbildung 15 deutlich ersichtlich ist, besitzen die einzelnen Farbstoffe der neuartigen Metallkomplexe ein fast identisches Ziehvermögen. Weil diese Gleichartigkeit des färberischen Verhaltens sich auch in ihren Mischungen voll auswirkt, lassen sich die neuen Metallkomplexfarbstoffe in jedem Verhältnis mischen und die Mischungen verhalten sich wie *ein einheitlicher* Farbstoff. Wichtig ist auch, daß diese Farbstoffe unter keinen Umständen auseinanderkochen und keine dichroitischen Färbungen geben.

In diesem Zusammenhang ist von HIRSBRUNNER auch erwähnt worden, daß die neuen Metallkomplexfarbstoffe im Gegensatz zu den meisten Walkfarbstoffen keine Salzempfindlichkeit aufweisen, d. h. daß ihr Ziehvermögen durch Glaubersalzzusätze nicht beeinflußt wird.

WIDMER und KRÄHENBÜHL[17]) haben in Bestätigung der Temperaturabhängigkeit der Aufziehgeschwindigkeit der sulfongruppenfreien 1:2

[17]) W. WIDMER u. E. KRÄHENBÜHL, Textil-Praxis 8, 491—493 (1953).

Metallkomplexfarbstoffe empfohlen, die Temperatur zur Steuerung des Färbens zu benutzen. Dies kann auf einfachste Weise dadurch geschehen, daß für eine langsame und stetige Temperatursteigerung gesorgt wird, wobei man zweckmäßig bei 75—80° C einen 15—20 Minuten dauernden Temperaturhalt einschaltet. um eine dort eintretende, etwas raschere Steigerung des Ziehvermögens aufzufangen.

Ebenso läßt sich die pH-Abhängigkeit der Aufziehgeschwindigkeit bei diesen Farbstoffen dazu benutzen, den Färbevorgang zu regulieren. In welcher Weise der pH-Wert im Färbebad das Aufziehen von Cibalangrau BL auf Wolle beeinflußt, ist aus der Abb. 16 ersichtlich.

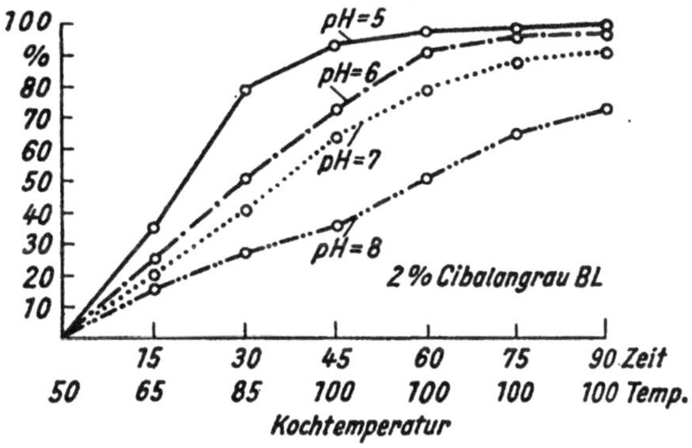

Abb. 16

In diesem Diagramm ist der Erschöpfungsgrad des Färbebades in Abhängigkeit von der Zeit und Temperatur für die pH-Werte 5, 6, 7 und 8 dargestellt. Man erkennt daraus, daß der Farbstoff beim pH-Wert 5 ähnlich einem Walkfarbstoff, der Sulfonsäuregruppen im Molekül enthält, anfangs in einem steilen Anstieg und anschließend einer allmählichen Verflachung auf die Wolle aufzieht. Je tiefer der pH-Wert gewählt wird, desto vollständiger ist das Ausziehen, desto rascher geht aber auch der Farbstoff auf die Faser; je höher der pH-Wert, desto langsamer ist das Aufziehen bzw. Ausziehen des Farbstoffes. Beim praktischen Färben empfehlen sie, Wolle vor allem als Stückware im schwach alkalischen Färbebad zu färben und dabei Ammonacetat als Puffersubstanz anzuwenden.

Wie HIRSBRUNNER haben sie darauf hingewiesen, daß es mit den neuen Metallkomplexfarbstoffen möglich ist, Färbungen von sehr guter Lichtechtheit zu erzielen, und daß die Färbungen sogar eine schwere Walke aushalten. Über die übrigen Echtheitseigenschaften dieser Farbstoffgruppe unterrichtet eine von ihnen mitgeteilte Echtheitstabelle.

Später hat CASTY[18]) darauf hingewiesen, daß die optimalen Färbebedingungen bei den sulfogruppenfreien 1:2 Komplexfarbstoffen auf verschiedenem Wege erreicht werden können, von welchen die Ammonacetat-Methode und die Methode der Messung des pH-Wertes die empfehlenswertesten sind.

---

[18]) R. CASTY, Melliand Textilber. **35**, 170—171 (1954).

Daß diejenigen innerkomplexen Farbstoffe, welche keine freien Sulfonsäuregruppen enthalten, in schwach alkalisch bis schwach sauer eingestellten Färbebädern gefärbt werden müssen, hat WÜRZ[19]) folgendermaßen erklärt: Die aus Azoverbindungen gebildeten innerkomplexen Farbstoffe gehen ohne besondere hydrophile Gruppen in Lösung, wenn

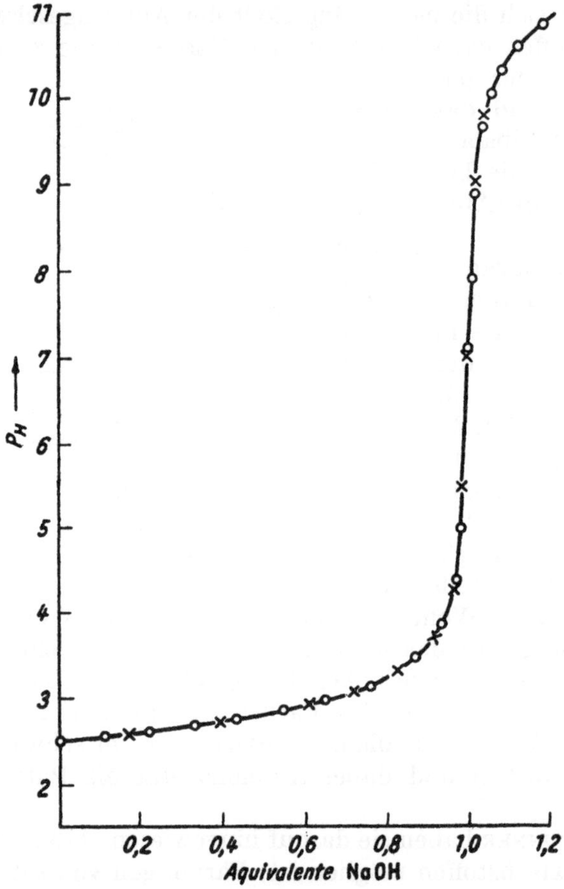

Abb. 17. Neutralisationskurve bei Komplexsäure von Irgalanorange RL in einem Methylcellosolve-Wasser-Gemisch
Zum Vergleich ist auch die Neutralisationskurve einer äquimolekularen Menge Salzsäure (X) eingetragen

eine gewisse Molekülgröße nicht überschritten wird. Vergrößert man jedoch das Gesamtmolekül, dann müssen zusätzlich löslichmachende Gruppen eingebaut werden, wie z. B. Sulfamidgruppen, Methylsulfongruppen oder ähnliche Gruppen um diesen Komplex als Anion in Lösung zu bringen.

---

19) A. WÜRZ, Melliand Textilber. 36, 275 (1955).

„Da diese Komplexsäuren aber ziemlich schwache Säuren sind und ihre Dissoziationskonstanten etwa in der Größenordnung von Monocarbonsäuren liegen, ist es erforderlich, im alkalischen oder ganz schwachsauren p_H-Bereich zu färben. Wird ein p_H-Minimum unterschritten, so fällt die freie Komplexsäure unlöslich aus. Zum Färben ist aber erforderlich, daß der Farbstoff gelöst vorliegt, wenn man von dispergierten Farbstoffen absieht."

Demgegenüber hat SCHETTY[20]) darauf hingewiesen, daß die wäßrigen Lösungen der Alkalisalze der 1:2 Chromkomplexfarbstoffe neutral reagieren und demnach Salze von starken Säuren sein müssen. Dies geht auch aus den Neutralisationskurven der Komplexsäuren hervor. Die Abb. 17 zeigt die Neutralisationskurve von Irgalanorange RL-Komplexsäure in einem Wasser-Glykolmonomethyläther-Gemisch. Zum Vergleich ist auch die Kurve für eine äquimolekulare Menge Salzsäure eingezeichnet. Die beiden Kurvenbilder fallen praktisch zusammen, das heißt in verdünnten Lösungen ist die Komplexsäure vollständig dissoziiert.

„In Wasser sind die Komplexsäuren außerordentlich schwer löslich. Von großem Einfluß auf die Wasserlöslichkeit ist auch die Natur des Kations: Die Ammoniumsalze sind im allgemeinen schwerer löslich als die Natrium- oder Kaliumsalze. Die Salze höherer Fettamine sind wasserunlöslich. Soviel unsere noch nicht abgeschlossenen Untersuchungen ergeben haben, sind die Alkalisalze der 1:2 Chromkomplexe in Wasser von 90° monomolekular gelöst, während sie bei Zimmertemperatur stark assoziiert sind. Demzufolge zeigen die erkalteten Lösungen der Irgalanfarbstoffe häufig mehr oder weniger ausgeprägten Tyndalleffekt."

Infolgedessen ist die Ziehgeschwindigkeit der 1:2 Komplexfarbstoffe temperaturabhängig. Ihre Temperaturabhängigkeit unterscheidet sich von derjenigen sulfonsäuregruppenhaltiger, metallfreier, neutralziehender Farbstoffe durch geringeres Abfallen der Ziehgeschwindigkeit mit sinkender Temperatur. Die Abbildung 18 zeigt die Ziehgeschwindigkeit von Irgalanorange RL und Polarbrillantblau GAW, einem sauren Anthrachinonfarbstoff in Abhängigkeit von der Temperatur. Diese verhältnismäßig hohe Ziehgeschwindigkeit bei niederer Temperatur ist jedoch nur scheinbar, weil anfänglich viel Farbstoff an die Wolloberfläche adsorbiert wird.

Erste Messungen haben jedoch ergeben, daß die 1:2 Komplexfarbstoffe der Irgalanreihe eine andere p_H-Abhängigkeit des Ziehvermögens besitzen als neutralziehende, sulfonsäuregruppenhaltige metallfreie Wollfarbstoffe. Aus den bisher durchgeführten Messungen geht hervor, daß die 1:2 Komplexfarbstoffe nicht so stark auf die Ladungsunterschiede der Wolle ansprechen wie sulfonsäuregruppenhaltige Farbstoffe. „In den sulfonsäuregruppenfreien 1:2 Metallkomplexfarbstoffen ist die negative

---

[20]) G. SCHETTY, Textil-Rdsch. [St. Gallen] 11, 271–274 (1956).

Ladung nicht lokalisiert, sie ist auf die vier metallisierten Oxygruppen verteilt, oder sie sitzt am Metallatom und ist dadurch sterisch abgeschirmt. In den üblichen Wollfarbstoffen ist die negative Ladung an das Sulfonsäureanion gebunden: sie ist völlig nackt, und das Farbstoff-

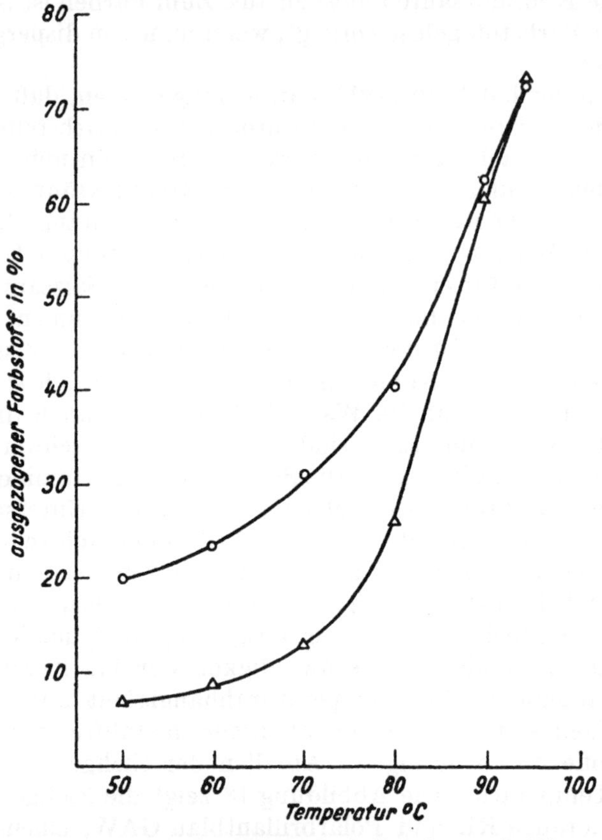

Abb. 18. Abhängigkeit der Ziehgeschwindigkeit von der Temperatur

Färbungen in Hilfstypenstärke, Färbezeit 15 Minuten, pH 7, Flottenverhält 1:100
○ = Irgalanorange RL
△ = Polarbrillantblau GAW

molekül ist daher ungehindert jeglicher elektrostatischer Anziehung oder Abstoßung ausgesetzt."

Im Gegensatz zum Färben mit sulfonsäuregruppenhaltigen, metallfreien Wollfarbstoffen empfiehlt es sich beim Färben mit metallhaltigen 1:2 Komplexfarbstoffen nicht, den p_H-Wert des Färbebades unter 3,5 zu halten, weil manche dieser Komplexe bei längerer Kochbehandlung in stärker sauren Bädern aufgespalten werden, meist in den 1:1 Komplex und in unmetallisierten Farbstoff. Infolgedessen sind von Casty[21])

[21]) R. Casty, Textil-Rdsch. [St. Gallen] 11, 328—334 (1956).

die bereits erwähnten Färbeverfahren entweder im p_H-Bereich 3,5 bis 5 unter Verwendung spezifischer Egalisiermittel oder unter Zusatz von Ammonsalzen empfohlen worden.

Weil die Arbeiten von PERYMAN[22]) das Gebiet des geringsten Wollangriffes in den Bereich von etwa $p_H = 3$ bis 3,5 verlegt haben, ist die Frage, wie Wolle beim Färben unter Verwendung von Ammonsalzen beeinflußt wird, von HIRSBRUNNER[23]) untersucht worden.

PERYMAN hatte zunächst den Nachweis erbracht, daß Bäder mit Ammonsalzen beim Kochen im allgemeinen einen niedrigeren p_H-Wert aufweisen als bei Zimmertemperatur. Hieraus wird gefolgert, daß die nach dem üblichen Abkühlen auf Zimmertemperatur gemessenen p_H-Werte von Bädern mit Ammonsalzen weitgehend unbrauchbar sind. Werden temperaturbeständige Spezial-Glaselektroden angewendet, dann können p_H-Messungen aber auch von kochenden Lösungen vorgenommen werden. Solche p_H-Wertbestimmungen bei verschiedenen Temperaturen sind von HIRSBRUNNER durchgeführt und veröffentlicht worden. Sie zeigen bei den untersuchten Ammonsalzlösungen erhebliche Unterschiede des p_H-Wertes zwischen kalten und heißen Lösungen, wenn Ammonsulfat oder Ammonacetat gemessen werden (Diagramme 1 und 2 in Abb. 19).

In Bädern mit Ammoniumphosphaten (Diagramme 3) verflachen sich diese Unterschiede so sehr, daß die im schwach sauren Bereich bei verschiedenen Temperaturen gemessenen p_H-Werte praktisch gleich sind. Aus den Diagrammen 1 bis 3 ist auch ersichtlich, daß sich der Neutralpunkt von reinem Wasser vom p_H-Wert 7,12 bei 18° C nach 6,1 bei 100° C verschiebt.

„Unter Berücksichtigung der bei der Temperatursteigerung eintretenden Verschiebung des Neutralpunktes lassen sich zunächst drei grundlegende Folgerungen ziehen:

1. Ammoniakalische oder generell alkalische Bäder mit Ammonsulfat, welche bei Zimmertemperatur einen p_H-Wert von nicht höher als 8 aufweisen, reagieren bei Kochtemperatur schwach sauer.

2. Ammonacetat enthaltende Bäder reagieren unabhängig davon, ob keine oder nur geringe Mengen Ammoniak bzw. Alkali vorliegen, bei Kochtemperatur immer schwach alkalisch.

3. Bäder mit Mono- oder Di-Ammoniumphosphaten, welche bei Zimmertemperatur einen p_H-Wert von mehr als 6,1 aufweisen, reagieren bei Kochtemperatur ohne Ausnahme schwach alkalisch.

Aus dieser Gegenüberstellung ist die Überlegenheit des Ammonsulfats hinsichtlich der Verschiebung des p_H-Wertes beim Erwärmen der Bäder

---

[22]) R. V. PERYMAN, J. Soc. Dyers Colourists **70**, 83—92 (1954); **71**, 165 (1955).

[23]) H. R. HIRSBRUNNER, Textil-Rdsch. [St. Gallen] **11**, 459—462 (1956).

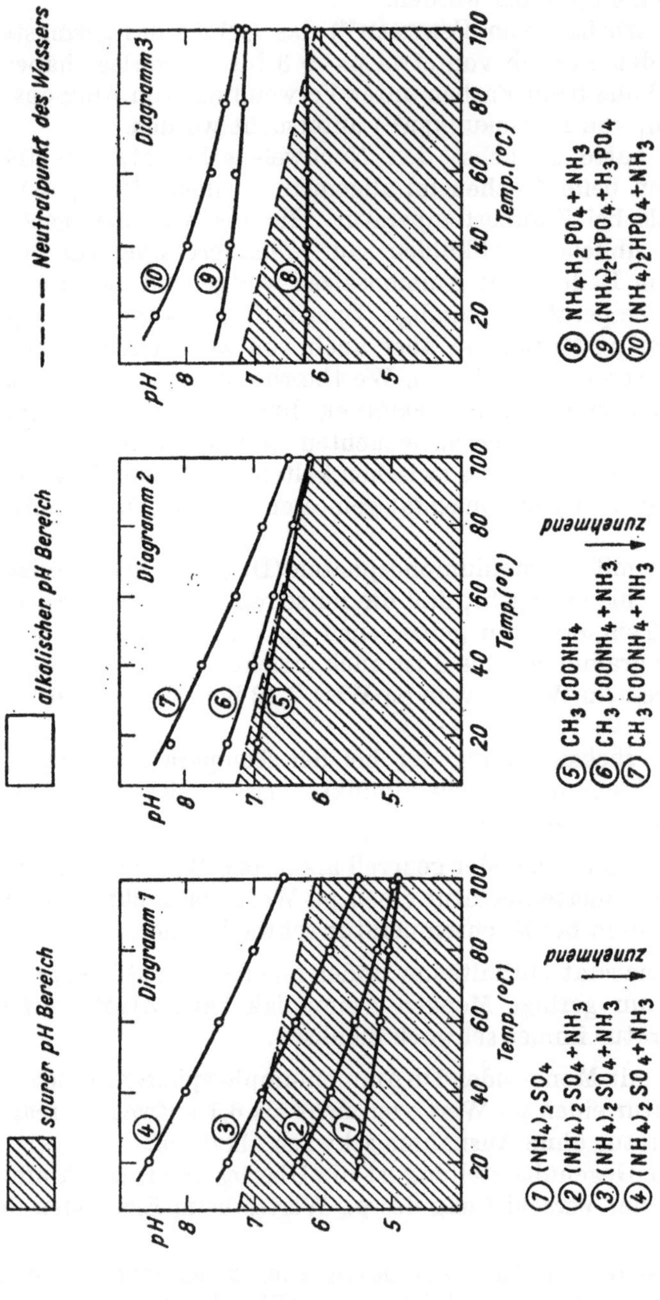

Abb. 19. p_H-Wert von Ammoniumsalzbädern in Abhängigkeit von der Temperatur

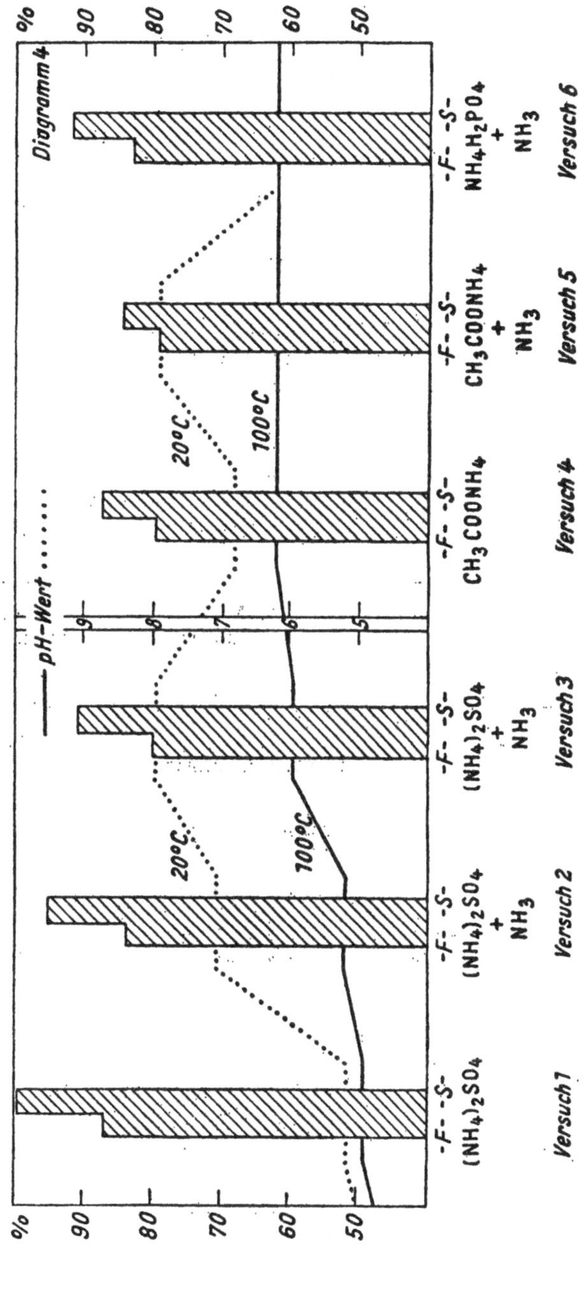

Abb. 20. p_H-Wert von Ammoniumsalzbädern — Einfluß auf die physikalischen und chemischen Eigenschaften der Wolle

-S-Disulfidschwefel-Gehalt
-F-Nass-Reißfestigkeit von Garn } in Prozenten verglichen mit unbehandeltem Garn (100%)

auf Kochtemperatur von der schwach alkalischen nach der schwach sauren p_H-Seite klar ersichtlich."

Die zur Bestimmung der Beeinflussung der Wolle beim Färben mit Ammonsulfat von PERYMAN gewählten Versuchsbedingungen waren derart, daß die Untersuchungen in einem geschlossenen Färbeapparat durchgeführt worden sind. Die zur Beurteilung der Beeinflussung der Wolle angestellten Färbungen wurden auf nahezu 4 Stunden ausgedehnt, indem man in 50 Minuten zum Kochen erhitzte und während 3 Stunden kochte. Die so erhaltenen Befunde sind im Diagramm 4 (Abb. 20) graphisch wiedergegeben.

Aus dieser Darstellung der Versuchsergebnisse kann man mit HIRSBRUNNER folgendes entnehmen:

„Die p_H-Werte der Bäder verschieben sich in oben skizzierter Weise. Für die einzelnen Versuche ergeben sich die in Tabelle 26 angeführten p_H-Änderungen.

Tabelle 26

Versuchs-Nummer	Zusätze	p_H-Werte (Reaktion der Bäder)	
		Zimmertemperatur	Kochtemperatur
1	Ammonsulfat	5,15 (schwach sauer)	4,9 (schwach sauer)
2	Ammonsulfat Ammoniak	7,05 (neutral)	5,2 (schwach sauer)
3	Ammonsulfat Ammoniak	7,95 (schwach alkalisch)	5,95 (schwach sauer)
4	Ammonacetat	6,8 (schwach sauer)	6,2 (neutral)
5	Ammonacetat Ammoniak	7,9 (schwach alkalisch)	6,2 (neutral)
6	Mono-Ammonium-phosphat, Ammoniak	6,25 (schwach sauer)	6,2 (neutral)

In Übereinstimmung mit Diagramm 1 reagieren die Bäder mit Ammonsulfat bei Kochtemperatur alle schwach sauer, während die übrigen Bäder bei Kochtemperatur neutrale (genauer: ganz schwach alkalische) Werte ergeben.

Wie aus den Versuchen 1 bis 4 hervorgeht, nimmt die Beeinflussung der Wolle, bestimmt auf Grund der Abnahme des Disulfidschwefelgehaltes und der Bruchfestigkeit, mit dem Ansteigen des p_H-Wertes bei Kochtemperatur graduell zu (Diagramm 4).

Bei den Versuchen 4 bis 6 ergeben sich, obschon der p_H-Wert bei Kochtemperatur einheitlich auf 6,2 liegt, deutliche Differenzen in der Beeinflussung der Wolle. Das kommt daher, weil sich hier ein sekundärer Einfluß auswirkt, nämlich: das Verweilen im alkalischen Gebiet während der 50 Minuten dauernden Aufwärmperiode. Dieser Einfluß zeigt sich besonders bei Versuch 5. Im Gegensatz zu Versuch 5 und 4 liegen die Verhältnisse bei Versuch 6 deshalb güustiger, weil hier mit der Färbung nicht bei p_H-Wert 7,9 bzw. 6,8, sondern bei p_H-Wert 6,25 begonnen wurde.

Man erkennt daraus, daß es im Interesse einer möglichst großen Schonung der Wolle von Vorteil ist, das Heiß-Färbeverfahren[24]) anzuwenden, anstatt langsam zum Kochen zu treiben.

Die Ergebnisse zeigen deutlich, daß für die Beeinflussung der Wolle beim Färben mit Ammonsalzen der von der Temperatur abhängige Verlauf der p_H-Wert-Kurven maßgebend ist. Die durch die Verschiebung des Neutralpunktes von p_H-Wert 7,12 bei 18°C nach p_H-Wert 6,1 bei 100°C gekennzeichnete Grenzlinie zwischen dem sauren und alkalischen p_H-Bereich erweist sich für die Faserschonung als wichtig."

„Um indessen die beim Erwärmen der Bäder mit Ammonsulfat eintretende günstige p_H-Verschiebung ausnützen zu können, ist es absolut erforderlich, einen Überschuß an Ammonsulfat zu verwenden." Außerdem ist zweckmäßigerweise der durch die Carbonathärte des Betriebswassers eintretende Verbrauch von Ammonsulfat zu berücksichtigen.

Wojatschek[25]) hat beim Färben von Wolle mit 1:2 Komplexfarbstoffen Färbebäder empfohlen, die 3 bis 5% Ammonacetat oder 3% Essigsäure 30%ig enthalten, wobei man zuerst mit der Ware eingeht, kurze Zeit vorlaufen läßt, dann den gelösten Färbstoff zusetzt und nach kurzem Durchlauf in etwa 45 Minuten zum Kochen treibt. Man kocht 30 bis 60 Minuten.

Für solche Färbebäder, welche mit 3 bis 5% Ammonsulfat beschickt worden sind, hat Wojatschek die Mitverwendung von 3% Essigsäure und 2% Avolan IS[26]) als anionaktives und daher faseraffines Egalisierungsmittel von sehr guter Dispergierwirkung empfohlen, welches die Herabsetzung des p_H-Wertes des Färbebades bis auf 5 ermöglicht.

Nach ihm bewirkt eine kochende Behandlung der Wolle bei p_H-Werten von 6 bis 7 eine merkliche Qualitätsbeeinträchtigung, was sich besonders auf Griff, Elastizität und Festigkeit nachteilig auswirkt. „Das unansehnliche Aussehen und der lappige Griff von Wollstücken, die in der Nähe des Neutralpunktes gefärbt wurden, sind jedem Praktiker zur Genüge bekannt."

Wie Hirsbrunner hat auch Keppler[27]) geltend gemacht, daß bei der Anwendung von Ammonacetat sich die Wasserhärte bemerkbar machen

---

[24]) H. R. Hirsbrunner, Textil-Rdsch. [St. Gallen] **11**, 334—341 (1956).
[25]) K. Wojatschek, Melliand Textilber. **37**, 81—83 (1956).
[26]) Eingetragenes Warenzeichen.
[27]) R. Keppler, Textil-Praxis **11**, 270—274 (1956).

kann, so daß die Verwendung von hartem Wasser entweder zu vermeiden oder zu korrigieren ist. Da die im Wasser vorhandene Bicarbonathärte einen Teil der zugesetzten Säure verbraucht, ist darum dem Betriebswasser, auch wenn es vorher enthärtet wurde, besondere Aufmerksamkeit zu schenken.

Bei enthärtetem Wasser ist dessen Gehalt an Natriumbikarbonat zu beachten.

Keppler hat gezeigt, daß beim Erhitzen eines enthärteten Wassers mit 0,47 g/l Bikarbonat das Entweichen von CO_2 erst nach 80°C erfolgt. Wird einem solchen Wasser Essigsäure zugesetzt, so entstehen aus dem ursprünglich vorhandenen 0,47 g/l Natriumbikarbonat 0,45 g/l Natriumacetat. Da bei solchen Betriebswässern mit Indikatorpapieren keine brauchbaren Werte infolge der Ionenarmut des Wassers erhalten werden können, müssen entweder empfindlichere Methoden der p_H-Bestimmung bei der Wasserkorrektur angewendet oder der eintretende Säureverbrauch rechnerisch berücksichtigt werden.

Außerdem hat Keppler darauf hingewiesen, daß bei der Verwendung von Ammoniumsalzen die im Färbebade bestimmten p_H-Werte andere sind als die auf der Wolle. Dies rührt daher, daß die Wolle als amphoterer Körper dem Färbebade Säure entzieht, dieses dadurch an H-Ionen verarmt, so daß der p_H-Wert der Wolle nie mit dem des Färbebades völlig übereinstimmt. Infolgedessen ergeben sich zwischen denjenigen Färbebädern, die nur Essigsäure allein, und solchen, die Ammoniumacetat enthalten, folgende Unterschiede:

1. „Beim Färben mit Essigsäure folgt der p_H-Wert der Wolle dem der Flotte ziemlich genau. Die Differenz der beiden ist nicht sehr groß, und die Messung des Flotten-p_H-Wertes gestattet daher Rückschlüsse auf den der Wolle und damit auf das Egalisieren. Der Übergang vom schwach sauren ins schwach alkalische Gebiet erfolgt beim Färben auf dem offenen wie auch auf dem geschlossenen Gefäß zwischen 80 und 100°C, also in einem Gebiet, in dem langsames Aufziehen für gute Egalität wichtig ist, weil hier der Farbstoff zum großen Teil aufzieht.

2. Das Färben mit Ammoniumacetat kann nicht mit Hilfe der p_H-Messung verfolgt werden, weil die p_H-Differenz Flotte—Wolle sehr groß ist. Der Kurvenverlauf beim Färben im geschlossenen Gefäß ist zwar auch fast parallel, aber wesentlich ist das Sinken des Woll-p_H-Wertes zu Anfang der Färbung, während der p_H-Wert der Flotte zum gleichen Zeitpunkt ansteigt. Das gleiche gilt für das Färben im offenen Gefäß, bei dem aber der p_H-Wert der Wolle bemerkenswert lange sauer bleibt. Wird trotz dieser Tatsachen der p_H-Wert gemessen, so kann mit Hilfe der erhaltenen Werte niemals auf den Verlauf der Färbung geschlossen werden."

In jedem Falle ist es notwendig, die Färbungen nach dem Spülen abzusäuern, um neutrales oder gar alkalisches Trocknen der Wolle auch deswegen zu vermeiden, weil eine neutral oder schwach alkalisch reagierende Wolle vor allem bei feuchtem Lagern einen guten Nährboden für Mikroorganismen darstellt. Wenn es möglich ist, stellt man deshalb den p_H-Wert auf 4,9, was mit 1 bis 2,5% Ameisensäure zu erreichen ist.

Beim Behandeln mit Eulan FL oder Mitin FF hochkonz. ergeben sich insofern keine Schwierigkeiten, als beide Mittel aus neutralem Färbebad ziehen. Zu beachten ist nur, daß man zur Erzielung eines guten Mottenschutzes die angegebenen Höchstmengen anwenden muß, d. h. 2% Eulan FL und 1% Mitin FF hochkonz.

Später hat CASTY[27a]) mitgeteilt, daß die sulfogruppenfreien 1:2 Komplexfarbstoffe zum Färben von Polyamidfasern deswegen besonders geeignet sind, weil sie im Gegensatz zu den sulfogruppenhaltigen Farbstoffen keinen ausgesprochenen Sättigungspunkt auf Polyamiden zeigen und die Erscheinung der Blockierung eines Farbstoffs durch einen anderen nicht auftritt. Außerdem besitzen sie auch in hellsten Tönen eine hohe Lichtechtheit. Ihre Abendfarbe zeigt in den meisten Fällen kaum eine Abweichung gegenüber diffusem Tageslicht, jedenfalls bedeutend weniger, als dies bei Chrom- und Neolanfärbungen der Fall ist.

Nachdem auch FRÖHLICH[28]), SCHETTY[29]) und HIRSBRUNNER[30]) darauf hingewiesen hatten, daß die neutralziehenden 1:2 Metallkomplexfarbstoffe ohne Sulfonsäuregruppen nicht so sehr auf den Gehalt der Faser an Aminogruppen ansprechen, sondern daß diese Farbstoffe in der Faser gewissermaßen gelöst werden können, hat ZOLLINGER[31]) auf einen anderen Färbemechanismus bei dieser Farbstoffgruppe geschlossen. Infolgedessen hat er sich zusammen mit BACK die Aufgabe gestellt, die Verteilungsgleichgewichte eines solchen Farbstoffes zwischen Wasser und Nylon zu ermitteln.

Als Fasermaterial wurde handelsübliches Nylon 66-Filament benutzt. Als neutralziehender Farbstoff diente der nach Patentangaben[32]) dargestellte 1 : 2 Chromkomplex des Azofarbstoffes aus diazotiertem o-Aminophenol-4-sulfonmethylamid und 1-Acetylamino-7-naphthol in Form des chromatographisch reinen, fremdsalzfreien Natriumsalzes. (Formel s. S. 168)

„Die Verteilungsgleichgewichte wurden in einem Phosphatpuffer vom p_H-Wert 6,48 (bei 20° gemessen) mit einem Einsatz von je 1,0 g Nylon 66 bei einem Flottenverhältnis 1:100 unter achtstündigem Sieden am Rückfluß durchgeführt. Kinetische Versuche hatten gezeigt, daß sich

27a) R. CASTY, Melliand Textilber. 35, 171 (1954).
28) H. G. FRÖHLICH, Z. ges. Textilind. 57, 592 (1955).
29) G. SCHETTY, J. Soc. Dyers Colourists 71, 705 (1955); Textil-Rdsch. [St. Gallen] 11, 216 (1956).
30) H. HIRSBRUNNER, Textil-Rdsch. [St. Gallen] 11, 334 (1956).
31) G. BACK u. H. ZOLLINGER, Melliand Textilber. 37, 1316—1317 (1956).
32) Schweiz. Pat. 284075 (Ciba A.-G.).

unter den angegebenen Bedingungen das Gleichgewicht bereits nach 4 Stunden so gut wie vollständig eingestellt hat.

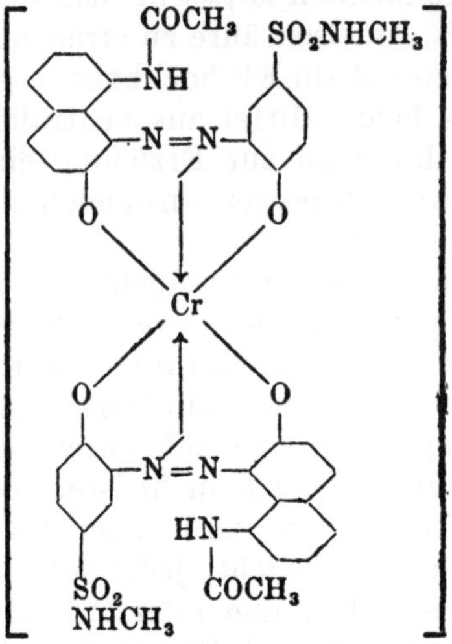

Na^+

Absorptionsmaximum in Wasser bei p_H 6,94: 585 mμ

Die Adsorptionsisotherme der Verteilung zwischen Nylon und Flotte 66 (Abb. 21) kann in drei Abschnitte unterteilt werden:

a) Bei niederen Farbstoffanfangskonzentrationen ist ein sehr steiler, nicht linearer Anstieg zu beobachten; ein analoges Verhalten wurde von anderen Autoren beim Färben von Nylon mit sulfo-gruppenhaltigen Farbstoffen beobachtet, entsprechend der Absättigung der Faser durch Salzbildung mit der Farbsäure[33]).

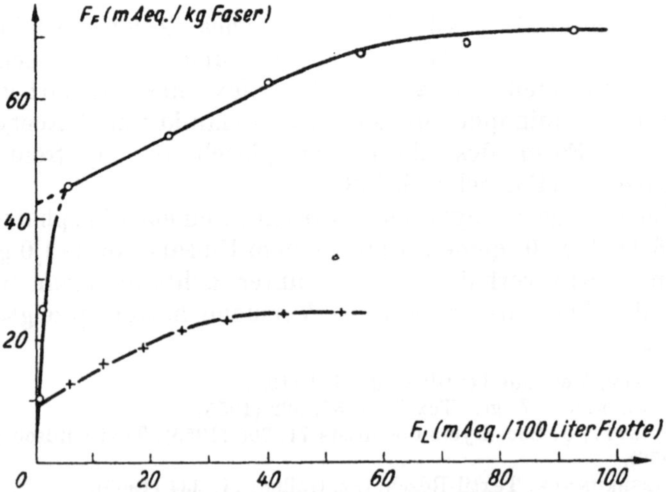

Abb. 21. Verteilungsisothermen des Farbstoffes zwischen Färbebad und Nylon 66 (—o—o—) bzw. Färbebad und acetyliertem Nylon. (—+—+—)

b) Bei höherer Konzentration des Farbstoffs im Bad stellt sich ein Verteilungsgleichgewicht ein mit einem praktisch linearen Anstieg der Isothermen. Dies entspricht einem Lösungsvorgang, wie er beim Färben von Polyester-Celluloseacetatfasern mit Dispersionsfarbstoffen beobachtet worden ist[34]).

c) Schließlich geht die Isotherme in eine Parallele zur F_L-Achse über; eine weitere Erhöhung der Farbstoffkonzentration im Bad hat dann keine Änderung der Farbstoffkonzentration in der Faser mehr zur Folge, die Sättigung ist erreicht".

Aus dem Verlauf der Adsorptionsisotherme haben BACK und ZOLLINGER den Schluß gezogen, daß beim Färbevorgang primär die Aminogruppen der Faser durch Salzbildung mit den Farbsäureanionen abgesättigt werden (Salzbindungsmechanismus). Bei Erhöhung der Farbstoffkonzentration im Bad wird bei diesem Farbstoff etwa noch einmal dieselbe Menge über ein Verteilungsgleichgewicht aufgenommen, d. h. der Farbstoff wird in der Faser adsorbiert (Lösungsmechanismus).

„Zum Beweis der Absättigung der Aminogruppen wurde die Verteilungsgerade der Adsorptionsisotherme bis zum Schnitt mit der F_L-Achse verlängert, der so erhaltene Wert von 44 Milliäquivalent Farbstoff pro kg Faser stimmt mit dem durch acidimetrische Titration bestimmten Aminoendgruppengehalt von 45 Milliäquivalent/kg Faser gut überein.

Aus der Steigung der Verteilungsgeraden kann nach einem graphischen Verfahren[30]) der Sättigungswert der Adsorption ermittelt werden; der experimentell erhaltene Wert (72 m Äq./kg) entspricht der theoretisch ermittelten Sättigung (73 m Äq./kg), was die Anwendbarkeit der Langmuirschen Adsorptionsgleichung beweist."

Um den Einfluß des Aminogruppengehaltes im Nylon weiter zu verdeutlichen, wurden die Untersuchungen auf die Verteilungsgleichgewichte desselben Farbstoffs zwischen Wasser und acetyliertem Nylon 66 ausgedehnt. „Die in analoger Weise durchgeführten Versuche zeigen deutlich, daß die Abnahme des Farbstoffadsorptionsvermögens der Abnahme des Aminogruppengehaltes entspricht und daß die Acetylierung nicht alle Aminogruppen erfaßt hatte. Die Differenz der Sättigungswerte der Adsorption entspricht der Differenz der in den beiden Serien über die Aminogruppen gebundenen Farbstoffmengen. Im Falle von vollständig acetyliertem Nylon würde es sich praktisch nur noch um ein Verteilungsgleichgewicht handeln. Somit ist bewiesen, daß der verwendete Farbstoff die Aminogruppen absättigt."

Aus diesen Untersuchungen ergibt sich demnach, daß die neutralziehenden Metallkomplexfarbstoffe Polyamidfasern grundsätzlich nach

---

[33]) E. ATHERTON, D. A. DOWNEY, R. H. PETERS, Textile Res. J. 25, 977 (1955).

[34]) C. L. BIRD, F. MANCHESTER, J. Soc. Dyers Colourists 71, 604 (1955). S. N. BOYD, Chimia [Zürich] 10, 199 (1956).

zwei verschiedenen Mechanismen anfärben. Diese beiden Mechanismen sind voneinander unabhängig und gleichzeitig wirksam. BACK und ZOLLINGER vermuten, daß die Absättigung der Aminogruppen nur durch die Anionen der Farbstoffsäure erfolgt, daß jedoch am Lösungsvorgang die freie undissoziierte Komplexsäure beteiligt ist. „Dies stände in Analogie zu dem bei Säurefarbstoffen zu beobachtenden ‚overdying effect'[33]). Durch die Möglichkeit zweier verschiedener, voneinander unabhängiger Färbemechanismen läßt sich das Fehlen des Blockierungseffektes bei den neutralziehenden Farbstoffen zwanglos erklären."

Darum hat WÜRZ[35]) mit Recht darauf hingewiesen, daß die Gruppe derjenigen 1:2 Komplexfarbstoffe, welche keine Sulfonsäuregruppen im Molekül, jedoch löslichmachende Gruppen im Komplex enthalten, in ihrem färberischen Verhalten zwischen den sulfonsäuregruppenhaltigen Metallkomplexfarbstoffen in der Art der Palatinechtfarbstoffe und den Metallkomplexfarbstoffen ohne löslichmachende Gruppen stehen muß. Durch ihre löslichmachenden Gruppen sind die 1:2 Komplexfarbstoffe im allgemeinen hydrophiler als 1:2 Komplexfarbstoffe, welche frei von löslichmachenden Gruppen sind. Deshalb ziehen sie vielfach langsamer als diese auf das hydrophobe Rilsan. Im Einklang damit steht die von BACK und ZOLLINGER mitgeteilte Beobachtung, daß diejenigen 1:2 Komplexfarbstoffe, bei welchen eine höhere Löslichkeit der freien Komplexsäure in organischen Lösungsmitteln wie z. B. Äther festzustellen ist, eine größere Affinität zu solchen Polyamiden aufweisen, welche weniger Aminogruppen enthalten.

Demnach hängt es außer dem p_H-Wert vor allem vom Verhältnis der hydrophilen zur hydrophoben Natur des Farbstoffs und auch der Faser ab, ob der eine oder andere Mechanismus vorherrscht. Das gilt auch für die Proteinfasern, wie dies grundsätzlich schon von SCHETTY[36]) erwähnt worden ist.

Weil die aus der Schmelze gesponnenen und anschließend gestreckten Polyamidfäden meistens mehr oder minder starke Verstreckungsunterschiede aufweisen und weil die sehr echt färbenden Metallkomplexfarbstoffe geradezu als Indikatoren für solche Verstreckungsunterschiede dienen, hat WÜRZ[37]) diese Farbstoffe vorbehaltlos nur zum Färben von Stapelfasern aus Polyamiden empfohlen.

b) 1:2 Metallkomplexfarbstoffe ohne löslichmachende Gruppen

Die für das Färben von Polyamidfasern entwickelten Vialon-Echtfarbstoffe sind mehr oder weniger schwer wasserlösliche, metallhaltige

[35]) A. WÜRZ, Melliand Textilber. 37, 692—693 (1956).

[36]) G. SCHETTY, J. Soc. Dyers Colourists 71, 705 (1955); Textil-Rdsch. [St. Gallen] 11, 210 (1956).

[37]) A. WÜRZ, Melliand Textilber. 37, 570 (1956).

sulfogruppenfreie Dispersionsfarbstoffe. Die guten Naßechtheitseigenschaften, welche diese Farbstoffe auf Polyamidfasern besitzen, ließen, wie ENDER und WENGER[38]) mitgeteilt haben, die Vermutung aufkommen, daß das Egalisiervermögen dieser Farbstoffe vielleicht nicht in allen Fällen ausreichend sei.

„Diese Vermutung traf zu und machte es zunächst unmöglich, diese sehr wertvollen Farbstoffe in der Praxis anzuwenden. Erst als es gelungen war, durch ein besonders entwickeltes Hilfsmittel die Festigkeit der Bindung zwischen Farbstoff und Faser im Färbebad so weit herabzusetzen, daß ein Ausgleich zwischen verschieden stark gefärbten Faseranteilen möglich war, konnten die Vialonechtfarbstoffe für die Perlonfärberei voll eingesetzt werden.

Das unter der Bezeichnung Uniperol PN *) im Handel befindliche nichtionogene Färbereihilfsmittel wird zu Beginn des Färbens dem Färbebad zugesetzt (1 bis 2 g pro Liter, bei einem Flottenverhältnis von 1:30; bei kürzerem oder längerem Flottenverhältnis muß die Konzentration entsprechend höher oder niedriger gehalten werden). Gleichzeitig werden 2 bis 3 cm^3 Ammoniak pro Liter zugegeben. Die durch Einstreuen in 50°C warmes Wasser fein verteilten Farbstoffe werden durch ein Sieb der Färbeflotte zugesetzt und diese in üblicher Weise allmählich auf Kochtemperatur aufgeheizt.

Zwischen 80° bis 100°C ziehen die Farbstoffe gut auf.

Für die Erzielung möglichst egaler Färbungen ist es erforderlich, genügend lange bei Kochtemperatur zu arbeiten. Die Färbeflotte kann gegen Ende des Färbeprozesses durch vorsichtige Zugabe von Ammonsulfat oder Essigsäure — möglichst in kleinen Portionen — abgestumpft werden, wodurch auch bei tieferen Färbungen ein fast völliges Ausziehen des Farbstoffes erzielt werden kann. Für schwer egal zu färbende Waren ist es ratsamer, ohne Säurenachsatz zu färben und auf die geringen, im Färbebad zurückbleibenden Farbstoffreste zu verzichten.

Die Mitverwendung des Hilfsmittels Uniperol PN erlaubt nicht nur sehr egale Färbungen herzustellen, sondern gibt dem Färber auch die Möglichkeit, Partien, die durch irgendeinen Zufall oder Störungen im Arbeitsablauf unegal geworden sind, wieder tadellos auszugleichen. Auch ist es möglich, in einem blinden Bad mit Ammoniak und Uniperol PN einen Teil des Farbstoffes wieder abzuziehen. Die Wirksamkeit der oben beschriebenen Arbeitsweise kann man daraus ersehen, daß z. B. eine Nachbehandlung gefärbter Ware gemeinsam mit noch ungefärbtem Material in einem blinden Bad, das Uniperol PN und Ammoniak enthält, nach ein- bis zweistündiger Kochdauer einen weitgehenden Ausgleich zwischen der gefärbten und ungefärbten Ware möglich macht. Es läßt sich aus dem

---

[38]) W. ENDER u. F. WENGER, Textil-Praxis 7, 633—634 (1952).

*) Eingetragenes Warenzeichen.

Gesagten leicht ableiten, daß die Vialonechtfarbstoffe in erster Linie für die Apparatefärberei auf losem Material von Kammzug und Garn im Packsystem und auch für das Färben auf Kreuzspulen geeignet sind. Auch Trikotware und Stückware aus Stapelfasermaterial lassen sich mit diesen Farbstoffen ausgezeichnet färben. Weniger gute Resultate hat man bisher beim Färben von Stückware aus endlosen Fäden erhalten, da diese Ware zum Streifig-Färben neigt.

Es ist eine Besonderheit der Vialonechtfarbstoffe, daß sie auch schwierig egal zu färbendes Material, z. B. sehr dicht geschlagene Gewebe, gleichmäßig durchfärben, wenn dafür gesorgt werden kann, daß die Färbeflotte lebhaft und andauernd zirkuliert. Diese Farbstoffe eignen sich daher für alle diejenigen Färbeverfahren und Apparate, bei denen die Ware ruht und die Flotte gleichmäßig und schnell durch das Material gedrückt wird; dagegen eignen sie sich weniger gut für Verfahren, bei denen dies nicht der Fall ist, wie z. B. bei der Jiggerfärbung.“

Die gute Eignung der Vialonechtfarbstoffe zum Färben von Polyamidfasern ist von WÜRZ[39]) im Einklang mit den vorher von RATH mit KRAMER[40]) entwickelten Anschauungen erklärt worden. Danach haben die Sulfonsäuregruppen der Farbstoffmoleküle die Eigenschaft, den Farbstoff an die zugänglichen Aminogruppen im Faserinneren zu binden. Durch diese Bindung wird jedoch das Diffusionsvermögen des Farbstoffes in der Faser erschwert. Demzufolge diffundieren die sulfonsäuregruppenhaltigen hydrophilen Farbstoffe nur langsam in den Faserkern der Polyamidfasern, während sich die organophilen Farbstoffe, wie z. B. die Acetatseidenfarbstoffe, in dieser Hinsicht günstiger verhalten. Daß sich die Vialonechtfarbstoffe so gut zum Färben von Polyamiden, insbesondere von Rilsan eignen, ist von WÜRZ auf ihren ausgeprägten organophilen Charakter zurückgeführt worden. Dieser ist dadurch bedingt, daß diese 1:2 Metallkomplexfarbstoffe keine löslichmachenden Gruppen von der Art der Sulfonsäuregruppe und keine löslichmachenden nichtionisierenden Gruppen im Molekül enthalten. Der dadurch bewirkte organophile Charakter dieser Farbstoffe geht auch daraus hervor, daß diese Farbstoffe in Essigsäureäthylester löslich sind. Infolgedessen kann man den Färbevorgang mit WÜRZ bei dieser Farbstoffgruppe als einen Lösungsvorgang des Farbstoffs in der Faser auffassen, wobei die hydrophobe Faser gewissermaßen als festes organisches Lösungsmittel wirkt. Die Bindung zwischen Faser und Farbstoffkomplex dürfte sonach einesteils auf der Ausbildung von Wasserstoffbrücken beruhen, anderenteils aber auch durch eine elektrostatische Anziehung zwischen basischen Gruppen der Faser und dem negativ geladenen Komplexfarbstoff bedingt sein.

---

[39]) A. WÜRZ, Melliand Textilber. 37, 692 (1956).
[40]) B. KRAMER, Melliand Textilber. 35, 518—523, 651—656 (1954).

Daß beim Färben von Polyamidfasern mit Vialonechtrot auch ein Lösungsvorgang mitbeteiligt ist, haben ELÖD und MAYRHOFER[41]) folgendermaßen bewiesen. Sie sind von der Überlegung ausgegangen, daß, wenn man an Stelle von Wasser als Dispergiermedium für den Farbstoff solche organische Flüssigkeiten wie Methanol oder Äthanol nimmt, die ein gutes Lösungsmittel für bestimmte Dispersionsfarbstoffe darstellen, das Verteilungsgleichgewicht sich zu ungunsten der Fasern ändern müßte. Der Farbstoff Vialonechtrot B wurde bei einem Vergleichsversuch in Wasser, bei dem anderen in Wasser mit steigendem Gehalt an Methanol bzw. Äthanol dispergiert. Nach einem Färben bei 98,5°C, 35 Minuten lang, zeigte sich folgendes:

„Die Farbstoffaufnahme durch die Polyamidfaser war aus der wäßrigen Dispersion am größten und nahm mit steigendem Methanolgehalt des Mediums rasch ab. In einer 100%igen Methanolflotte blieb Perlon praktisch farblos. Die gleichen Versuche unter Druck, 5 Minuten lang bei 130°C, haben interessanterweise ergeben, daß, obwohl die Perlonfaser mit steigendem Methanolgehalt des Mediums nach und nach in Lösung ging, um beim Abkühlen wieder auszuflocken, die Polyamide nach dem Abschleudern praktisch vollständig ungefärbt geblieben sind und der Farbstoff nur im Dispergiermittel gelöst blieb.

Ähnliche Verhältnisse konnten auch mit Wasser-Äthanol-Gemischen festgestellt werden."

Weil der Färbevorgang bei den synthetischen Fasern nach ihm in erster Linie ein Diffusionsproblem darstellt, ist es nicht weiter verwunderlich, daß sich in einem begrenzten Rahmen vielfach um so dunklere Farbtöne ausfärben lassen, je höher die Färbetemperatur gewählt wird. „Das kommt bekanntlich daher, daß die Fasern mit zunehmender Temperatur stärker quellen und dadurch immer mehr zur Farbstoffbindung befähigte Gruppen zugänglich werden. Soweit es sich dabei um Temperaturen über 100°C handelt, setzt dies natürlich voraus, daß Farbstoff und Faser bei diesen Temperaturen auch genügend beständig sind." Nach WÜRZ[42]) können die Polyamidfasern Nylon und Perlon bei 100°C oder sogar bei noch tieferen Temperaturen befriedigend gefärbt werden, so daß primär bei diesen Fasern keine Notwendigkeit besteht, bei Temperaturen über 100°C zu färben. Eine Hochtemperaturfärbung bei diesem Fasermaterial stellt also höchstens eine Möglichkeit der Zeitersparnis und nicht eine Frage der Färbbarkeit überhaupt dar. Anders liegen die Vorbedingungen jedoch bei Rilsan, das weniger freie Aminoendgruppen als die beiden anderen Polyamide besitzt und weniger quillt als diese. Weil Rilsan ebenso wie die Violanechtfarbstoffe bis zu Färbetemperaturen von etwa 125°C beständig ist, sollte man die Hochtemperatur-

---

[41]) E. ELÖD u. O. MAYRHOFER, Melliand Textilber. 37, 1451 (1956).
[42]) A. WÜRZ, Melliand Textilber. 37, 570 (1956).

färbung von Rilsan für Schwarz, Marineblau und Dunkelbraun vorziehen. Helle und mittlere Farbtöne können dagegen auch bei Rilsan nach dem für Vialonechtfarbstoffe gebräuchlichen normalen Färbeverfahren hergestellt werden. Diese Arbeitsweise ist dadurch gekennzeichnet, daß dem Färbebad von vornherein mindestens 2 cm^3/l Ammoniak und 2 g/l Uniperol PN zugesetzt und nach halbstündigem Kochen portionsweise 2 g/l Ammonsulfat ins Bad eingetragen werden. Man geht mit der Ware bei etwa 50°C ins Färbebad ein und erhitzt in etwa 30 Minuten zum Sieden. Da die Violanechtfarbstoffe unterhalb 70°C nur langsam auf Rilsan ziehen, empfiehlt es sich, anfangs etwas schneller und im Bereich von 80 bis 100°C langsamer aufzuheizen. Wie lange kochend gefärbt werden muß, hängt von der angestrebten Farbtiefe ab.

Soll Rilsan bei Temperaturen über 100°C gefärbt werden, dann werden an Stelle von Uniperol PN 1—2% Uniperol W dem Färbebade zugesetzt, weil dieses Egalisierungsmittel auch bei Temperaturen über 100°C beständig ist. Weil die sehr echt färbenden Vialonechtfarbstoffe aber auf Rilsan, ebenso wie auf den anderen Polyamidfasern, auch bei Temperaturen über 100°C kein allzu großes Migrationsvermögen besitzen, hat man grobe Unegalitäten von Anfang an zu vermeiden. Man steigert die Färbetemperatur nur langsam, wodurch der Farbstoff gleichmäßig auf die Faser zieht. Zweckmäßigerweise wird die Ware bei etwa 50°C in das Färbebad gebracht. Dieses wird dann in jeweils 6—8 Minuten um je 10°C auf 90°C und in weiteren 10 Minuten auf 120°C aufgeheizt. Bei dunklen und sehr dunklen Färbungen kann man zur besseren Badeschöpfung 2% Essigsäure 30%ig, bezogen auf das Gewicht der Ware bei 120°C nachsetzen. Die Zeitdauer der Färbung bei 120°C hängt von der Farbtiefe ab und liegt im allgemeinen zwischen 15 und 35 Minuten.

Weil 1:2 Komplexfarbstoffe von der Art der Vialonechtfarbstoffe ebenso wie die sulfonsäuregruppenfreien 1:2 Komplexfarbstoffe mit löslichmachenden Gruppen Verstreckungsunterschiede in Polyamidfasern deutlich anzeigen, werden sie von WÜRZ[43]) nur zum Färben von Polyamidstapelfasern empfohlen, Kräusel-Perlon und Kräusel-Nylon können jedoch mit dieser Farbstoffgruppe gefärbt werden. Im Einklang damit hat KRAMER[44]) mitgeteilt, daß die Tendenz auf Ungleichmäßigkeiten in Polyamidfasern anzusprechen in der Reihenfolge: Dispersionsfarbstoffe, saure Egalisierungsfarbstoffe, Walkfarbstoffe, Metallkomplexfarbstoffe zunimmt.

c) Unsymmetrische 1:2 Metallkomplexfarbstoffe

In Ergänzung der von PFITZNER[45]) gemachten Angaben über die Herstellung von 1:1 Chromkomplexfarbstoffen hat WÜRZ[46]) mitgeteilt, daß

43) A. WÜRZ, Melliand Textilber. **38**, 777 (1957).
44) B. KRAMER, Melliand Textilber. **35**, 656 (1954).
45) H. PFITZNER, Melliand Textilber. **35**, 649—651 (1954).
46) A. WÜRZ, Melliand Textilber. **36**, 275—276 (1955).

mit den Neopalatinfarbstoffen der BASF eine neue Gruppe innerkomplexer Farbstoffe vorliegt, bei denen das Zentralatom von zwei Liganden umgeben ist:

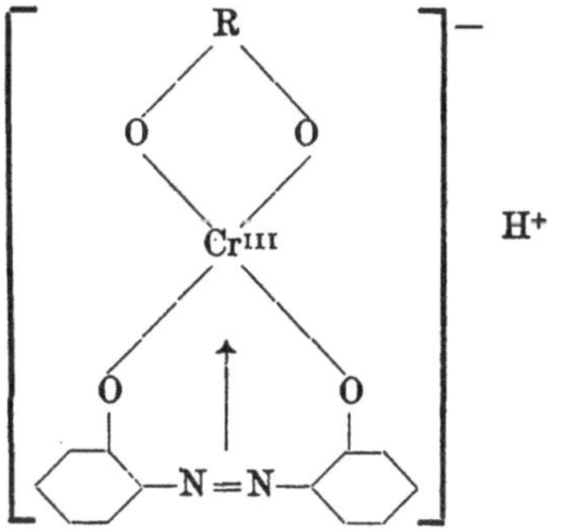

Die nach diesem Schema konstituierten Neopalatinechtfarbstoffe sind innerkomplexe Anionen, die durch spezifische Konstitution eine solche Dissoziationskonstante und eine solche Löslichkeit besitzen, daß sie in einem p_H-Bereich gefärbt werden können, der etwa der normalsauren Färbeweise entspricht und in der Nähe des isoelektrischen Bereiches der Wolle liegt. Nach ihm besitzt das Neopalatinsortiment einerseits das Echtheitsniveau innerer Komplexfarbstoffe, wird aber andererseits in einem p_H-Bereich ausgefärbt, in dem sowohl die Cystinbrücken als auch die Peptidbindungen chemisch resistent sind und nicht wie bei der sogenannten neutralen Färbeweise hydrolytisch angegriffen werden. „Sowohl auf Grund des chemischen Aufbaus als auch des färberischen Verhaltens kann gesagt werden, daß es sich bei dem Neopalatinsortiment um etwas generell Neues auf dem Gebiet der Wollechtfärberei handelt und daß mit diesem Sortiment eine Brücke geschlagen wird zwischen den stark sauer zu färbenden 1:1 Metallkomplexfarbstoffen vom Typ der Palatinecht- oder Neolanfarbstoffe und den neutral bzw. schwach sauer zu färbenden 1:2 Metallkomplexfarbstoffen vom Typ der Irgalan-, Cibalan-, Lanasyn- oder Isolan- bzw. Ortolanfarbstoffe."

Von diesen vorerwähnten 1:2 Metallkomplexfarbstoffen unterscheiden sich die Neopalatinfarbstoffe durch ihren unsymmetrischen Bau des 1:2 Metallkomplexes. Weil sie durch Einwirkung von Chromsalicylsäure auf farbige o,o'-Dioxyverbindungen hergestellt werden, enthält der so entstandene stabile Chromkomplex eine farbige und eine farblose Komponente. Infolge dieser andersgearteten Zusammensetzung und infolge der vorerwähnten Unterschiede in der Färbeweise können die Neopalatinfarbstoffe nicht in die Gruppe der Palatinechtfarbstoffe eingereiht werden. Auch treten bei ihnen die Nachteile der Palatinechtfarbstoffe wie z. B. Farbtonumschläge bei alkalischen Behandlungen nicht auf. Andererseits können sie wegen ihrer anderen Zusammensetzung und Färbeweise aber auch nicht zu einer der beiden vorerwähnten Gruppe von 1:2 Komplexfarbstoffen gezählt werden, wie WÜRZ[47]) ergänzend mitgeteilt hat. „Da bei ihnen das Farbstoffmolekül drei und der farblose Komplexbildner zwei Koordinationsstellen des sechszähligen zentralen Metallatomes besetzt, wird dieses durch die beiden genannten Liganden koordinativ nicht ganz abgesättigt. Dies bringt einen wesentlichen anwendungstechnischen Unterschied gegenüber den koordinativ gesättigten 1:2 Metallkomplexen von der Art der Vialonechtfarbstoffe oder der Art der Ortolanfarbstoffe mit sich, bei denen jedes Farbstoffmolekül drei Koordinationsstellen des Metallatoms besetzt.“ Diese Unterschiede wirken sich beim Färben von Proteinfasern in der Weise aus, daß die negativ geladene Komplexsäure mit den positiv geladenen freien Aminogruppen der Fasersubstanz unter Salzbildung reagieren kann. Andererseits ist bei dieser Farbstoffgruppe jedoch noch die weitere Reaktionsmöglichkeit zwischen dem koordinativ ungesättigten Chromatom und einer chelatisierenden ungeladenen Hydroxyl- oder Aminogruppe der Fasersubstanz wie bei den Palatinechtfarbstoffen vorstellbar.

Die Neopalatinfarbstoffe werden nach den für Wolle gültigen Bedingungen der normal sauren Färbeweise ausgefärbt. Dem Färbebad setzt man neben

1—3% Uniperol W
3—4% Schwefelsäure (66° Bé)

zu und erzielt damit bei einem Flottenverhältnis 1:50 einen p_H-Wert von etwa 2,6—3,1. Nach ENDER[48]) ist es auf diese Art und Weise möglich, von der sauren Seite her sehr nahe an das Beständigkeitsmaximum der Wolle heranzukommen, das von PERYMAN[49]) bei einem p_H-Wert von etwa 3,5 gefunden wurde.

Das im allgemeinen sehr hohe Echtheitsniveau und das sehr gute Egalisiervermögen bei normal saurer Arbeitsweise sichern den Neopalatinfarbstoffen ein breites Einsatzgebiet in der Wollfärberei zu. „Soll z. B. buntgewebte Stückware einer alkalischen Walke unterworfen werden, so sind die Neopalatinfarbstoffe zum Färben zu empfehlen, die man auch dann verwenden wird, wenn man eine empfindliche Ware zu färben hat, die unter schonendsten Bedingungen gefärbt werden muß, oder wenn hohe Anforderungen an das Egalisiervermögen gestellt werden, oder wenn karbonisierte oder sauer gewalkte Ware ohne Vorwäsche bzw. Neutralisieren gefärbt werden soll.“

Für das Färben von Polyamidfasern sind die Neopalatinfarbstoffe zwar an sich verwendbar, jedoch ist bei diesen synthetischen Fasern die Verwendung von 1:2 Metallkomplexfarbstoffen auch deswegen empfehlens-

[47]) A. WÜRZ, Melliand Textilber. 37, 693 (1956).
[48]) W. ENDER, Textil-Praxis 10, 578—583 (1955).
[49]) R. W. PERYMAN, J. Soc. Dyers Colourists 70, 83—91 (1954).

werter, weil diese im schwächer sauren Bade angewendet werden können[50]. Außerdem ziehen die Farbstoffe des Neopalatin-Sortimentes unter den in der Wollfärberei gebräuchlichen Färbebedingungen nur langsam auf die durch hohe Faserdichte ausgezeichneten Polyamide. Darum hat WÜRZ[51]) ihre Brauchbarkeit bei Rilsan lediglich für helle Farbtöne beschränkt. „Ihre geringe Diffusionsgeschwindigkeit in der nur wenig quellenden Faser dürfte vor allem durch ihre Molekülgröße verursacht werden. Sicherlich trägt aber auch ihr relativ hydrophiler Charakter dazu bei, daß sie nur langsam in die hydrophobe Polyamidfaser eindringen.“ In Übereinstimmung damit hat SCHÖNPFLUG[52]) die Neopalatinfarbstoffe zum Färben von Wolle empfohlen und die günstigste Färbeweise angegeben. Nach ihm sind diese Farbstoffe besonders zum Färben von Haarfilzen geeignet, weil sie im p_H-Bereich zwischen 2,5 und 4 gefärbt werden können, wobei unter sehr schonenden Färbebedingungen echtere Färbungen erzielt werden, als dies mit gewöhnlichen Säurefarbstoffen möglich ist[53]).

---

50) A. WÜRZ, Melliand Textilber. **37**, 84 (1956).
51) A. WÜRZ, Textil-Praxis **10**, 926—928 (1955). A. WÜRZ, Melliand Textilber. **37**, 693 (1956).
52) E. SCHÖNPFLUG, Textil-Praxis **12**, 70—79, (1957).
53) E. SCHÖNPFLUG, Amer. Dyestuff Reporter **46**, 851—858 (1957).

VIII. Die Komplexbildung bei Polyacrylnitrilfasern

Die von FEILD und FREMON[1]) gefundene Cuproionenmethode ist deswegen als bestes Färbeverfahren für reine Polyacrylnitril- und Co-Polymerisatfasern beurteilt worden, weil sie die Anwendung von Säurefarbstoffen und ausgewählten substantiven Farbstoffen bei diesen Fasern ermöglicht. Weil Cuproverbindungen im allgemeinen sehr instabil sind, hat es sich als zweckmäßig erwiesen, Cupriverbindungen anzuwenden und diese in der Faser zu Cuproverbindungen zu reduzieren. Als gute Reduktionsmittel haben sich Hydroxylaminsulfat und Hydrazinsulfat[2]) herausgestellt, weil sie im Gegensatz zu Natriumdithionit und Formaldehydsulfoxylat reduktionsempfindliche Farbstoffe nicht angreifen. Wird Hydroxylaminsulfat in zu hoher Konzentration angewendet, kann das zugesetzte Kupfersulfat bis zu metallischem Kupfer reduziert werden. Darum hat BLAKER[3]) empfohlen, das Redoxpotential des Färbebades während der Gesamtfärbezeit zu überwachen. Nach den von ihm erhaltenen Untersuchungsbefunden sind zur Erzielung befriedigender Färbeergebnisse drei Vorbedingungen erforderlich:

1. Der gesamte Gehalt an Cu-Ionen muß während des Färbens in der einwertigen Form vorliegen;
2. die Färbetemperatur soll nahe dem Kochpunkt und
3. der p_H-Wert zwischen 2 und 3 liegen.

Der Potentialbereich des Färbebades soll zwischen 40 und 80 liegen, weil unter 40 mV die Gefahr der Überreduktion besteht und über 80 mV bei etwa 100° C keine ausreichende Reduktionswirkung gewährleistet ist. Diese Werte beziehen sich auf die vom Instrument angezeigten Werte ohne Berücksichtigung der Korrektur für die Kalomelelektrode.

Damit ein möglichst konstantes Redoxpotential während der gesamten Färbedauer eingehalten wird, hat SZLOSBERG[4]) vorgeschlagen, Kupfersalz und Reduktionsmittel dem kochenden Färbebade tropfenweise zuzusetzen.

Bei dieser Arbeitsweise bildet sich ein Cu(I)-Salz in der Faser. BLAKER und LAUCIUS[5]) haben festgestellt, daß zunächst ein Cuproion auf 20—25

---

[1]) J. A. FEILD JR. u. G. H. FREMON, Textile Res. J. 21, 531—539 (1951).
[2]) Reduktionsmittel D (Bayer).
[3]) R. H. BLAKER, Amer. Dyestuff Reporter. 42, 76—80 (1953).
[4]) E. SZLOSBERG, Amer. Dyestuff Reporter. 41, 510—516 (1952).
[5]) R. H. BLAKER u. J. F. LAUCIUS, Amer. Dyestuff Reporter. 41, 39—43 (1952).

Nitrilgruppen der Polyacrylfaser aufgenommen wird und mit diesen Nitrilgruppen Bindungen bildet. Hierauf bildet ein Farbstoffanion ein Salz mit dem komplex gebundenen Cuproion, indem das von diesem zuerst gebundene anorganische Anion verdrängt wird. Dieser durch einfache Massenwirkungsgesetzformulierungen ausdrückbare Vorgang konnte durch quantitative Färbeversuche mit einem einbasischen Farbstoff bewiesen werden, während zweibasische Farbstoffanionen zwei Cuproionen binden.

Hierzu haben HAPPE und HENSEL[6]) geltend gemacht, daß die bisher veröffentlichten Überlegungen zum Mechanismus der Cuproionen-Färbeweise keine Erklärungen dafür geben, warum gerade das Cuproion und nicht das Cupriion ein Ziehvermögen auf Polyacrylnitrilfasern vermittelt. Wenn es sich um eine Komplexbildung zwischen Kupfer und den Cyangruppen des Polyacrylnitrils handeln würde, dann ist es nicht erklärbar, warum diese Komplexbildung nur mit Cuproionen erfolgt, wo doch gerade von Cuprisalzen stabile Cyankomplexe in Fülle bekannt sind. Bekanntlich liefern auch Nickel, Kobalt und andere Metalle beständige Cyankomplexe, während sie in der Polyacrylnitrilfärberei völlig unbrauchbar sind.

Darum haben HAPPE und HENSEL auf die Nitriliumsalze hingewiesen, die von HANTZSCH[7]) in folgender Weise formuliert worden sind:

$$R-C\equiv N + HX \rightarrow R-C\equiv NH^{+}\,X^{-}$$

Von MEERWEIN und MERSCH[8]) durchgeführte Untersuchungen haben ergeben, daß Nitriliumsalze von einfachen Säuren unbeständig sind, daß jedoch komplexe Halogenosäuren, die aus einem Metallhalogenid und einer Säure entstehen, beständige Salze liefern. HAPPE und HENSEL halten es für sehr wahrscheinlich, daß die Färbung von Polyacrylnitrilfasern nach dem Cuproionenverfahren auch über derartige Nitriliumsalze verläuft:

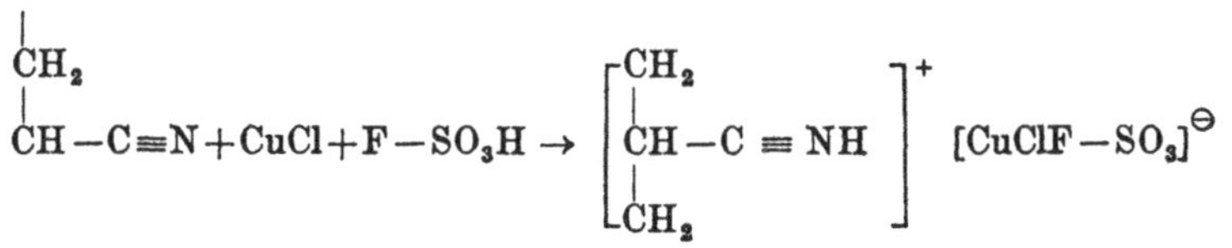

Diese Erklärungsweise macht verständlich, daß nicht alle komplexbildenden Metallsalze auf Polyacrylfasern verwendbar sind. Weil zur Bildung des Kupfernitrilkomplexes nur solche Metallhalogenide befähigt sind, welche Halogenosäuren bilden können, und Cupriionen unbeständige, Cuproionen dagegen beständige Hanogenosäuren bilden, wird dadurch die Wirkung des Cupro-Ions erklärbar.

---

[6]) W. HAPPE u. O. HENSEL, Reyon, Zellw. u. a. Ch. **31**, 675–678 (1953).
[7]) A. HANTZSCH, Ber. dtsch. chem. Ges. **64**, 667–678 (1931).
[8]) MERSCH, Diss. Marburg 1952.

Daß nicht sämtliche in Polyacrylnitrilfasern vorhandenen Nitrilgruppen reagieren können, ist von HAPPE und HENSEL mit ihrer jeweiligen Zugänglichkeit erklärt worden. Auch die starke p_H-Abhängigkeit der Cuproionenmethode ist nach ihnen erklärbar: „Eine gewisse Menge Säure ist notwendig, um die Farbstoffsäure in Freiheit zu setzen. Ein Überschuß an Säure wirkt sich aber sofort schädlich aus, da das Säureanion mit dem Farbsäureanion bei der Nitrilsalzbildung in Konkurrenz treten kann und den Farbstoff wieder verdrängt. Vor allem Salzsäure ist nach BLAKER und LAUCIUS zu vermeiden, da diese ja besonders leicht mit Kupfer zusammen Nitriliumsalze bildet.“

Zur Erhärtung ihrer Erklärung der Reaktionsweise der Cuproionen-Färbemethode haben HAPPE und HENSEL auch mit anderen Salzen Färbeversuche durchgeführt. Sie fanden in Bestätigung der von FEILD und FREMON erhaltenen Befunde, daß die Metalle der „Werner-Gruppe“ wie Kobalt, Nickel, Chrom, Eisen und Zinn keine bzw. ganz schwache Wirkung zeigten. Etwas bessere Ergebnisse wurden mit $AlCl_3$ erhalten, so daß die starken Unterschiede in der Wirksamkeit einesteils auf die Fähigkeit Halogenosäuren zu bilden, zurückzuführen, anderenteils die bestehenden starken Unterschiede in der Wirksamkeit im wesentlichen mit den Hydrolysen-Beständigkeiten der einmal gebildeten Halogenosäuren im wäßrigen Medium zu erklären sind.

Demgegenüber hat RATH[9]) angenommen, daß das Kupfer beim Cuproionen-Verfahren durch Polyacrylnitrilfasern koordinativ gebunden wird. Nachdem er beständige Kupferkomplexverbindungen sowohl vom Acetonitril als auch vom Glutarsäuredinitril als Modellsubstanzen hergestellt hatte, hat er den Cuproionenkomplex des Polyacrylnitrils in der auf Seite 181 angegebenen Weise formuliert.

Daß eine solche Reaktion stattfinden kann, geht aus dem von MÜLLER[10]) mitgeteilten Befund hervor, nach dem eine Vorkupferung von Polyacrylnitrilgewebe und anschließende Applikation des anionischen Farbstoffes möglich ist. Die auf vorgekupferter Ware durch nachträgliches Ausfärben erhaltenen Farbtiefen sind jedoch wesentlich schwächer, obwohl die Vorkupferung an sich beständig gegen Liegenlassen und Lichteinwirkung ist.

Beim Nachdämpfen von Cuproionen-Färbungen, die bei 95° C im Bad hergestellt waren, hat MÜLLER zum Teil wesentliche Farbvertiefungen festgestellt. Derartige Veränderungen wurden selbst an Färbungen von losen, später versponnenen und gewebten Fäden beobachtet, wenn diese Färbungen schon unter Druck — bei 110—115° C — ausgeführt worden waren. „Da der beschriebene Einfluß sich nur an dem auf der Faser vor-

---

[9]) H. RATH, Textil-Rdsch. [St. Gallen] 9, 200—201 (1954). H. RATH u. L. HEISS, Melliand Textilber. 35, 539 (1954). E. SPECHT, Diss., Reutlingen-Stuttgart 1953.

[10]) J. MÜLLER, Melliand Textilber. 35, 1009—1010a (1954).

handenen Farbstoff vollziehen kann, scheidet das Moment der Affinitätssteigerung hier aus.“

Die vor allem beim Chinolingelb S extra beobachtete Abtrübung deutet darauf hin, daß Kupfer in das Farbstoffmolekül eintritt, womit im Einklang steht, daß bei Azofarbstoffen die Tonänderung auffälliger ist als bei Anthrachinonfarbstoffen.

Daß beim Färben von Säurefarbstoffen auf Polyacrylnitrilfasern nach dem Cuproionen-Verfahren nicht allein eine Komplexbildung zwischen der Fasersubstanz und dem Cuproion eintritt, sondern auch eine Komplexbildung zwischen Kupfer und Farbstoffrest erfolgt, kann daraus geschlossen werden, daß Cuproionen-Färbungen sehr schwer ätzbar sind. „Erst durch Zusatz von Komplexbildnern wie z. B. Ammoniumrhodanid wird die für die Ätzwirkung nötige Spaltung des Metallkomplexes bewirkt, indem das Kupfer vermutlich als $X_3[Cu(CNS)_4]$ ($X=NH_4$ bzw. K oder Na) herausgelöst wird, wie KRAMER[11]) mitgeteilt hat. Zinnsalzätzen liefern dabei im allgemeinen günstigere Ergebnisse als Ätzen, die Decrolin oder Rongalit C enthalten. Zur Erzielung guter Ätzwirkungen ist es erforderlich, jeweils 30 Minuten im Stern zu dämpfen. Ein Nachwaschen mit einem nichtionogenen Hilfsmittel hat sich als vorteilhaft erwiesen.

Andererseits hat KRAMER[12]) die Bildung des Kupferfaserkomplexes in der Weise erklärt, daß das einwertige Kupfer (mit 28 Elektronen) die ihm zur Auffüllung seiner Elektronenschale auf die Konstitution des nächstfolgenden Edelgases fehlenden 8 Elektronen dem freien Elektronenpaar des Nitrilstickstoffes des Polyacrylnitrils entnimmt nach dem vereinfachten Schema:

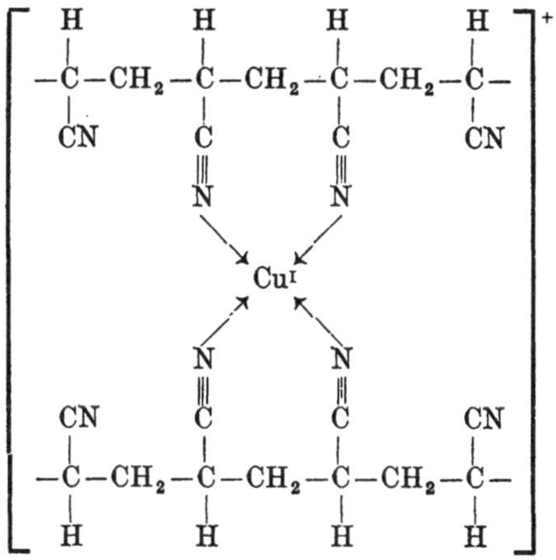

An dem so entstehenden einfach positiv geladenen Durchdringungskomplex lagern sich nach ihm dann die Farbstoffanionen an. Diese An-

11) B. KRAMER, Reyon, Zellwolle u. a. Ch. 33, 27—29 (1955).
12) B. KRAMER, Z. ges. Textilind. 55, 644—646 (1955).

sicht wird auch von Rath[13]) geteilt, der die im Falle der Vorkupferung geringere Wirksamkeit dadurch erklärt, daß bei der Vorkupferung das Cuproion in die kristallinen Bezirke der Faser eindringen kann, was dem Farbstoffanion nicht möglich ist. Infolgedessen ist das in die kristallinen Bezirke eingedrungene Cuproion nicht mehr (oder doch nur in wesentlich geringerem Maße) in der Lage, sein anorganisches Anion gegen das Farbsäureanion auszutauschen. „Vermutlich rührt dies daher, daß das verhältnismäßig kleine Kupfer(I)ion und das begleitende anorganische Anion in die kristallinen Bereiche der Faser einzudringen vermögen, in welche das raumbeanspruchende Säurefarbstoff-Anion nicht mehr zu folgen vermag.“

Auch Neufang[14]) sieht die Konstitution des gebildeten Polyacrylnitrilkupferkomplexes in der von Rath formulierten Weise als naheliegend an, weil der Cupro-Tetracyano-Komplex zu den stabilsten in der anorganischen Chemie gehört, wie aus den von ihm mitgeteilten Beständigkeitskonstanten hervorgeht. Damit steht im Einklang, daß das mit Cuproionen aufgeladene Polyacrylgewebe bei der Einwirkung von schwachen Säuren selbst bei Kochtemperatur und stundenlanger Einwirkung keine Kupferionen abgibt. Er hat gezeigt, daß die beim Dämpfen von Polyacrylnitrilgeweben, die mit Cuproionen beladen worden waren, eintretenden Farbtonveränderungen nicht in der Weise zu erklären sind, daß etwa eine Disproportionierung im Sinne der Gleichung:

$$2Cu^{+} \quad Cu + Cu^{++}$$

erfolgt.

„Löst man dieses dekatierte, mit Cu^{+}-Ionen aufgeladene Acrylgewebe in Salpetersäure oder in einem anderen geeigneten Lösungsmittel auf, so lassen sich auch in dieser schwach braun gefärbten Lösung keine Kupferionen, zumindest nicht nach den üblichen Reaktionen, nachweisen. Folglich muß das Kupferion so stark komplex gebunden sein, daß die Kupferionenkonzentration nicht ausreicht, um das Löslichkeitsprodukt einer analytischen Nachweisreaktion zu überschreiten.“

Während ein vorgekupfertes Polyacrylnitrilgewebe, wie bereits erwähnt, sein hohes Anfärbevermögen durch saure Farbstoffe nach Tagen und Wochen unverändert behält, sinkt dieses Anfärbevermögen nach einer Druckdämpfung erheblich ab, wobei eine starke Verbraunung eintritt.

„Wird jedoch dieses mit Cuproionen aufgeladene und dekatierte Polyacrylnitrilgewebe mit 2 g/Na-Bisulfit im schwach sauren Bereiche 20 Minuten bei 110°C behandelt, so kann ein erheblicher Rückgang der Verbräunung beobachtet werden, verbunden mit einer erheblichen Zunahme des Anfärbevermögens mit sauren Farbstoffen.“

---

13) H. Rath, H. Rehm, H. Rummler u. E. Specht, Melliand Textilber. 38, 431—435 (1957).

14) K. Neufang, Melliand Textilber. 37, 1435—1438 (1956).

DORSET[14a]) hat mitgeteilt, daß die Komplexbildung und die Färbung zeit- und pH-abhängige Reaktionen sind.

REMINGTON und SCHROEDER[14b]) sehen dementsprechend das Färben von Polyacrylfasern mit anionischen Farbstoffen als eine Ionenaustauschreaktion an, bei der die farblosen Anionen der gebildeten kationischen Komplexe durch die Farbstoffanionen ersetzt werden.

Wie bereits kurz mitgeteilt wurde, ist ursprünglich beim Cuproionen-Färbeverfahren Hydroxylaminsulfat für Temperaturen bis 100° C und für höhere Temperaturen bis 110° C Natriumbisulfit allein oder kombiniert mit Glyoxal als Reduktionsmittel von BLAKER[15]) empfohlen worden.

Später hat sich gezeigt, daß die aus der Zellstoffabrikation stammende Sulfitablauge ebenfalls als Reduktionsmittel für das Cuproionen-Verfahren verwendbar ist[16]).

Auch Ferrosulfat kann als Reduktionsmittel bei diesem Verfahren angewendet werden, wie RATH[17]) und Mitarbeiter gezeigt haben.

Beide vorgenannten Verfahren sind miteinander kombinierbar, wobei die reduzierende Wirkung der Sulfitablauge diejenige des Ferrosulfats unterstützt und gleichzeitig die Entstehung grobdisperser Niederschläge verhindert. Sie konnten zeigen, daß die Kombination beider Reduktionsmittel günstigere Potentialverhältnisse schafft als jede der beiden Substanzen für sich allein.

Außerdem kann auch metallisches Kupfer in dem kupfersulfathaltigen sauren Färbebade als Reduktionsmittel nach der Gleichung:

$$Cu_{Metall} + Cu^{++} \rightleftharpoons 2\,Cu^{+}$$

zur Anwendung kommen, wie das beim Sandocrylverfahren der Fall ist. Über das praktische Vorgehen beim Färben von Polyacrylnitrilfasern nach dem Sandocryl-Verfahren haben FLÜGEL, PETER und EGLI[19]) ausführlich berichtet. Sie haben darauf hingewiesen, daß die Nachteile der vorbekannten Methoden offensichtlich beim Reduktionsmittel liegen, welches Unegalitäten auf der Ware auch dadurch verursachen kann, daß bei zu rascher Zugabe eine ungleichmäßige Kupferaufnahme eintreten kann. Bei der Reduktion von Cupriionen zu Cuproionen durch metallisches Kupfer erfolgt eine langsame Reduktion. Sie konnten zeigen, daß die Ziehgeschwindigkeit des anionischen Farbstoffes proportional der

---

14a) C. M. DORSET, Textile Manuf. 18, 326—329 (1955).

14b) W. R. REMINGTON u. H. E. SCHROEDER, Textile Research J. 177—185 (1957).

15) R. H. BLAKER, Du Pont Comp. USA Pat. 2653074 (1953); R. H. BLAKER, Amer. Dyestuff Reporter. 42, 76—80 (1953); J. F. LAUCIUS u. H. E. SCHROEDER, Z. ges. Textilind. 55, 616 (1954).

16) DBP 948594.

17) H. RATH, H. REHM, H. RUMMLER u. E. SPECHT, Melliand Textilber. 38, 538 bis 542 (1957).

18) DBP 950544.

19) W. FLÜGEL, A. PETER u. H. EGLI, Textil-Rdsch. [St. Gallen] 9, 509—514 (1954).

Kupfermetalloberfläche ist, wenn die Kupfersulfatmenge konstant gehalten wird. Wenn bei konstanter Kupfermetalloberfläche gearbeitet wird, dann ist die Ziehgeschwindigkeit der Kupfersulfatmenge proportional. Andererseits besteht auch eine Proportionalität zwischen Ziehgeschwindigkeit und Farbstoffmenge. Dies beweist, daß der Farbstoff immer nur in dem Maße aufzieht, wie Cuproionen geliefert bzw. von der Polyacrylnitrilfaser aufgenommen werden. Als geeignetste Farbstoffe für dieses Verfahren sind von ihnen ausgewählte saure Anthrachinonfarbstoffe empfohlen worden, weil sie hochlichtecht sind und einer Wäsche bei 70° C vollständig widerstehen.

Nach dem vorerwähnten Verfahren lassen sich jedoch Drucke auf Polyacrynitrilgeweben deswegen nicht herstellen, weil das in Form von Kupferbronze den Druckfarben zugesetzte Kupfer dazu neigt, in die Gravuren und beim Filmdruck in die Siebe einzusetzen. Deswegen ist die Fa. Sandoz später dazu übergegangen, für diese Zwecke ein sehr fein gemahlenes, durch einen reduzierenden Zucker umhülltes Kupferoxydul als Reduktionsmittel herzustellen und an Stelle des früher verwendeten Kupfers als Zusatz zu empfehlen.

Wie FLÜGEL, DÜRST und METZGER[20]) mitgeteilt haben, läßt sich dieses als Kupfer-Sandoz bezeichnete Präparat in der Weise den Druckpasten zusetzen, daß diese für Film- und Rouleauxdruck verwendbar sind. Während des Dämpfens der bedruckten getrockneten Ware gibt der im Druckansatz enthaltene Säurespender Ammonsulfat Säure frei, die dann das Kupferoxydul in metallisches Kupfer und Cuprisulfat spaltet:

$$Cu_2^{+}O = Cu^{\circ} + Cu^{++}SO_4$$

Das anfallende metallische Kupfer bildet nunmehr mit dem Kupfersulfat ein Redoxsystem, dadurch werden Cuproionen nach folgender Gleichung gebildet:

$$Cu^{\circ} + Cu^{++} = 2\,Cu^{+}$$

Außer Ammonsulfat sind auch Ammontartrat und Ammonphosphat sowie Milchsäure und verdünnte Schwefelsäure verwendbar. Als Verdickung hat sich Kristallgummi brauchbar erwiesen.

Andererseits sind ausgewählte Säurefarbstoffe auch nach der Cuproionenmethode mit Hydroxylaminsulfat, Hydrazinsulfat oder Glukose als Reduktionsmittel für den Textildruck verwendbar, wie WALTER[21]) mitgeteilt hat. Demgegenüber hat HANTZSCH[22]) mitgeteilt, daß die so hergestellten Druckfarben eine zu geringe Haltbarkeit besitzen.

ZEIDLER[23]) hat darauf hingewiesen, daß das Gebiet der Polyacrylnitrilfasern sich nicht nur in einer regen chemischen, sondern auch in einer

---

[20]) W. FLÜGEL, A. DÜRST u. E. METZGER, Textil-Rdsch. [St. Gallen] **10**, 172—175 (1955).

[21]) R. WALTER, Melliand Textilber. **36**, 1146—1151 (1955).

[22]) B. HANTZSCH, Melliand Textilber. **37**, 1444 (1956).

[23]) R. ZEIDLER, Melliand Textilber. **38**, 667—669[1](1957).

sehr intensiven fasertechnologischen Entwicklung befindet. Durch Copolymerisation anderer geeigneter Verbindungen sind Polyacrylnitrilfasern geschaffen worden, die zu einer ständig wachsenden Bedeutung gelangt sind. Diese Copolymerisation führt zwar zu einer oft frappanten Verbesserung der Farbstoffaffinität bei der Anwendung von Dispersionsfarbstoffen, wurde aber meist mit einer wachsenden thermischen Instabilität erkauft. Dies muß berücksichtigt werden, weil die Fixierung der Farbstoffe nach dem Sandocrylverfahren durch Dämpfen bei 0,5 atü während 30 Minuten erfolgt. Nachher wird gut gespült und bei 60°C geseift.

Auch bei den Färbeverfahren nach der Cuproionenmethode wirkt es sich in der Farbstoffaufnahme aus, ob ein Polyacrylnitril oder ein Copolymerisat vorliegt. Die technische Durchführung des Färbens mit anionischen Farbstoffen nach diesem Verfahren auf Polyacrylnitril ist von RATH[24]) und Mitarbeitern ausführlich beschrieben worden.

Die für das Färben von Polyacrylnitrilfasern geeignetsten Farbstoffe der Fa. Bayer sind von FALDIK[25]) mitgeteilt worden. Er hat die Säurefarbstoffe entsprechend ihrer Verwandtschaft zur Polyacrylnitrilfaser in drei Affinitätsgruppen eingeteilt und ihre Anwendungsart beschrieben.

In seinem Beitrag zur Frage der Mischfaserfärberei hat WEBER[26]) auf die Möglichkeit hingewiesen, 1:1 Chromkomplexfarbstoffe auf Acrylnitril-Copolymerisaten zu applizieren. Diese Arbeitsweise ist nach DU PONT vor allem dann angebracht, wenn Mischungen mit Wolle Ton in Ton gefärbt werden müssen. Bei der „Acrylan"-Faser, die ein Mischpolymerisat aus Acrynitril und Vinylpyridin ist[27]), läßt sich der Färbevorgang folgendermaßen erklären: die Stickstoffatome der Pyridinringe lagern Wasserstoffionen an und erhalten dadurch eine positive Ladung. Somit ist diese Faser befähigt, Farbstoffanionen direkt zu binden. Das Färben von Acrylan mit 1:2 Metallkomplexfarbstoffen ist von CORDILLOT[28]) beschrieben worden.

Solche Copolymerisatfasern, welche aus Acrylnitril und Vinylchlorid bestehen, können jedoch wie reine Acrylnitrilfasern nur nach dem Cuproionenverfahren gefärbt werden, wenn man anionische Farbstoffe anwenden will. Basische Farbstoffe ziehen jedoch bis zu einem gewissen Betrage direkt auf diese Fasern.

Weil eine wesentliche Vereinfachung des Färbeverfahrens erreicht wird, wenn die Kupfer (I)-ionen nicht während des Färbevorganges durch Reduktionsmittel erzeugt werden müssen, haben RATH und

---

24) H. RATH, H. REHM, H. RUMMLER u. E. SPECHT, Melliand Textilber. **38**, 538–542 (1957).

25) H. FALDIK, Melliand Textilber. **36**, 360–362 (1955).

26) F. WEBER, Melliand Textilber. **37**, 685–690 (1956).

27) DYER, Text. Printer, Bleacher. Finisher **117**, 877–888 (1957).

28) P. CORDILLOT, S.V. F. Fachorgan Textilveredl. **12**, 567–571 (1957).

Specht[29]) das Kupfer(I)-komplexverfahren ausgearbeitet. Bei diesem gesetzlich geschützten Verfahren werden die wasserlöslichen Kupfer(I)-komplexe von aliphatischen oder aromatischen Nitrilen an Stelle von Kupfer(II)-ionen und Reduktionsmitteln dem Färbebade zugesetzt. Gefärbt wird unter Zusatz von Ameisensäure beim p_H-Wert 2,5—3, indem man das Färbebad von 80° C auf Kochtemperatur erhitzt.[30])

[29]) H. Rath u. E. Specht, Melliand Textilber. **39**, 281—282 (1958).
[30]) D. B. P. 1005039.

IX. Anders geartete Komplexfarbstoffe und ihre Anwendung

Während die Lackbildung der bisher behandelten Farbstoffe vorzugsweise über Hydroxylgruppen erfolgt, sind in neuerer Zeit Verbindungen bekannt geworden, welche in anderer Weise Metallkomplexe bilden. Die wichtigsten Farbstoffe dieser neuen Verbindungsklasse sind die Phthalocyaninfarbstoffe.

Die erste Mitteilung über diese Art von Komplexverbindungen stammt von DE DIESBACH und VON DER WEID[1]). Aber erst LINSTEAD[2]) hat mit seinen Mitarbeitern die Konstitution dieses Chromophors aufklären können. In den Phthalocyaninen liegen Tetrabenzo-porphyrazin-Komplexe vor, in denen das Metall von vier orthokondensierten Nebenvalenzringen eingeschlossen ist, entsprechend der Formulierung:

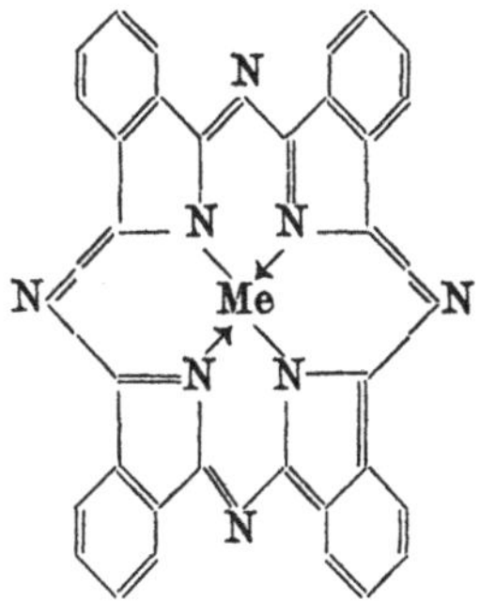

Durch Röntgenspektroskopie konnte ROBERTSON[2a]) beweisen, daß das Phthalocyanin und seine Nickel-, Kupfer- und Platin-Komplexverbindungen symmetrische Moleküle mit zentralem Metallatom besitzen und planar angeordnet sind. Nach den Befunden von LINSTEAD und ROBERTSON[2b]) sind die Beryllium-, Mangan-, Eisen- und Cobaltphthalocyanine

---

[1]) H. DE DIESBACH u. E. VON DER WEID, Helv. chim. Acta 10, 886–888 (1927).

[2]) R. P. LINSTEAD, J. chem. Soc. [London] 1016–1017 (1934). G. T. BYRNE, R. P. LINSTEAD u. A. R. ROWE, J. chem. Soc. [London] 1017–1022 (1934). R. P. LINSTEAD u. A. R. ROWE, J. chem. Soc. [London] 1022–1027 (1934). C. E. DENT u. R. P. LINSTEAD, J. chem. Soc. [London] 1027–1031 (1934). R. P. LINSTEAD u. A. R. ROWE, J. chem. Soc. [London] 1031–1033 (1934). C. E. DENT, R. P. LINSTEAD u. A. R. ROWE, J. chem. Soc. [London] 1033–1039 (1934). G. E. FIEKEN u. R. P. LINSTEAD, J. chem. Soc. [London] 4846–4854 (1952).

[2a]) M. ROBERTSON, J. chem. Soc. [London] 615—621 (1935).

[2b]) R. P. LINSTEAD u. M. ROBERTSON, J. chem. Soc. [London] 1736—1737 (1936).

ebenfalls symmetrisch und planar gebaut. Mittels Feldelektronen-Mikroskopie konnte E. MÜLLER[2c]) sichtbar machen, daß der Kupferphthalocyaninkomplex vierteilige Moleküle besitzt.

Dieser Komplex ist einesteils sehr stabil, addiert aber anderenteils bei Zimmertemperatur leicht Halogene wie Chlor oder Brom. Weil auf die anfängliche Halogenaddition Substitution in den Benzolkernen erfolgt, ist dadurch die Herstellung von Derivaten und die Darstellung einer Reihe durch ihre hohen Beständigkeiten wertvoller Farbstoffe möglich. Die Kupferkomplexverbindung obiger Konstitution wird unter der Bezeichnung Monastralechtblau BS von der ICI und Heliogenblau B von der BASF als Pigmentfarbstoff hergestellt[3]). Die Chlorierung des Heliogenblau B führt zum Heliogengrün G, das etwa 15 Chloratome im Molekül enthält. Das metallfreie Phthalocyanin (Heliogenblau G) ist gegenüber dem kupferhaltigen Heliogenblau B grünstichiger und etwas weniger lichtecht. Diese unlöslichen Verbindungen dienen als lichtechte klare Pigmente in der Lackindustrie und werden als Pigmente auch im Tapeten- und Zeugdruck verwendet[4]).

Wie PFITZNER[4a] mitgeteilt hat, erhält man das koloristisch hochwertige, lichtechte und klare Blaupigment durch Umlösen des Rohproduktes aus konzentrierter Schwefelsäure. Die komplexe Kupferverbindung ist so stabil, daß eine Sulfierung mit Oleum durchgeführt werden kann, ohne daß das Metall abgespalten wird.

Das durch Sulfonieren erhaltene wasserlösliche blaue Derivat des Kupferphthalogencyanins liegt im Siriuslichttürkisblau GL vor, das sich zum Färben von Baumwolle, Viscose und Seide eignet, wobei sehr lichtechte leuchtende Färbungen erhalten werden, welche die Färbungen mit basischen Farbstoffen an Lichtechtheit und Reinheit des Farbtones weit übertreffen. Nach einer Mitteilung von SCHMITZ[4b]) entspricht das Siriuslichttürkisblau GL (By) dem Lurantinlichttürkisblau GL (BASF) und dem Durazol Fast Blue 8 GS (ICI).

Eine weitere Veränderung des Phthalocyanin-Moleküls durch die Fa. Bayer hat zur Auffindung des basischen Farbstoffs Astrazonblau 6 GLL geführt. Dieser Farbstoff eignet sich besonders zum Färben und Bedrucken von Acetatseide und Polyacrylnitrilfasern.

Der Farbstoff Indanthrenbrillantblau 4 G der Fa. Bayer enthält einen Kobaltphthalocyaninkomplex. Dieser durch die Klarheit seines Farbtones ausgezeichnete Küpenfarbstoff besitzt die Lichtechtheit der Spitzenfarbstoffe der Indanthrenreihe. Nach einer Mitteilung von

---

[2c]) E. W. MÜLLER, Naturwissenschaften **37**, 333—334 (1950).

[3]) R. P. LINSTEAD, Ber. dtsch. chem. Ges. **72 A**, 93—103 (1939). E. SANDER, Angew. Chem. **55**, 255—260 (1942). A. DAHLEM, Amer. Dyestuff Reporter **28**, 603 (1939).

[4]) K. ANDREAS, Z. ges. Textilind. **57**, 435—436 (1955).

[4a]) H. PFITZNER, Angew. Chem. **62**, 245—246 (1950).

[4b]) A. SCHMITZ, Melliand Textilber. **35**, 274—275 (1955).

GUND[5]) ergibt sich allerdings eine Einschränkung der Verwendungsmöglichkeit infolge seiner mangelnden Bleichechtheit (Chlor- und Superoxydbleiche), weshalb die Anwendung für den Buntbleichartikel nicht empfohlen werden kann[6]). Vorteilhaft ist seine Eigenschaft, außerordentlich leicht verküpbar zu sein. Durch die Veränderung der Färbetemperatur und der Natronlaugenkonzentration läßt sich sein Aufziehen auf Cellulosefasern regeln. Später hat GUND[6b]) mitgeteilt, daß Indanthrenbrillantblau 4 G ursprünglich nur zum Färben empfohlen wurde, während es als Druckfarbstoff nach dem Rongalit-Pottasche-Verfahren nicht geeignet war. Durch die Verwendung geeigneter Hilfsmittel konnte alsdann seine Verwendung sowohl nach dem Colloresin-Verfahren, als auch nach dem Rongalit-Pottasche-Verfahren ermöglicht werden.

Einen anderen Weg zur Applikation von Metallkomplexen in Textilien haben die ICI beim Alcianblau beschritten, wie CHRIST[7]) berichtet hat. „Hier ist das Blau-Pigment durch Einführung von Seitenketten und Verknüpfung dieser mit leicht abspaltbaren löslichmachenden Gruppen in eine Art Sol übergeführt worden, so daß es im Direktdruck für sich allein und in Kombinationen mit anderen echten Farbstoffgruppen ein weites Anwendungsfeld gefunden hat.“ CLARKE[7a]) hat mitgeteilt, daß die Alcian-X-Farbstoffe sehr gut zum Färben und zum Bedrucken von Baumwoll- und Leinengeweben geeignet sind, während ihr Anwendungsbereich sich nicht auf Celluloseregeneratfasern erstreckt. Bei den Cellulosenaturfasern können sie neben Küpenfarbstoffen, neben Anilinschwarz und auf Naphthol-Grundierungen gedruckt werden.

In den Phthalogenbrillant-Farbstoffen der Farbenfabriken Bayer liegen Vorprodukte vor, aus welchen in einfacher Weise die blauen und grünen Phthalocyaninfarbstoffe auf der Faser gebildet werden können. Für die Erzeugung brillanter blauer und grüner Färbungen stehen monomolekulare Isoindolenine als auch weiter vorgebildete Schwermetall-Komplexe vorkondensierter Isoindolenine zur Verfügung. Bei der ersten Gruppe muß das Schwermetall — meist Kupfersalz — den Druckpasten oder Klotzlösungen zugegeben werden. Bei der zweiten Gruppe ist das Metall bereits in dem Vorprodukt gebunden. Mit Hilfe dieser Vorprodukte wird auf der Faser das Phthalocyanin-Pigment in seiner Originalstruktur, in seiner vollen Leuchtkraft und Schönheit und in seinen ausgezeichneten Echtheitseigenschaften erhalten. Nachdem ANDREAS[8]) die Arbeitsweise

---

[5]) F. GUND, Melliand Textilber. **31**, 46—47 (1950).
[6]) M. KUNZ, Melliand Textilber. **33**, 68 (1952).
[6b]) F. GUND, J. Soc. Dyers Colourists **69**, 671—672 (1953).
[7]) W. CHRIST, Melliand Textilber. **37**, 1440 (1956).
[7a]) W. CLARKE, Tinctoria [Milano] **52**, 482—88 (1955), Canad. Textile J. **2**, Nr. 20, 57—62 (1955), De Tex **14**, 1387—1390, 1682 (1955), Textil-Rundschau **11**, 136—144 (1956).
[8]) K. ANDREAS, Z. ges. Textil-Ind. **57**, 436—437 (1955).

mit Phthalogenen kurz beschrieben hatte, wurde von THALER[9]) darauf hingewiesen, daß zur Erzeugung gelbstichiger brillanter Grüntöne die Mitverwendung einer Gelbkomponente erforderlich ist.

Die Reaktionsweise der zur Erzeugung von Phtalogenbrillantfarbstoffen dienenden Vorprodukte ist von BAUMANN, BIENERT, RÖSCH, VOLLMANN und WOLF eingehend beschrieben worden[9a]). Nach ihnen sind die technisch zur Erzeugung von Phtalogenfarbstoffen auf Textilien verwendeten Ausgangsstoffe Amino-imino-isoindolenine. Diese Amino-imino-isoindolenine sind starke Basen, deren Nitrate, Sulfite, Perchlorate, Phosphate und Carbonate ebenso wie die Salze der organischen Dicarbonsäuren oder höhermolekularen Carbon- oder Sulfonsäuren in Wasser schwer bis unlöslich sind. Die Ausfällung als Nitrat kann zur Gehaltsbestimmung der Basen dienen.

Durch Abspaltung von Alkohol bzw. Ammoniak entstehen aus den Alkoxy-imino-isoindoleninen bzw. den Amino-imino-isoindoleninen höher molekulare Isoindolenine, welche ihrerseits leicht Schwermetallkomplexe bilden.

EIBL[10]) hat mitgeteilt, daß zur Gruppe der metallfreien Monoisoindolenine das Phtalogenbrillantblau IF 3G und das Phtalogenbrillantgrün IFFB gehören, was von BOWKER[10a]) bestätigt worden ist. Der Gruppe der metallhaltigen Komplexe der Polyisoindolenine gehören das Phthalogenbrillantblau IF2GK und das Phthalogenblau IB an.

Die Monoisoindolenine der ersten Gruppe leiten sich von dem Amino-imino-isoindolenin ab. Für dieses Vorprodukt ergeben sich bei der Anwendung in der Druckerei und Färberei nach ihm folgende Reaktionsmöglichkeiten:

„Durch Hydrolyse tritt leicht eine Spaltung ein, wobei Phthalimid als Endprodukt entsteht.

Bei der Alkoholyse lagern sich die Alkoxygruppen an das Amino-imino-isoindolenin, wodurch die Löslichkeit erhöht wird.

Die Salzbildung, z. B. mit Kohlensäure, führt zu einem schwerlöslichen Salz, das aber bei 70—80° C wieder gespalten wird und zur Herstellung haltbarer Druckpasten und Färbeflotten dient.

Bei der Ammonolyse kann die sehr reaktionsfähige Amino- bzw. Iminogruppe durch Reste von Aminoverbindungen ersetzt werden. Hierdurch wird die Polymerisationsneigung erschwert. Die Amino-imino-isoindolenine können aber auch unter sich reagieren unter Bildung von Polyisoindoleninen. Die Polymerisation kann auch unter Ringschluß ver-

---

[9]) H. THALER, Melliand Textilber. 38, 1038—1039 (1957).

[9a]) F. BAUMANN, B. BIENERT, G. RÖSCH, H. VOLLMANN u. W. WOLF, Angew. Chem. 68, 133—150 (1956).

[10]) J. EIBL, Textil-Praxis 12, 808—809 (1957).

[10a]) E. E. BOWKER, Dyer Textile Printer 117, 355—360 (1957).

laufen, wobei als höchste Polymerisationsprodukte Sechserkomplexe isoliert wurden.

In Druckpasten und Färbeflotten überlagern sich die angeführten Reaktionen bis zu einem gewissen Grade. Mit Metallsalzen entstehen in der Endstufe Metallpolyisoindolenine, die Phthalocyaninfarbstoffe. Die angewandten Lösungsmittel begünstigen diesen Vorgang; außerdem sind sie zur Fixierung auf der Faser und infolge ihrer reduzierenden Wirkung zur Phthalocyaninbildung notwendig. Die Polymerisation zu Phthalocyanin wird begünstigt durch die Einwirkung direkten Sonnenlichtes.

Die zweite Gruppe, die Schwermetallpolyindolenine, stellen höhere Zwischenstufen der Phthalocyaninbildung dar. Sie bilden sich aber auch aus monomeren Isoindoleninen auf der Faser und sind in organischen Lösungsmitteln, z. B. Polyklykolen, löslich, kaum löslich dagegen in Wasser. Durch Reduktion werden die Polymeren unmittelbar in Phthalocyanin überführt. Das Phthalogenbrillantblau IF2GK ist ein Kupferpolyisoindolenin, während das Phthalogenblau IB einen basischen Kobaltkomplex darstellt."

Christ[11]) hat beiden Körperklassen bei der praktischen Verwendung im Zeugdruck eine besondere Note zuerkannt. „Die monomolekulare Verbindung eignet sich mehr für Volldrucke, während die kondensierten Verbindungen für helle Böden und für helle und mittlere Drucke Vorteile bieten. Auch lassen sie sich wegen ihrer größeren Unempfindlichkeit leichter mit Küpenfarbstoffen zusammen drucken. Sie sind auch für Reserven unter Variaminblau und Anilinschwarz sehr gut zu gebrauchen".

Die technische Anwendung bei der Herstellung von Stückfärbungen mit Phthalogenbrillantblau IF3G ist von Schmitz[11a]) beschrieben worden. Gund[11b]) hat mitgeteilt, daß die Hydrolyse von Phthalogenbrillantblau IF3G in Wasser temperaturabhängig und bei 20°C sehr gering ist. Mit steigender Temperatur nimmt sie zu.

Zur weiteren Charakterisierung hat Eibl[12]) mitgeteilt, daß die Monoisoindolenine Phthalogenbrillantblau IF3G und Phthalogenbrillantgrün IFFB eine relativ gute Löslichkeit besitzen und hydrolysenempfindlich sind. „Die zur Herstellung der Druckpasten und Klotzlösungen erforderlichen Lösungsmittel sind Gemische, deren Hauptbestandteil Glykole, Diglykole, Amide oder tertiäre Amine sind. Neben dem bloßen Lösungsvermögen besitzen die Lösungsmittel noch ein gewisses Reduktionsvermögen. Eine Eigenart der Phthalocyaninfarbstoffe ist ihr Polymorphismus. Je nach den Darstellungsbedingungen erhält man eine der

---

[11]) W. Christ l.c.

[11a]) A. Schmitz, Textil-Praxis 7, 722—723 (1952).

[11b]) F. Gund, J. Soc. Dyers Colourists 69, 671—681 (1953).

[12]) J. Eibl, Textil-Praxis 12, 808—809 (1957), Melliand Textilber. 39, 522—527, 660—663, 772—775 (1958).

drei bekannten Modifikationen, die sich z. B. durch ihre Farbtiefe unterscheiden. Die Entwicklung kann sowohl durch neutrales oder saures Dämpfen als auch durch Kondensieren bei 130 bis 140°C erfolgen. Für die Phthalocyaninbildung aus Phthalogen werden Kupfer und Nickel verwendet, am besten in Form organischer Komplexe. Die Haltbarkeit der Druckpasten und Klotzflotten ist abhängig von der Löslichkeit und hydrolytischen Spaltbarkeit der Monoisoindolenine. Klotzfärbungen mit Monoaminoisoindoleninen sind reservierbar; die Farbstoffentwicklung kann z. B. durch Umaminierung erreicht werden (mit Phthalotrop B)."

„Phthalogenblau IB macht anwendungstechnisch kaum Schwierigkeiten, besonders wenn man es in hellen Farbtönen druckt. Wie alle Phthalogenkomplexe ist es sehr farbstark und gibt bereits mit 3—4 g pro kg Druckpaste ein brauchbares Blau. Durch den vorgebildeten Komplex zeigt es keinerlei Empfindlichkeit im Zusammendruck mit anderen Farbstoffen. Lediglich muß im Zusammendruck mit Küpenfarbstoffen beachtet werden, daß der Druckansatz von Phthalogenblau IB freie Säuren enthält. Man muß also ein gegenseitiges Einschleppen verhindern, da es im Falle der Küpenfarben zum Schäumen infolge der Carbonatzersetzung führt. Im Falle des Phthalogenblau IB wird durch stärkere Reduktionsmittel (Rongalit C) der Farbstoff bereits bei Raumtemperatur gebildet. Man kann den Übelstand aber durch richtiges Einlegen vermeiden, und zwar indem man Phthalogenblau IB entweder in erster oder letzter Hand druckt und von den Küpenfarbstoffen durch eine Wasserwalze und womöglich Konterrakel trennt. Das im Druckansatz verwendete Levasol R ist ein spezifisches Reduktionsmittel, welches die Phthalocyaninbildung erst in der Wärme bewirkt.

Phthalogenblau IB eignet sich für den Druck von Baumwolle. Das Bedrucken von Zellwolle im Maschinendruck ist nicht zu empfehlen, im Filmdruck ist es möglich, weil eine langsame Trocknung mit entsprechenden Quellung der Zellwolle eine bessere Fixierung ermöglicht."

„Phthalogenbrillantblau IF2GK ergänzt sehr gut Phthalogenbrillantblau IF3G, indem es — einfach im Ansatz, haltbar in der Druckpaste — gerade jene Gebiete zusätzlich erfaßt, auf welchen Phthalogenbrillantblau IF3G Schwierigkeiten macht. Das ist der Druck in hellen Tönen, der Druck neben Küpenfarbstoffen und Anilinschwarz. Außerdem ermöglicht es durch seine Verträglichkeit mit Sulfiten (Natrium-, Kaliumsulfit) einen sehr schönen Reserveeffekt unter Variaminblaufärbungen. Die übliche Überdruckreserve auf Anilinschwarz-Präparation wird ebenfalls von Phthalogenbrillantblau IF2G unter Mitverwendung von Zinkoxyd und Triäthanolamin in hervorragender Weise gelöst.

Leider ist die Anwendung von Phthalogenbrillantblau IF3GK auf Baumwolle und Kupferreyon beschränkt. Für Färbungen in hellen Tönen ist es gleichfalls geeignet. Man arbeitet hier ebenso wie im Druck verdickt, da man es mit Dispersionen zu tun hat. Beim Eintragen des in Levasol ND gelösten Farbstoffes in ein wäßriges Medium fällt der Farbstoff wieder feindispers aus und hat in dieser Form in Druckpasten unter günstigen Bedingungen eine Haltbarkeit von 3—4 Wochen. Die Angabe dieser Haltbarkeit bezieht sich allerdings auf eine nicht verwendete Standfarbe. Da die Farbstoffbildung reduktiv sehr leicht erfolgt, liegen gänzlich veränderte Verhältnisse in Farbresten vor, die von der Druckmaschine zurückgebracht werden. Eine Aufmischung dieser Reste mit neuer Farbe ist keinesfalls geraten.

Die Klotzflotten von Phthalogenbrillantblau IF2GK enthalten weniger Dispersionsträger und sind daher auch nicht länger haltbar als die Färbeflotten von Phthalogenbrillantblau IF3G.

Die Lösung des Farbstoffes in Levasol ND ist korrosionsfrei und, im dunkeln aufbewahrt, monatelang haltbar. Eigenartig ist, daß die Lösungsmittelmenge in den Druckpasten für große sowie für kleine Farbstoffmengen praktisch konstant gehalten werden muß, d. h. auch in Verschnitten muß die Lösungsmittelmenge noch 24 % betragen.

Der Vorgang der Fixierung ist etwa folgender: Der feindisperse Farbstoff wird nach Verdunsten des Wassers in dem schwerflüchtigen Lösungsmittel gelöst und hat so Gelegenheit, in die Faser zu diffundieren. Auch hier ist die Trocknung deshalb von ausschlaggebender Bedeutung."

Christ hat mitgeteilt, daß sich mit Hilfe aliphatischer Aminoverbindungen Weiß- und Buntreserven in einer Einfachheit und Schönheit herstellen lassen, wie sie bisher auf dem gesamten Farbstoffgebiet nicht zu erreichen war.

„Die Anwendung der Polyaminoiminoisoindolenine ist auf Grund ihrer Struktur verschieden von der der monomeren Phthalogene. So wird z. B. Phthalogonbrillantblau IF 2 GK wegen seiner Unlöslichkeit in Wasser in Polyglykoläthern gelöst. In Färbeflotten liegen dann Dispersionen vor, die man beim Einrühren der Lösungen in das wäßrige Medium erhält. Die geringe Wasserlöslichkeit bedingt die gute Haltbarkeit der Färbeflotten bzw. Druckpasten. Die Bildung der Farbstoffe kann sowohl durch Dämpfen oder Kondensieren als auch auf reduktivem Wege vorgenommen werden", wie Eibl mitgeteilt hat.

Wie bereits erwähnt wurde (S. 190), kann man die Vorprodukte der Phthalogenfarbstoffe auch als basische Verbindungen auffassen, welche durch Reduktionsmittel in die eigentlichen Farbstoffkomplexe übergeführt werden. Während organische Basen im allgemeinen nur eine geringe Affinität zu Cellulosefasern besitzen, vor allem, wenn sie in neutraler Lösung angewendet werden, ziehen sie jedoch leicht und in höherem Maße auf gebeizte Cellulosefasern. Dementsprechend ziehen Phthalogenbrillantblau IF2GK und Phthalogenblau IB sogar in saurer Lösung auf mit Tannin-Brechweinstein oder Katanol gebeizte Cellulose. Hierbei wirkt die Antimontanninverbindung, welche nach Sanin[12a]) eine 2:1 Tan-

[12a]) A. Sanin, Kolloid-Z. 13, 305—310 (1913).

nin-Antimonsäure und vermutlich komplexer Natur ist als das Anion einer Hilfbeize, die zur Affinitätserhöhung des Vorproduktes verwendet wird. Durch die Verwendung von Phthalofix F kann man auf analogem aber vereinfachten Wege Baumwolle, Kupferreyon und auch Viskose und Zellwolle färben.

Daß Phthalogenfärbungen durch Einwirkung von Leukotrop O ätzbar sind, darauf hat CHRIST mit dem Bemerken hingewiesen, daß die Aufgabe, die dem Leukotrop O hierbei zufällt, noch nicht aufgeklärt ist.

Nach CHRIST sind die Phthalocyanine durch Einführung geeigneter Gruppen in das Farbstoffmolekül auch für die Verwendung als Chrombeizenfarbstoff zugängig gemacht worden. Pandurantürkis der Fa. Durand und Gallochromtürkis FFB der Fa. Bayer sind für den Zeugdruck geeignete Beizenfarbstoffe, deren Chromophor der Phthalocyaninkomplex ist.

Gallochromtürkis wird unter Zusatz von Harnstoff, Formamid und Ammoniak der Druckpaste zugesetzt, die als Metallsalz einen Anteil neutraler Chromatlösung enthält. Durch Dämpfen wird der Farbstoff auf der Faser in den unlöslichen, gut lichtbeständigen Chromlack übergeführt, welcher viel lebhafter ist als der von Gallophenin erhältliche.

Das Thional-Ultragrün ist ein Komplexfarbstoff, der Ähnlichkeit mit den Schwefelfarbstoffen besitzt[13]) und der den Phthalogenen nahesteht. Von völlig anderer Art ist dagegen die Komplexbildung beim Pyrogengrün. FIERZ-DAVID[14]) und Mitarbeiter schreiben diesem Farbstoff folgende Konstitution zu:

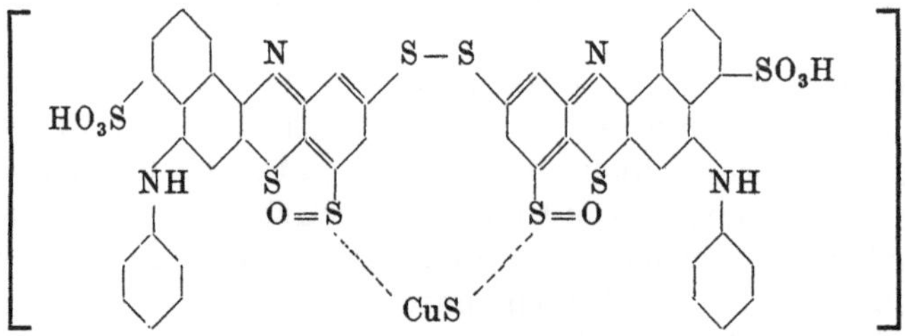

Pyrogengrün wird bekanntlich in der gleichen Weise wie die übrigen Schwefelfarbstoffe nach der Reduktion mittels Schwefelnatrium auf Cellulosefasern gefärbt.

Der Vollständigkeit halber sei noch erwähnt, daß sich unter den Siriuslicht- und Chlorantinlichtfarbstoffen viele kupferhaltige Produkte befinden[15]). Die Konstitution dieser Farbstoffe ist von FRAHM[16]) bekannt-

[13]) E. BOWKER, Dyer, Textile Printer, Bleacher, Finisher **117**, 355—360 (1957).
[14]) H. E. FIERZ-DAVID, J. Soc. Dyers Colourists **51**, 50—63 (1935).
[15]) H. PFITZNER, Angew. Chem. **62**, 245 (1950).
[16]) E. D. G. FRAHM, Chem. Weekbl. **48**, 127—131 (1952).

gegeben worden. Sie entspricht derjenigen der metallisierbaren direktziehenden o.o'-Dioxyazofarbstoffe mit Sulfonsäuregruppen. Bei der Kupferung des Farbstoffmoleküls entstehen infolgedessen lösliche Komplexverbindungen von hoher Lichtechtheit, welche sich wie andere substantive Farbstoffe anwenden lassen. Wie auch PALTZER[17]) mitgeteilt hat, gehören das Chlorantinlichtviolett 2RLL und 5BLL und das Chlorantinlichtbraun 2RLL zu Farbstoffen dieser Art.

[17]) R. PALTZER, Z. ges. Textilind. 55, 799—802 (1953).

X. Sachregister

XI. Autorenregister

Veröffentlichungen
auf dem Gebiete der Faserstoff-Forschung und Textiltechnik

Herausgegeben von den Instituten für Faserstoff-Forschung und Technologie der Fasern der Deutschen Akademie der Wissenschaften zu Berlin

Heft 1 Alois Herzog: Quantitativ-mikroskopische Analyse von Faserstoffen
1954. VII, 55 S. – 10 Abb. – 40 Kunstdrucktaf. – gr. 8° – Ganzleinen DM 11,–

Heft 2 Hermann Stecher: „Faserbandbildung". Untersuchungen an Faserbändern, die durch Schneiden oder Reißen erzeugt werden
1954. 70 S. – 50 Abb. – gr. 8° – Ganzleinen DM 9,50

Heft 3 Kurt Leonhardt: Papierstoffgarne, Zellulongarne nach dem Naß-Spinnverfahren Türk-Issenmann
1954. 94 S. – 29 Abb. – 6 Taf. – 8 Tab. – gr. 8° – Ganzleinen DM 14,50

Heft 4 Hans Böhringer: Textile Gebrauchswertprüfung
1955. 104 S. – 99 Abb. – gr. 8° – DM 10,– (vergriffen)

Heft 5 Harald Perner: Die Messung des Verdrehungswiderstandes von Garnen und Zwirnen mit Nutzanwendung auf Spinnereiprobleme
1955. 72 S. – 21 Abb. – 19 Tab. – gr. 8° – DM 7,–

Heft 6 Alois Herzog: Mikrophotographischer Atlas der technisch wichtigen Pflanzenfasern
1955. 1 Kassette enthaltend 1 Textband – XIV, 432 S. – 57 Abb. – 1 Sammelmappe 309 Tafeln – 200 Tab. – 40 S. Erläuterungen – 4° – Ganzleinen DM 210,–

Heft 7 Herbert Gerstner: Das Verhalten der direktziehenden Farbstoffe gegen tierische Fasern, Cellulose- und Kunstspinnfasern
1957. 300 S. – 54 Abb. – 82 Tab. – gr. 8° – DM 28,–

Heft 8 Hans Böhringer: Gebrauchswertoptimale Erspinnung von Chemiefasern
1957. 32 S. – 22 Abb. – 11 Taf. – gr. 8° – DM 8,–

Heft 9 P. W. Wlassow/F. M. Rosanow: Theorie und Praxis der einheitlichen Webstuhleinstellung
(Übersetzung aus dem Russischen)
1958. 200 S. – 142 Abb. – 25 Tab. – 9 Anlagen – gr. 8° – DM 25,–

Heft 10 Vorliegendes Heft

Bestellungen durch eine Buchhandlung erbeten

AKADEMIE-VERLAG · BERLIN

Bei Fragen zur Produktsicherheit wenden Sie sich bitte an:
If you have any questions regarding product safety,
please contact:

Walter de Gruyter GmbH
Genthiner Straße 13
10785 Berlin
productsafety@degruyterbrill.com